数学的経験の哲学

エピステモロジーの冒険

近藤和敬

青土社

数学的経験の哲学　目次

第II部　主体

第7章　問い、あるいは懐疑の脈

第8章　真理の生成の超越論的条件としての記号的宇宙

第Ⅲ部　自然

第9章　「一つの生」としての「懐疑の脈」

第10章　生命／自然の不定性

数学的経験の哲学

エピステモロジーの冒険

凡例

一、本文および註で文献を引用・参照するにあたっては、著者・発行年・頁数などを記す。巻末の「引用・参照文献」も参照。

一、引用文における［　］はとくに注意のないかぎり引用者による補足、／は原文での改行である。

序

目的、あるいは問いの設定

わたしが知りたいのは、わたしたちはここに生きていったいなにをやっているのか、ということだ。わたしは自分が人間であると了解しており、その人間は知性なるものをもっていると言われる。ではその知性で人間はなにをなしてきたのか。人間は道具を作り、社会を作り、宗教を作り、文字を作り、法を作り、文化を作り、制度を作り、戦争を作り、貨幣を作り、国家を作ってきたのだ、と歴史家は言う。しかし、なぜなのか。なにゆえわたしたちはそのようなことをしなければならなかったのか。そのようなことをなす人間とはなんなのか。その人間を規定する知性とはいったいなにをなしうるものなのか。

神が存在すると安易に言えたならまだよかったのかもしれない。わたしたちが生きる理由もその目的もすべて神に帰することができたからだ。そうすることができたなら、わたしたちがそうであるのはそうであるからだ、というトートロジーを受け入れることもできたかもしれない。しかし、すくなくともわたしはそれでは納得できない。それならば問わなければならないだろう。わたしたちはなんの目的もなんの根拠もあたえられないまま、この世界でなにをなしているのか。わたしたちがなしてきたことは、いったいどのようなものとして理解することができるのか。さまざまなものを作り出してきた人間の歴史とは、いったいなんなのか。なぜそのような歴史が存在しなければならなかったのか。そして、誰かが設定した目的にしたがうわけでもなく、このような世界と歴史を作り出してきた知性とはいったいいかなるものでありうるのか。

みずからにあたえられているこの知性の本性をよりよく理解することは、とても重要なことだろう。いま生きているこの世界がまったく自己生成的、自己産出的に作り出されたものであり、あらかじめ設定された根拠や理由のないものなのだとすれば、わたしたちにあたえられているとさきに言われた知性もまた、そのようにあらかじめの目的にしたがうのではないようなものであると言わなければならない。

いや、この言い方では正確ではないかもしれない。わたしたちの知性は、たしかに目的や根拠を設定し、それに基づいてシステムを組みあげることができるし、それを世界に投射することができる。それにもかかわらず、知性の根源は、あるいはすくなくとも知性の欠くことのできないある部分は、そのようにして設定されるいかなる目的や根拠をも逸脱していなければならない。なぜなら、知性が無目的性と一切かかわらないのだとすれば、知性はみずからを規定する目的や根拠をも、みずからのその能力によって反省的に明らかにすることが、すくなくとも権利上はできることになり、したがって知性がもつはずの目的なるものを知ることができるはずだということになるからである。これを受け入れたうえで、その目的の最終的な由来をなんらかの神ないしそれに準ずるものに求める議論を展開することは、もちろん可能であるが、それはさきに述べたようにここでの議論の前提をはずれることになる。

この世界が自己生成的であり、わたしたちの知性がなんらかの目的にしたがうものではないのだとしたら、わたしたちはまたみずからが生きる歴史のただなかにおいて、この世界を現に作りかえてきたし、また作りかえることができなければならない。むしろ、生きるとは、すなわち必然的にこの世界を作りかえることのはずである。しかし、そのようなわたしたちの生において働いている知性なるものの姿は、いささかわたしたちの日常的な想像の範囲を超えてしまってはいないか。そこで言われる知性とは、もはや日常的な意味での知能とか知識といったものの範囲に収まるようには思われない。すくなくとも、日常を生きるなかでそのような知性に自覚的に出会ったことなどほとんどないというのがおおくのひとの実感ではなかろうか。

しかしこう考えるわたしたちも、すくなくとも一度はそのような知性による世界創出に、まさに海中から島が海面に隆起してくるような世界の創造の神秘的瞬間にたち会っている。[*1] すなわち、幼児期における言語の獲得である。幼児期における言語の獲得は、大人の言語学習とはまったく異なる。それはまさに生きられた経験の綜合による概念創設の可能性そのものの産出であり、そのうえでわたしたちが生きることになる意味平面、つまりこの世界そのものの創出である。もちろん、子供の言語獲得が、この世界創出の例として完全でないということは充分承知している。たとえば、子供の言語獲得にとって重要なのは、言語を使用している共同体にその子供みずからが参入しており、そのなかで位置を占めているという実感、つまりその内部において他者との感情のやりとりが成立しているというその子供の構えである。したがって、子供の言語獲得はその文化的、自然的環境のなかでまえもって方向づけがなされているものであり、あえて言えばせいぜいのところその程度のものでしかない。それゆえに子供の言語獲得は、無目的的な知性の発露のための事例としては、充分な説得力をもたないかもしれない。ただ、人間の知性が、いかなる言語であれ、言語的ななにかを獲得するような傾向を生得的にもっているということは重要な示唆をあたえてくれるようにも思う。

「神なしの知性」というのは、一見すると当然というか、むしろ「知性」に「神」を結びつけるほうが時代錯誤な印象をあたえるかもしれない。しかし、本当にそうなのかはもうすこし考えてみてもよいのではないか。「知性」にたいして「神」を設定するというのはどういうことか。それは、おおくの場合は、「知性」を創造の最終責任者にすえるのではなく、創造主たる神と一被造物たるわたしたちのあいだのたんなる中間管理職の位置におくことを意味するだろう。創造を担うのは「神」であり、高々一被造物でしかないわたしたちがその「神」の創造の恩恵に浴することができるのは、「神」からあたえられた「知性」によってその秘密の一部を垣間みることが許されているからだ。したがって、「知性」が手にするものの真実性は「神」によって保証されるのであり、それ以外のもので人間が勝手に作り出したものは、すべて虚偽と妄想による作為でしかない。

このような「神 - 知性」の体制にどのような機能があるのかと言えば、それは「知性」がもつ不安定性、不完全性、無根拠性、言葉をかえればその創造性といったものを神という深層へと封じ込め、一定の範囲のなかで世界を安定化させるように仕向けることであり、またそのような世界にひとが安住することを許すことである。なぜなら、わたしたちの知性が、それが不可避的に誤りうるものであり、不完全なものであるにもかかわらず創造の主体であるという考えは、わたしたちを不安に陥れるからだ。したがって、「神‐知性」の体制において重要なのは、「神」そのものの存在云々ではなく、わたしたちの不安感、わたしたちが無底の深淵のうえをなんの支えもなしに歩いているという恐怖を解消するという機能のほうだということになる。

そう考えてみると、わたしたちはこのような不安感や恐怖感といったものを、真の意味では日常として生きていない。たとえば、科学的な検証の裏打ちをもつ技術は、それがどんな面倒なものであれ、恒常的に制御可能であるということが安易に信じられている。むしろそれを疑うことにたいして強い嫌悪感、言いようのない不安感さえ覚えずにはいられない。「神なしの知性」といったものが違和感なく受け入れられる現代において、「神」がいないはずなのに、なぜわたしたちはそういったものを生み出してきたみずからの知性になんの不安も恐怖も感じていないのか。

ミシェル・フーコーが『言葉と物』のなかで示した見解にしたがえば、それは「神」の座を「人間」が占めるようになり、「人間」が「神」による安全弁のかわりを務めるようになったからだろうということになる。天上界と地上界（形而上と形而下）の対によって、激変に満ち溢れ諸悪が跋扈する地上界を、不変にして清浄最善たる天上界がその目的ないし理念として支えるというのが「神‐知性」の体制であるとしよう。それにたいして「人間‐知性」の体制においては、主体と客体、超越論的統覚と物自体、悟性と感性といったものどもが、「人間」なるもののうちに非対称的な対としておかれることで、純粋な差異というカオスでしかない物の世界を、ア・プリオリにあたえられた整然たる意識の形式にしたがって有意味なものへと組織化する。神界と地上界というマクロコスモスを、人間の精神と肉体というミクロコスモスに封じ込めたと言ってもよいかもしれない。それによって、わたしたちはみずからの良識、つまり「わたしたちは人間である」という常識にしたがって、世界の安定性を獲得するのである。「人間－知性」は「神」にしたがうがゆえにではなく、まさに人間がみずからの意識の光に照らされれば明らかであるはずの理性にしたがうがゆえに、そしてそうであるかぎりにおいて正しい。それがいわゆる「(人間として) まともだ」ということの意味である。その意味で、わたしたちの世界は、「神なしの知性」のみかけを借りた「人間－知性」の体制をいまだに生き続けているのであり、したがって、わたしたちの時代においてもいまだ神は死んでいない。

それゆえ、さきほどわたしが「神なしの知性」を求めると言ったときには、すでにそれと同時に「人間なしの知性」を求めることをも意味していたのである。だからすくなくとも、「神」の座を占めるような意味での「人間」は、ここでわたしが問題にしようとしている「知性」にとっての本質的定義に含まれることはない。その意味では、最初の問いのたて方は少々まずかったということになるだろう。「人間」はたしかに「知性」の利益に浴すると言われるかもしれないが、「知性」をもつものが神のペルソナとしての「人間」であるとはかぎらない。むしろ反対に、わたしたちの知性は「神」にかわる安全弁として「人間」というペルソナを作り出してしまうようななにかだと考えるほうがよさそうである。つまり、わたしたちの「知性」は、「人間」というペルソナからみてしまっては、その真の姿をつかみそこなってしまうようななにかだとわたしは想定しているということである。

方法、あるいはこの試みの哲学史的位置づけと解釈

わたしたちがこれまでに知り馴染んできた「知性」が、「神－知性」か「人間－知性」でしかないの

だとしたら、「神なしの知性」を理解するためには、あらたに用語の設定から始める必要があるだろう。*2 なぜなら、まさに用語あるいは概念の設定こそが世界の創出であるからなのだが、より実際的には「神＝人間－知性」の体制における「知性」という語の設定がほかのおおくの用語、たとえば「経験」、「客観」、「真理」、「本質」、「形式」、「主観」、「歴史」、「記憶」、「自然」などの用語の設定と結びつけられているがゆえに、この語ひとつを根本的に再規定するということは、ほかの用語もすべて最初から設定しなおすことを要求するからである。しかし、用語の設定から始めるといっても、任意に自由に概念を設定できるなどということではない。そこには一定のルールがあるだろうし、したがうべき規範といったものもあるだろう。それゆえ、通常このような再設定は、概念を分析することだと言われることがおおい。ここでもみかけ上は、そのような既知の概念を分析するというスタイルをとることにする。*3

しかし、それは既知の概念の根拠をあとづけによって明らかにすることが目的なのではなく、その根拠自体を問いにふし、それによってその概念の意味内容を振動させ、（たとえば、ダニエル・デフォーとミシェル・トゥルニエのそれぞれのロビンソン・クルーソーにたいするフライデーのように）*4 同じ名前の双子的概念を既知のものと共立させることにある。そこで実現される概念の関係は既知の概念の否定ではなく、共立あるいは深化であるほうがなお望ましい。なぜ共立が望ましいのか。それは共立へとなることは、生成あるいは変化という語のある別の可能性、すなわち否定なき生成というものを示唆するように思われる*5 からである。共立へとなることは、既存のものと争い、打ち負かし、完全に否定したうえで、それにとってかわることではなく、既存のものと無関係な仕方でその傍らにあることでそれの安定性を浸食し、その意味作用を修正し、かつてあったのと同じようにはもはやそれを受けとめることを不可能にしてしまうことである。

本論に入るまえに、もうすこしだけわたしの立場の哲学史的な解釈と現代的な位置づけを提示しておきたい。わたしのここでの試みが、哲学史的にどう位置づけられるかということにかんしては、まずジル・ドゥルーズの名を呼び出すのが適切だと思う。わたしがここで「神なしの」と言うとき、フーコーとともに想起しているのはフリードリッヒ・ニーチェであり、「神なしの知性」が共立させられるべき「神＝人間－知性」という設定にかんして想起しているのは、イマヌエル・カントの超越論的観念論である。そして、ニーチェとは別に、そのようなカント的設定の傍らで、無目的的なあるいは自律的な世界の創造的生成を最初に主張した一人がベルクソンだった。そして、このニーチェとベルクソンという対がもっともよく似合うのは、両者についてのモノグラフィーの著者としても高く評価されているドゥルーズである。*6 このドゥルーズは、「人間－知性」を擁護するいわゆる超越論哲学全般を批判し、それにたいして内在の哲学を確立することを目指したとされる。*7「神なしの知性」を実現可能にする諸々の用語の再設定とは、その意味で、この内在の哲学をドゥルーズとは異なる経路で（そしてもしかしたら彼とは異なる結論へと向かうことになるかもしれないが）検討しなおすものだということになるかもしれない。

このような立場にとってベルクソンの哲学が根本的に重要であることは、わたしも含めて、誰しもが認めるところである。しかし、それはベルクソンの哲学で充分であるということを必然的に意味するわけではないだろう。むしろ内在の哲学というプログラムにかんして言えば、ベルクソンの哲学は過渡的なそれとしてこそ意味のあるものとなるのだと考えたい。たとえばドゥルーズも『差異と反復』などでベルクソンを批判したが、*8 わたしはドゥルーズとは別の観点からベルクソンの生成の哲学にとどまることができない。ベルクソンに生成を哲学的に抽出することを可能ならしめた根本的アイデアは、知性と感性のカント的な分離を踏襲したうえで、それをさらに極端に推し進め、むしろ感性の本質をベルクソンの意味での「直観」におきかえたことにある。それによって、知性－言語－空間－量は、「持続」と呼ばれる生の意識の連続体の弛緩したものとして位置づけられ、逆に感性－直観－時間－質は、「持続」の連続体をなにかしらそれ自体で内包するものとして位置づけられるようになる。すなわち、不動の形式性として知性を認める一方で、純粋な生成変化としての直観を確保するという戦略を採用したということである。*9

このベルクソンの戦略は、同時代にあってベルクソンと相互に影響をもったと言われるウィリアム・ジェームズの「根本的経験論」*10と似ているようで異なっている。ジェームズの場合、そのような根本的な分割、本性上の差異は経験的現象にたいして認められない。むしろよりラディカルに、本来は数学的なものも含まれるであろう関係性のようなものや、文法形式として把握されるであろう前置詞的なものまでもが、経験の対象であるということを主張する。*11 しかし、ジェームズの問題点は、そのような特異な経験概念を分析可能にする領域が心理学であると考えていたように（すくなくともわたしには）みえるところにある。*12 その結果、ベルクソンとは別の理由によって、歴史的にはベルクソンと同じような扱いを受けることになったのではないか。すなわち、ベルクソンもジェームズも、自然科学と人文科学、客観と主観、客体と主体のあいだの分割線の一方の側に、つまり人文科学の側に押し込められるという結末である。*13 この分割線（この分割線はまさに彼らが思想を形成した時代に顕著にあらわれ始めたものだと言える。その指標としてたとえば、自然科学と精神科学のあいだのディルタイによる区別を想起することができる）をベルクソンやジェームズが積極的に利用したことにその遠因があるということはたしかだが、そのような分割線の一方の側に押し込められることは、彼らの本意でなかったこともまたたしかなのではないか。

もちろん、生成や創造という一見すると主観的で曖昧な主題を経験において積極的に肯定しようとするとき、こういった分割線を設定することで、その主張可能性の領土を確保する必要があったということは、言説的な戦略上の要請として理解することができる。たとえば、生成や創造は芸術や文学のなかでは認められるが、厳密科学のなかでは認められないといった具合にである。しかし、こういった分割線は、不動の現実世界と自由な主観的世界という近代社会にありがちな主体の自己イメージに重ね合わせられることで、近代社会に固有の病的なニヒリズムを助長することになってしまったのではないか。たとえば、ブルーノ・ラトゥールが、『科学論の実在』や『虚構の「近代」』で主張しているように、自然科学と人文科学あるいは自然と社会の分離ということが、近代を成立させるための必要要件であったとすれば、その必要要件の枠内で「神なしの」世界にとって不可欠な生成や創造を論じようとするベルクソンの設定は、最初から困難を含み込んでいたことにはなるまいか。むしろ、彼が生成と対極においたもの、すなわち知性や真理や概念や、あるいは数学といったものこそが、まさに生成であるということを言わなければならないのではないだろうか。

二〇世紀の初頭においてすでにいま述べたような自然科学と人文科学の分割線が引かれ始めたのだが、この点にかんしていまから懐古的に考えれば、エピステモロジー（フランスの科学認識論）はこの分割線そのものを問いにふそうとする問題意識を出発点としていたと解釈することができるかもしれない。ここで言うエピステモロジーとは、おもに、レオン・ブランシュヴィックの科学史の哲学の影響を受けたフランスの科学哲学のあるスタイルを指している。たとえば、戦前にはブランシュヴィックのほかにガストン・バシュラール、フレデリック・ゴンセト、ジャン・カヴァイエス、アルベール・ロトマンなどが、また戦後にはジョルジュ・カンギレム、ルイ・アルチュセール、ジャン＝トゥサン・ドゥサンティ、ジル＝ガストン・グランジェ、フーコー、ジュール・ヴュイユマンなどがそのような立場に含まれることが知られている。[*14] このエピステモロジーは、二〇世紀初頭から中葉にかけてヨーロッパ地域において一定の影響力をもった科学哲学として、とくにアメリカとイギリスから分析系科学哲学と科学社会学系および科学技術論系の議論が導入されるまで、支配的なスタイルであり続けた。

ラトゥールは、バシュラールを近代主義的な自然と社会の分割線を守護する頑固な守りびとのように描きたがる傾向があるが、[*15] 実際にはあの当時、科学者の「心理」であるとか「経験」であるとか、科学者がモノの実験をとおして「教育される」とか、そういった最近では科学技術論が言いそうなことを彼ほど言ったひとはいなかったということはまじめに考えてみてもよいのではないか。[*16] たしかに、社会学的な視点やエスノメソドロジー的方法論が彼に欠けていたことは明らかではあるが、バシュラールはすでにあの当時、そういった対立そのものの不毛さといったものを実感し、人文科学が自然科学から撤退することがはらむ危険性に警鐘を鳴らしていたのではなかったか。彼が人文科学研究者、とりわけ哲学者にたいして科学を学べと発破をかけているときには、[*17] このような分割線ぐらい乗り越えなければならないと言っているようにしかわたしにはみえない。

バシュラールがエピステモロジーの一時代をフランスで築きあげていたころ、日本では、京都学派の科学哲学の代表格として知られる田辺元が、まさにこのような二元分離の突破を模索していた（バシュラールの生没年が一八八四年-一九六二年であり、田辺の生没年は一八八五年-一九六二年である。ちなみに、さきほどエピステモロジーの祖として挙げたブランシュヴィックの生没年が一八六九年-一九四四年なのにたいし、田辺に影響をあたえた西田幾多郎の生没年が一八七〇年-一九四五年である。さらにもうひとつだけ続ければ、ブランシュヴィックの弟子でレジスタンス活動のなかで処刑されたカヴァイエスの生没年が一九〇三年-一九四四年であり、西田の弟子で戦中に獄死した戸坂潤の生没年が一九〇〇年-一九四五年である)。京都学派もエピステモロジーもともに新カント派の受容と批判を出発点としている点で歴史的軸を一にしているのだが、その両方が問題にしたのは、科学と社会、自然と文化、自然科学と人文科学、真理と歴史、必然と偶然、客観と主観、モノとココロの二項対立による排他的分離を、なんらかの矛盾的綜合によって乗り越える哲学を打ちたてるということであった、とまとめることができるかもしれない。たとえば、カヴァイエスの「振る舞い」という概念、あるいは田辺元(あるいは西田幾多郎)の「行為的直観」という概念ひとつをとってみても、この二項分離をその手前において把捉し、その二項そのものの分離・発生のメカニズムを知解することで、二項の分離的設定による安定的、安心的な虚構世界を問いにふし(このような世界はしばしばイデオロギーと呼ばれてきた)、それが覆い隠す動性、不安定性、一如的生成の相を垣間みせるものとして企図された概念であったと言えるのではないか。エピステモロジーも京都学派(の科学哲学系)も、ともにこのような知と世界の生成のあり方を「弁証法」(dialectique)という概念でとらえようとする傾向にあった。それはともにカントにたいする批判から始まる一方で、ヘーゲルとの差異が意識されるなかで形成された思考のスタイルだったと言える。

しかし、エピステモロジーのこういった最良の部分は、戦後のフランス哲学においてはそれほど明示的に継承されなかったように思われる。むしろ、分析系の議論を吸収することで（戦後初期のフランスにおける分析系の主な導入源は明らかにエピステモロジー系の学者たちだった。たとえば、グランジェ、ヴュイユマン、ドゥサンティ、ジャン・ラルジョー、クロード・アンベールなど）[*18]、彼（女）らはむしろ自然科学と人文科学の分離を明示的な前提とし、あるいはその分離をより先鋭化させる方向に向かっていった。あるいは、アルチュセールやドミニック・ルクール、あるいはアラン・バディウがそうだったようにマルクス主義の歴史的唯物論を吸収し、またそれに吸収されるなかで実質的に解体されていった（しかし、日本における状況も実のところ、このフランスの場合とほとんど同じ運命をたどったと言えるのではないか）。そのような時代にあって、失われつつあった戦前のエピステモロジーの最良の部分は、モーリス・メルロ＝ポンティを介しつつ、ドゥルーズによって（そしてジルベール・シモンドンとミシェル・セール、おそらくは部分的にジャック・デリダによって）引き継がれることになる。しかし、そのドゥルーズの思想が結局のところ、人文科学の世界的流行のなかで大量消費され、さらにはサイエンス・ウォーズのようなものに巻き込まれることによって、そういった線引きの罠にふたたびからめとられることになってしまったことは、よく知られるところだろう。

その意味で、現在ラトゥールが、一見するとかつて「現代思想」と呼ばれた六八年世代のフランス思想や、よりひろく哲学一般からも一定の距離をとりながら、科学技術人類学あるいは科学技術論というあからさまに科学と社会の両方を横断することの宣言された領域のなかで、この分離の乗り越えをもう一度やりなおそうとしていることに、哲学史的な観点から戦略的な意図をみてとることは容易ではないか[*19]。ただ、それによって問題が簡単になったわけでもなければ、解くべき問題がかわったわけでもない。

結局のところそこでは、最初にわたしが述べたような「神なしの知性」と、それを可能にするすべての概念配置のやりなおしが不可欠なものになるはずである。[*20] それは一見したところ、科学と社会のような明示的に分離された項をふたたび結びつけてくれる主題のようにはみえないかもしれない。しかし、そのようなあらたな概念配置は、むしろ主観と客観や、形式と内容といったような、よりミクロな差異が生じる以前に定位して考えることを要求するものであり、その点でラトゥールが展開しているマクロな試みとちょうど対の関係に、あるいはそれを補足、延長する関係にあるように思われるのだ。

第Ⅰ部　概念

概念をたてることは、それがなんであれ、世界を生み出すことであり、世界を作りかえることである。概念はたんなる言葉ではない。なぜなら概念は、生きられた経験を綜合するものだからである。概念はかならず生存の過程のなかにその意味の充足をみる。概念がたてられるというのは、その概念をたてることを要求した生きられた生存の過程を綜合することで、その過程に差異をもたらすものである。概念がたてられることによって、生存の過程はあらたなフェーズに入り込むのであり、それはほとんど不可逆な過程である。

第1章　問いの設定

真理の歴史という問題

ひとつの象徴的な問題について考えることから始めてみたい。真理の歴史という問題である。この問題は、もともとはカヴァイエスをはじめとした初期エピステモロジーの関心のなかから見出されたものだ。たとえば、ブランシュヴィックの『数理哲学の諸段階』(Brunschvicg 1912)における知性の歴史的展開の議論のなかでこの問題は一貫して展開され、その後、これを引き受けるように、カヴァイエスの『公理的方法と形式主義』(Cavaillès 1938a)における「数学の生成」をめぐる議論のなかで重要な深化を遂げた。カヴァイエスがこの「数学の生成」ということを言い出したすこしあとに(カヴァイエスの『公理的方法と形式主義』は一九三八年に公刊された)、日本でも田辺元が『数理の歴史主義的展開』(一九五四年)などのなかで、この問題にかかわる議論を展開している。たとえばそのことのわかるつぎのような一節を引用してみよう。

仮に数学的直観に直接関係なき数学史以外の歴史的事実を完全に抽離して考えることができるとしても、数学理論発展の歴史だけは、いかにするも数学的直観の含む構成行為から引離してその制約を除き去ることはできぬであろう（田辺 2010, p.253）。

つまり田辺は、数学の基礎とみなされた数学的直観（さらに言えば「行為的直観」）が、常識に反して歴史的であるということを述べている。ここにおいて、歴史的相対主義と数学の直観的必然性のあいだの綜合の契機があらわれることになる。これが真理の歴史という話と並行になるのは、西田以来、田辺もまた、真理の基礎をこの「行為的直観」に求める立場をとるからだ。もちろん、このような考え方が、カントの直観概念の継承と批判からなりたっていることは言わずもがなである。一方で歴史というのは文化主義、相対主義に陥りやすく、他方で数学というのは本質主義、プラトニズムに陥りやすい。しかし、そのような数学が、それと相矛盾するようにみえる歴史をその本質的な部分として含まざるをえないという田辺の認識は、ブランシュヴィックや、あるいはむしろカヴァイエスの数学についての認識と、すくなくとも彼らの出発点にある問題意識のレベルでは一致しているようにみえる。

真理の歴史が、事実についての認識の歴史であるとか、あるいは人文科学の歴史としてのみ解されるのであれば、それほど違和感なく想像できるかもしれない。しかし、ブランシュヴィックもカヴァイエスも田辺も、問題にしているのは数学上の真理についてである。これをどのようなものとして想像することが適切なのか、もうすこし具体例を挙げながら考えてみよう。

細部にこだわると非常に難しくなるが、一般的にイメージしやすい例のひとつとして、フェルマーの最終定理の証明のケースを挙げることができる。これについて、一九九四年にアンドリュー・ワイルズによって証明が提出され、九五年にその証明に誤りがないことが確認されたことは、一般のニュースにもなったので、御存じの方もおおいのではないか。この証明問題は、もともと一七世紀の数学者であるピエール・ド・フェルマーによって、古代の数学者ディオファントスの『算術』（当時のラテン語訳）という本の余白に書き込まれたノートに起因する。そこでフェルマーは、ある自然数を三乗した数を二つの自然数の三乗した数に分けることはできず、ある自然数の四乗した数を二つの自然数の四乗した数に分けることもできず、一般に、三乗以上の乗数をもつ自然数を二つのそれと同じ乗数をもつ自然数に分けることはできないということを書きつけた。ディオファントスの『算術』がこのフェルマーの書き込み入りで彼の死後に公刊されると、フェルマーがこの問題を解けたと書く一方で、その証明をどこにも書かなかったということもあって、おおくの数学者がこの問題に挑戦することになる。しかし、この一見しただけでは簡単そうにみえる問題文とは裏腹に、この問題は二〇世紀の終わりになるまで誰にも解けなかった。ここで考えたいのは、この解けなかったということについてである。

問題が解けないとはどういうことか

なぜ解けなかったのか。これまでの数学者がたまたま解法と証明を思いつかなかったからというわけではないのだろう。むしろ解法を思いつき、その証明を組みたてるのに必要な素材がそろっていなかったので、根本的に誰にも、もちろん証明したと書き残したフェルマー本人を含めて誰にも解けなかったのではないか。そして、約三〇〇年以上もの時間をかけた数学の進歩によって、ようやくそのための素材が出そろい、それを組み合わせることに気がつくことができたので、ワイルズはこの問題を解くことができたのではないか。というのも、もちろん結果からの推論でしかないのだが、この問題をワイルズが証明するためには、すくなくともフェルマーのいた時代には存在していなかった（誰も気がついていないし、記述してもいない）さまざまな数学的および論理的構造（つまり素材）が使用されているからである。たとえば、簡単なものでは複素平面も含めて、二〇世紀になってからおおきく進展するセジュラー形式、集合論、代数幾何学などの先端的な成果が縦横に駆使されている。*1

これらの一個一個の成果にたいしては、この目的、つまりフェルマーの定理を証明するという目的以外の目的や問題設定に導かれた、それぞれ個々別々の歴史がある。明らかにそこで見出される歴史はひとつの歴史ではなく、複数の歴史であるだろう。フェルマーの定理の証明という歴史のパースペクティヴでみれば、とおり道のひとつにすぎないもののなかにも、まったく別のパースペクティヴからみれば主役級のものもたくさんある。たとえば集合論について、それを中心とするパースペクティヴから書かれた歴史はたくさん知られている。もちろんほかのパースペクティヴのなかでも、そのサブストーリーとして再登場するものもたくさんあるだろう。これら複数の歴史が織り重ねられていくそのさきに、偶然なのか必然なのか、このフェルマーの定理の証明があったのだと言えるのではなかろうか。

田辺がさきの引用で「数学的直観の含む構成行為」と呼んでいるものは、具体例としては（もちろんその概念の内部の分析には不充分であるとは思うのだが）、このフェルマーの定理にたいしてワイルズが提示した証明に見出されるような、複素平面や集合論や代数幾何学によって可能になる数学的な場所それ自体の拡大のプロセスのことだと解釈できるのではないだろうか。このような歴史主義的な数学の見方を、田辺とカヴァイエスはともに一九世紀から二〇世紀初頭にかけての集合論の形成と、それにかんする数学基礎論の歴史的展開を分析するなかで着想していたように思われる。[*2] おそらく、この分析対象自体のもつ特異性もかかわっているのだろう。この点については、またあらためて考えなおしてみたい。

真理と歴史：ひとつの真理と複数の真理のあいだの矛盾

真理の歴史と言ったときに、真理が歴史によって変化するとか、それがほかのことがらと同じように流動的だとかということを意味しているわけではない。むしろ、真理が真理としてあらわれるためには、歴史を必要としているということを意味している。ここにたんなる本質主義でも構築主義でもない、数理の歴史主義といったものがあらわれることになるだろう。それでは、ここで言っている真理とはいったいどのようなものなのか。もうすこし考えられないだろうか。

真理という語を発するとき、言葉はひとつしかないが、おそらく同時に二つのことが意味される傾向にあるのではないか。そして、そのどちらかに真理を還元しなければならないという考え方が、真理の見方の対立を生み出しているのではないか。

真理という言葉には、ひとつにはまず「〜は真である」という述語に注目する見方がある。あるいは、このような述語の機能を可能にするひとつの真理というものがあって、それに関係づけられることで、さまざまな文は真である文になるという考え方だと言ってもよいだろう。複数の主張のあいだでの絶対的な取捨選択が可能であるという考え方の背後には、このようなひとつの真理があらかじめあるという発想が垣間みられる。

もうひとつの考え方は、ひとつの真理などまったくなく、あるとすれば複数の観点とその観点に拘束された意見だけだというものである。つまり、そのような観点（あるいは価値体系）とその内部における意見は互いに複数併存可能であり、そのあいだでの絶対的な取捨選択や序列階層などは存在しないという見方である。いわゆる相対主義の立場だ。この立場では、真理はそのような相対的な観点との組み合わせとしてしか存在できないので、当然ながら複数の真理が存在することになる。

この両者は、本質主義と構築主義、実在論と唯名論、絶対主義と相対主義などさまざまなバリエーションの対立として繰り返される。しかしそれが繰り返されるのは、むしろそのいずれもがある程度正しさを含み込んでいるからなのではないか。そうであるならば、この両者の対立から抜け出すためには、まずはそれぞれの部分をうまく引き出して、その対立の構造全体を見渡すような地図を描くことが必要となるだろう。

たとえば、一九世紀の哲学者であり数学者であるゴットロープ・フレーゲは、真理値というものがひとつだけあって、真である文は、この真理値を指示対象としてもつということを述べている。[*3] ただし、この真理値がなんであるのか、ということについてフレーゲはなにも語っていないようにみえる。つまり、なんであれ、それが真である文であるならば、その真であることを可能にする条件として真理値なるものを指示するのでなければならないということを述べたということである。これは一見すると、真理の内容的な側面がすべて決められているプラトニズムと呼ばれるような考え方にみえなくもないが、実際には、プラトニズムが含意しているような真理の内容にかんする規定には一切触れておらず、まったく形式的な定義にとどまっている。そして、実のところ、さきほどの相対主義の立場をとったとしても、その相対的なひとつの価値体系内部で、真であるものとそうでないものとを区別できるということを受け入れるのであれば、このような形式的な真理の定義は受け入れざるをえない。それはむしろ真理という語の用法の問題である。

この語の用法の問題という観点からの真理概念の形式性への関心は、フレーゲのあとでアルフレト・タルスキが問題にしたような真理概念の使用にかんする実質含意条件の規定の議論へとつながっていく。[*4]たとえば、かりにある文がAさんの価値体系のなかでは真であるが、Bさんの価値体系のなかでは偽であるとしても、それぞれの価値体系の内部で、ある文が真であるとか偽であるとか言っているときには、すでに「〜は真である」という述語の使用を可能にしているなにかが前提として入り込んでいなければならない。したがって、そこでは真理値の存在が、真だとか偽だとかを適切に述べるための前提として必要になる。そのため、この点にかんしても真理の相対主義を徹底したいのであれば、ひとつの価値体系内部でさえも、一切の真偽の区別は存在しないと主張しければならない。それでもやはり、そのような相対主義そのものの見方自体を主張するというその実践そのものが、なんらかの正しさへの欲求を含んでいる以上、完全に真なるものと手を切ることはできないということは言えるだろう。

それにたいして、相対主義的な真理を主張する場合、ひとは真理の形式的な側面ではなく、内容的な側面に注視している場合がおおいように思う。たとえば、フーコーの『言葉と物』のような著作が、そのような相対主義的な真理観の例として挙げられる場合がある。その場合、探求されている真理は、真理概念の形式的な定義ではなく、各時代、各領域において真理と言われている内容のことである。その真理内容という観点から関心の的となるのは、その真理内容の歴史的な変遷や、異なる領域間で生じる内容的なずれである。それを分析し、その内容的側面を浮かびあがらせることが、内容的関心に基づく探求の主たる目的である。あるいは、それが真理の探究の方法の違いだとしても（これをフーコーは一時期「エピステーメー」の違いと呼んだが）、問題になっているのは、やはり真理の形式的定義のことではなく、その内容にかかわる方法の問題である（たとえば、言説形成にかんする「タブロー」と「系列」という図式など）。

誤ることがあるとすれば、これら真理についての形式的関心と内容的関心のどちらか一方に他方を還元できるという考えをもつ場合であるだろう。真理の内容的側面に関心を向けると、その内容の発生経路や伝播経路あるいは発生条件などの過程的なものに注意が向くようになる。たとえば、フーコーの『狂気の歴史』のように「狂気」という概念がどのような時代状況や言説的状況のなかで分節化可能になり、それがどのような文脈で使用され、その使用の様態がどのように変化し、またその変化がいかなる制度的な変化や戦略と結びついていたのかということに関心が向くのは、その真理の内容そのものの動きを注視するからである。その結果、真理と呼ばれるものは、つねに速度の変化こそあれ、変化し続けているということをみることになる。しかしこのことは、かならずしも、形式的関心からみられた真理概念の条件そのものと矛盾するわけでもないし、ひとつの真理値という形式的な考え方を必要としないわけでもない。

ここがつねに誤解のもとなのだが、真理値がひとつあり、真であるならばその文がそれを指示対象としてもたなければならないということは、真理の内容があらかじめ決められていなければならないということを論理的に含意しない。ある文が真であるのは、その文がおかれ、関連づけられる文脈に依存すると考えるなら、そのような関連づけられる文脈やその文脈を形成するさまざまなもの（そのほかの文、制度、習慣、規約など）が変化する場合には、その文が真理を指示しなくなるということは充分にありうる。したがって、真理値がひとつであるからと言って、真理の内容があらかじめ決定されていると考える必要はない。反対に、真理の内容的な側面にかんして、それまでなかった内容が生まれたり、内容の修正や変更があったとしても、そのことが即座に真理の形式の相対性を論理的に導くわけでもない。*5 そうだとすると、この両者が対立するのは、実のところ、双方の問題関心が唯一絶対である、あるいはすくなくともより重要であると考えようとするメタ的な態度に原因がある。それぞれ異なる関心にしたがって、異なることについて述べているのだから、お互い議論がかみ合わないとしても、当然の結末であるだろう。

真理の形式と内容を共立させるには

このように真理の形式的側面と内容的側面を共立するものと考えるなら、田辺やカヴァイエスが述べるような数学の歴史性といったものも無理なく解釈することのできる道が開ける。彼らは、ともに数学の歴史は、たんなるプラトニズム（絶対主義）でもたんなる歴史主義（相対主義）でもないということを強調していた。必然的な内容そのものが歴史性を帯びているのである。それはさきにみたフェルマーのである。

最終定理の場合もそうだ。真理そのものが真理として顕現するために、歴史という過程を必要とするのである。

このような真理の見方をするには、真理の形式と内容という二つの側面の関心を矛盾なく共立させなければならない。そのためにわたしには、真理の概念を、形式と内容の対の構造ではなく、2×2の構造（形式－形式、形式－内容、内容－形式、内容－内容）で理解することが、すくなくとも必要であるように思われる。*6 あとでわかるように、真理の歴史ということを考えるためには、これでも充分なわけではない。ただ、すくなくとも真理の形式と内容の両方の関心を共立させるには、これぐらいは最低でも必要だろうということである。

なぜ2×2なのか。重要なのは、形式的関心と内容的関心はお互いにお互いを還元することができないにもかかわらず、お互いが関係しているということをうまく表現することである。たとえば、単純に形式と内容という対だけで考えてしまうと、形式的関心からみたときの形式と内容の対と、内容的関心からみたときの形式と内容の対が異なるものであるにもかかわらず、言葉の都合上、あるいは観念の表面的な類似性によって同一視されてしまう。したがって、それらを異なるものとして分けながら、その重なりを把握する必要がある。

形式的関心からすると、形式とは真理という概念のあらゆる可能な使用条件であり、内容とは具体的な真理内容である。そして形式的関心においては、具体的な真理内容のほうは基本的には考察の対象とはならず、そういうものがあるとすれば、それはどのような条件にしたがうのかということがもっぱらの関心となる。それにたいして内容的関心からすると、そもそものような条件的なものについて内容的な考察抜きにしてなにかが言えるとは考えない。内容的関心に過激にコミットする場合、そのような条件についての認識さえも、歴史性を免れない内容的な真理の一部に落とし込もうとするかもしれない。したがって、内容的な関心にとって、形式と呼ばれるものは、それが実質的な意味をもつとすれば、個々の具体的で歴史的な真理内容が一時的にまとう安定性のためのよすがにすぎないのであり、たとえば、概念、文、理論などの言語的なものとして理解されるものがそのような形式の位置を占めることになる。それにたいして内容と呼ばれるものは、そういった概念や文などに生きた意味を充足させることのできる個々の経験や体験や出来事や直観である、ということになろう。

これら形式的関心における形式と内容と、内容的関心における形式と内容は、同じようにみえながら異なる。それらは互いに還元不可能なものであり、結局どちらか一方で他方を規定しようとすると、この対そのものが矛盾として露呈してしまう。問題なのは、内容と形式を対概念として理解してしまうと、お互いがお互いにたいする否定概念であるがゆえに、内容が含む形式的な部分と形式が含む内容的な部分といったものをうまくとり出せないことにある。内容は内容であるかぎり形式的ではなく、形式は形式であるかぎり内容的ではないということが、対概念の規定上、論理的に要請されてしまう。したがって、そこでは形式的な側面と内容的な側面が互いに並立するが綜合はされず、そのあいだで起こっているはずの動的な過程も見出すことができない。

しかし、真理の歴史と言ったとき、その言葉が意味をもつとすれば、このような形式と内容のあいだの対立を超えた相互侵犯が起こっているからであり（それこそが矛盾的綜合や弁証法という言葉が要請された理由であろう）、そうでなければ真理の歴史というものを考えることができなくなってしまう。たんに形式

	形式a （可能的なもの、空虚）	内容a （現実的なもの、充実）
形式b （内包、集合）	真理条件あるいは真理値 （一なる真理）	概念 （文、理論体系）
内容b （外延、要素）	真理内容の潜在的全体性	直観 （個々の操作、振る舞い）

図表1−1　真理の形式−内容の2×2の表

と内容という対の構造だけで考えたのでは、田辺が言うような「数学的直観の含む構成行為」と不可分に結びつく数学の歴史のようなものはうまく表現できないのではないか。そのためには、形式と内容の対が相互に入れ子的に入り込むような、共立的関係構造が要請されるのではないか。

形式と内容のあいだの矛盾的綜合と言うときには、形式のなかにある内容的なものと内容のなかにある形式的なものが相互になんらかの仕方で連絡し合うことが不可欠である。つまり、形式と内容というようにこの世界を二つに分けるのではなく、その分けられたもの自体に、もう一度、形式と内容という分類を重ね合わせるのである。ただし、重ね合わせるのは、単純に同じ形式と内容の対ではなく、異なる関心、つまり形式的関心と内容的関心の形式と内容を重ね合わせるのである。それによって、形式的関心に基づく形式と内容と、内容的関心に基づく形式と内容は互いに矛盾することなく、共立することになる。それで2×2である（図表1−1）。

表をみながら確認してもらいたい。形式aと内容a（形式と内容（a））は、形式的関心における形式と内容である。左の形式aが真理の条件的なもののカテゴリーであり、右の内容aが条件づけられる内容的真理のカテゴリーである。それにたいして形式bと内容b（形式と内容（b））は、内容的関心における形式と内容のカテゴリーである。うえの形式bが個々の真理内容の外枠あるいは単位を決定するもののカテゴリーであり、内容bがその外枠に収まる内容物の全体のカテゴリーである。これら形式的関心と内容的関心それぞれの形式と内容が互いに異なるものであるがゆえに、それぞれが別の場所を占めることになるはずだ。ただ、両者にとって関心の的になるのは、形式的関心にとっては、左上の形式a－形式bであり、内容的関心にとっては内容a－内容bとなる。

形式bと内容bのあいだの関係は、内容的関心における区別であり、その点で、形式的関心に基づく形式aと内容aの関係よりも直接的である。すなわち、それはたとえば形式aの列上では、形式的真理の形式的規定と、形式的真理の内容的規定にかかわる。つまり、通常であれば、形式bとは概念の内包と言われるものであり、内容bとは、概念の外延と呼ばれるものである。ただここで、このような言い方をしないのは、すくなくとも真理という概念の使用条件についてそれが概念であると言えないことや、[7]右の列（内容aの列）が通常の概念と呼ばれるもののカテゴリーにあたるので、形式aの列をそれから区別する必要があったからだ。

形式aと内容aのあいだの左右の関係は、形式bと内容bのあいだの上下の関係よりも結びつきが間接的である。つまり左右の関係は、類比の関係であり、謂わば部分と全体、現実的なものと理念的なものの関係である。たとえば、形式aは、あらゆる可能的な現実のすべて（それが実現していようがしていまいが関係なく）にかかわるのにたいし、内容aは、実現した具体的な現実の全体とかかわる。また、この左右の関係はたんなる間接的な類比関係であるだけでなく、相互が相互を必要とする関係でもある。内容aの一個の概念（内容a－形式b）が規定され、文において真理値をもつようになり、つまり真なる内容となることが規定されることと、左の列の内容（形式a－内容b）における真理内容の潜在的全体性に包含される現実的部分が拡大することは同じことである。すなわち、形式aは内容aを前提する。また反対に、内容a－形式bの一個の概念が規定されるためには、形式的な真理（形式a－内容a）といったものが非明示的に前提されていることを必要とする。その意味で、内容aは形式aを前提する。つまり、形式aと内容aは、相互が相互を間接的に前提しているのである。

たしかに、一なる真理値（形式a－形式b）の観点からみれば、そのような真理内容（内容a）が増えようが減ろうが関係ない。しかし、そのような真理内容がひとつもなければ、実際に真であると言われる内容がまったく存在しないことになる。そうなってしまえば、真理の形式的意味そのものが失われることはないにしても、それが空虚なものになるということはたしかである。そして、そのように真理内容が増えることが、真理の形式的意味とは関係ないとはいえ、その増大が真理の形式的な意味の内容的な側面（形式a－内容b）の充実および現実化をもたらすこともまたたしかである。反対に、右側の内容aの列は、概念の存立自体（内容a－形式b）が、直観、つまり文脈的なもの（内容a－内容b）に依存し、それなしにはいかなる規定ももてない。しかし、反対に、それら内容的なものが真理の内容であるとするためには、概念というもの（内容a－形式b）が成立しなければならず、それゆえその契機において真理の形式（形式a－形式b）が明示的でないにしても前提される必要がある。ただそこでの関心は内容的な側面にとどまる場合、概念が成立することの形式的条件には触れることは必要ないし、あくまで前提されるだけにとどまることになる。

形式と内容という対の構造を、以上のような2×2構造に分解、拡張することで、真理の歴史を形式的な観点から表現することができるようになる。謂わば、真理が生成するということの可能性の全体をこのカテゴリーによって把握するということである。順を追って箇条書きで示してみよう。

1　真理はつねにその形式的観点からすればひとつであり、それが真理であることの形式的条件である（形式a－形式b）。

2　しかし、そのような形式的条件に適合する真理の全体は、その形式的条件によっては可能的（潜在的）にしか規定されず、現実的には規定されない（形式aのなかの形式bと内容bのあいだの関係）。

3　したがって、その全体はつねに現実的な規定をまつ潜在的な部分を無限に含むことになり、むしろそのような潜在性が、その全体性の本質的なものとなる（形式a－内容b）。

4　それにたいして、そのような潜在的な全体性（形式a－内容b）はつねに現実的な真理内容（内容a）の産出によって充足されることをまつことになる（形式a－内容bと内容aのあいだの関係）。

5　そして、それを充足する真理内容（内容a）は、直観的振る舞いを外延的な内容とする領域的な全体（内容a－内容b）を概念（内容a－形式b）によって包摂・規定することで現実的に形成される（内容aにおける形式bと内容aのあいだの関係）。つまり、現実的な真理内容とは、そのような概念と直観の相互規定によって定立するものである。

6　一方で、そのような相互規定を可能的に条件づけているものは、さきにみた一なる真理である（形式a－形式bと内容bのあいだの関係）。

7　最後に、真理内容がその一なる真理によって条件づけられているということ（内容aと形式a－形式bのあいだの関係）と、そのように条件づけられた概念が真理内容の部分として潜在的な全体性を充足するものと認められること（内容aと形式a－内容bのあいだの関係）は相互的である（5と6のあいだの関係）。

真理の歴史における具体的過程という課題

しかし、以上のような2×2の表でもいまだ真理の歴史を充分に表現するものにはなっていない。このような見方がいまだ真理の歴史の形式的側面にしか注目していないと言わなければならないのは、このとき概念と直観の相互規定が確立していること、言いかえれば、うえの2×2の表が安定したものとして成立していることを前提することが、表そのものの表現によって求められているからである。ある意味で、カテゴリー的思考の限界と言えなくもない。謂わば、この表のなかにおいては、真理はつねに出来上がったものとして想定されてしまっているのである。それは真理の潜在的な過程にたいする極限によって生じる可能的な結果にすぎない。しかし、フェルマーの最終定理の例からもわかるように、真理の歴史という問題においては、真理が出来上がりつつあるという過程的な側面こそ考える必要があった。しかし、このカテゴリー表では、この過程的な側面について言及できていない。つまり、以上のような形式－内容の2×2の相互規定の確立は、真理の歴史にかんする過程的な観点からみれば、つねに極限的な結果としてえられるはずのものでしかないのである。それゆえこの表は、そのような確立を実現する歴史的過程そのものの表現としてはいまだ不充分であると言わざるをえない。謂わば、上下二つの形式bと内容bのあいだに、みえない隙間が、中間休止が、真空が入り込んでいるのであって、その

	形式a（可能的なもの、空虚）	内容a（現実的なもの、充実）
形式b（内包、集合）	真理値（一なる真理）	概念（文、理論体系）
隙間	過程（マクロ）	過程（ミクロ）
内容b（外延、要素）	真理内容の潜在的全体性	直観（個々の操作、振る舞い）

図表1-2　真理の形式bと内容bのあいだに入る隙間

隙間が二つの世界のあいだで伸びたり縮んだりしながら、あるいはそのあいだの結びつきが強くなったり、弱くなったりしながら、内容aの列では個々の概念が形成され、形式aの列では潜在性が更新され続けると考える必要があるのではないか。この隙間、真空こそが、真の意味で数学の歴史と不可分に結びついた、「数学的直観の含む構成行為」を本質的とする部分なのではなかろうか（図表1-2）。

しかしながら、この表によって、そういった過程としての内容が入り込む場所を想定することができたのであり、むしろそのためにこそ、以上のような2×2の形式と内容の構造は、必要な地図であったと言えるのではないか。ここでかなり、複雑なことを言っていると思われるかもしれないが、実質はそれほど複雑ではない。これから何度かこの表にもどってくることもできると思われるので、徐々に表の地図的な機能も明らかになっていくだろう。

重要なのは、この2×2の地図によって示された隙間、真空の部分をもっとクリアに観察し、記述することだ。そのためには、そもそも概念というものがなんだったのかということを考えなおしてみる必要があるだろう。また、それにともなって経験や直観というものも問いなおされる必要が出てくるかもしれない。つまり、概念が措定されるということがいったいどういうことなのか、概念とはなにをなしうるものなのかということを考えなおさなければならない、ということだ。そして、経験あるいは直観というものは、そもそも概念と対立するものであるのか、あるいはそうでないとしたら、それは概念とどのような関係をもちうるのかということについて考えなければならない。さらに哲学的には、この隙間、真空の存在理由について根本的に問いただす必要もまた出てくるだろう。以上のような一連の問題を頭の片隅におきながら、まずは概念について考えなおすことから始めてみよう。

第2章　概念、直観、内容X

概念とはなにか

なぜこのような問いが必要となるのかという疑問から始めよう。前章で論じられたのは、真理という語がもつ二重性について、すなわちその一性と多性、あるいは静性と動性についてどのように綜合的な視点をもつことができるのかということだった。そこで真理の形式と内容について、二重の観点から腑分けがおこなわれた（第1章図表1－1）。真理の内容的な側面と形式的な側面（条件的な側面）を分けることで、真理の歴史における生成という観点がとりわけ、真理の内容的な側面に注目したものであることが指摘された。そして、その内容的な側面においては、概念とその概念を充足する直観ないし経験の対として、その個々の要素が形成されることもまた指摘された。そのような概念と直観の対が真理であることを条件的に支えるのは、真理の形式的な側面であるのだが、他方で個々の真理内容は概念と直観の対によって差異化される。

しかし、このような描像において明らかに欠けているのは、実際に概念なるものが措定される動機であり、その過程であり、現実的にそれを条件づけているものである。重要なことは、概念なるものが権利上設定されるということの確認ではない。むしろ概念が実際に措定されることの動機、その方法、その現実的条件を把握し、それをとおして個々の概念なるものがどのようなメカニズムで存立しているのかということを知ることにある。

こういったことが必要になるのは、概念を措定する／できる／すべきことそれ自体が、ひどく不可思議なことだからである。概念なるものが客観的認識のある種の絶対性の意識と結びついているとすれば、それが措定できるときにはいったいなにが起こっているのだろうか。概念はたんなる物の名前ではない。なぜならそれはある種の必然性、あるいは対象の絶対性をそのうちに含み込んでいるからだ。しかもそうであるにもかかわらず、それは措定されざるをえないものである。言いかえれば、それは歴史的であり、半ば構築的なのである。絶対性が構築的であるということ、あるいはある種の構築は絶対性に触れること、この意味をどう理解するのか。

しかし、このように問題を展開する以前に、もっと基本的なところから始めよう。

カントの概念という語の問題

概念という語は、おそらくもともと日本語の日常語としてあった語ではなく、西洋の思想が輸入されたときに一緒に造語されたものだと思われる。したがって、その意味をたどるのであれば、その輸入元の思想をみざるをえない。概念とは、英語およびフランス語における concept、またドイツ語における

Begriff の翻訳語であるだろう。これらの語は、いくつかの語源辞書をみてみると、ともにラテン語のconceptus が元であり、この語は「つかむ」とか「把握する」とかの意味をもつラテン語の動詞 concipere の変化形であるとされている。ルネ・デカルトの『省察』（一六四一年）のなかでも、この conceptus という語があらわれているが、そこでの使用法は、より頻繁にあらわれる「観念」という語とそれほど判明な区別はないようにも思われる。もし概念という語の系譜学をさらに進めるのであれば、中世スコラ哲学における概念の身分規定にかんする議論、たとえばアベラルドゥスの概念主義の議論などが検討される必要があるだろうが、いまは系譜学の完遂が目的ではないのでこれぐらいにしておこう。

　概念という語をほかの語から明確に区別して使用することを可能にし、また現代におけるこの語の使用にたいしても決定的な影響を残したのは、やはりカントによる概念の規定だろう。カントのあとで、さまざまな哲学者がカントの哲学を批判し、また概念の主観主義的であったり心理主義的であったりする解釈を導く傾向にあったカント解釈を批判してきたとはいえ、やはりその出発点においてはカントの概念という語の規定を参照することから始めなければならないことにはかわりない。カントにおける概念という語の規定のなかで、もっとも明示的なもののひとつが、『純粋理性批判』のなかにあるので、ここではそれを参照しよう。

> 次に示すのは表象様式の階梯である。類は表象一般（表象 repraesentatio）である。この類のもとに意識を伴った表象（知覚 perceptio）が属する。主観の状態の変様として、もっぱら主観にのみ連関する知覚は、感覚（sensatio）であり、客観的知覚は認識（cognitio）である。この認識は直観か概念

<table>
<tr><th colspan="6">表象</th></tr>
<tr><td rowspan="5">意識を
ともなわない
表象</td><td colspan="5">知覚（意識をともなった表象）</td></tr>
<tr><td rowspan="4">感覚
（主観のみに
かかわる知覚）</td><td colspan="4">認識（客観的知覚）</td></tr>
<tr><td rowspan="3">直観
（個別的・直接的）</td><td colspan="3">概念（一般的・間接的）</td></tr>
<tr><td rowspan="2">経験的概念</td><td colspan="2">純粋概念</td></tr>
<tr><td>悟性概念</td><td>理性概念（理念）</td></tr>
</table>

図表2－1　表象を類とする種差の表

(intuitus vel conceptus) のいずれかである。直観は直接的に対象に連関し、個別的である。概念は、複数の諸物に共通でありうる一つの徴表を介して、間接的に対象に連関する。概念は経験的概念であるか純粋概念であるかのいずれかであって、純粋概念は、それがもっぱら悟性のうちに（感性の純粋形象においてではなく）その起源をもつかぎり、悟性概念Notioと呼ばれる。諸悟性概念から生じ、経験の可能性を越え出る概念は、理念、あるいは理性概念である。ひとたびこの区別に慣れてしまった人は、赤い色の表象を理念と名づけるのを聞くのは、耐えがたいことであるにちがいない。赤い色の表象は悟性概念とすら名づけられえないのである（カント 2005b, p.47/B, p.327：傍点ママ）*1。

この引用からわかるように、カントにおいて、概念は表象の一種である。表象には、感覚／認識の区別があり、認識には、直観／概念の区別がある。そして、概念には、経験的概念／純粋概念の区別があり、純粋概念には悟性概念／理性概念（理念）の区別がある（図表2－1）。

このカントの定義にもうすこしつきあってみよう。まず類にあたる表象とはなにかというところにまでさかのぼってみよう。しかし、カントにおいて表象という語は、非常に根本的であるがゆえに、判明な規定を見出すことが難しい。

それは、謂わば、わたしたちの生きられたこの生の総体そのものであり、ある種の絶対的な内在性の領域につけられた名だとさえ思われてくる。そこには経験されるものも経験されないものも含まれるし、意識されるものも意識されないものも含まれる。現象でさえ、表象の一様式にすぎない。そこには覚醒した意識も、夢想も、白昼夢も、数学的概念も、神もすべてが含まれる。表象にそとはあるのかと言えば、それはほぼ唯一、物自体がそれにあたる、と言えるだけだろう。「一般に、一切の現象について、これらの現象は物〔自体〕ではなく（現象は単なる表象様式である）、また物自体に属する規定でもない」（カント 2003, p.90）。したがって、わたしたちが生きている「この」世界、つまり各人が住まっており、各人がわがものと無自覚的に前提しているこの生の印象の連なりにおいて、表象に属さないものはなにひとつとして存在していない。それが表象である。したがって、表象はたんなる妄想でもなければ、たんなるイメージでもない。それらと同時に、客観的なもの、必然的なもの、絶対的なものも同時にあわせ含むものである。ここがカントの表象概念がたんなる独我論や観念論とは異なる点だろう。

わたしたちは、わたしたちのうちに諸表象をもっており、その諸表象をわたしたちはまた意識することができる。しかしこの意識は、どれほど広範囲におよぼうとも、どれほど正確ないしは厳密であろうとも、依然として表象でしかない、言いかえれば、あれこれの時間関係におけるわたしたちの心の内的規定でしかない（カント 2005a, p.409/B, p.242）。

表象とは、繰り返せば、生の絶対的内在性である。では、概念はこのような表象という絶対的内在性の領域のなかでなにをなしうるものなのか。概念は、表象の再認を可能にし、それを「同じもの」として腑分けすることで、表象領域のなかに差異を作り出す働きである。すなわち、概念なしには、表象の世界は、みんな同じでみんな違うというようにしかならない。

私たちが思考しているものが、私たちが一瞬以前に思考したものとまさに同じものであるという意識がなければ、諸表象の系列におけるすべての再生産は無益となるであろう。なぜなら、私が思考しているものは、現在の状態における一つの新しい表象となってしまい、この表象は、表象を次々と産出したはずの作用には全然属さないことになってしまい、だからそうした表象の多様なものはつねにいかなる全体をもなさなくなるにちがいないからである。というのは、この多様なものは、あの意識のみがそれにあたえうる統一を欠いたからである。私が、数を数えるときに、私の念頭にいま浮かんでいる諸単位は、順次たがいに私によって付け加えられたものであるということを忘れるなら、私は、このように一に一を継続的に付け加えることによって大きな数が産出されたということ、したがってまた数そのものをも認識しないであろう。なぜなら、数という概念はもっぱら綜合のこの統一の意識にあるからである（カント 2005a, pp.266–7/A, p.103)。

概念は、表象領域において生きている。言いかえれば、表象領域を生命の源泉として、そこにおいて賦活されたものとしてしか存立しえない。その一方で、概念はこの表象領域を豊かにするものでもある。概念なしには、「表象を次々と産出したはずの作用」といったものを把握したり、とり出したり、注意したりすることができないからである。そうすることによって、表象領域は、概念が措定される以前よりも、ある種の豊かさと複雑さと体系性とを手にすることになる。つまり、概念とは、特定のタイプの表象をほかの表象から区別することを可能にするようなある統一である。たとえばなにかが数えられるとき、それが数えられているということを可能にし、まさに1のつぎのものが1のつぎであることを可能にするのが、単位という概念なのである。

カントの概念という語は、より伝統の長い、主語／述語という語にとってかわるものとして、あるいはアリストテレスの『分析論後書』ですでに文（あるいは命題）における項（大項、中項、小項）としてもちいられているものにとってかわるべきものの位置におかれているように思われる。たとえば、分析判断と綜合判断の区別において、カントはつぎのように述べている。

すべての判断においては、主語と述語との関係がそのうちで思考されているのであるが〔中略〕、この関係は二種類の様式で可能である。述語Bは、主語Aのうちに（隠れて）含まれている或るものとして、この概念Aに属しているか、あるいはBは、たとえ概念Aと結びついているにせよ、この概念のまったく外にあるかのいずれかである。前者の場合には私はその判断を分析的と名づけ、〔後者の場合には〕綜合的と名づける（カント 2005a, pp.98–9/B, p.10）。

カントは明らかに、「主語A」という語をより一般的な（なぜより一般的かと言えば、あとの引用でみるように、「述語B」も「概念B」とおきかえられるからであり、つまり、「概念」には「主語」と「述語」の両方が属することになるからだ）「概念A」という語におきかえて使用している。しかしながら、カントの概念という語と、たとえばアリストテレスにおける主語／述語あるいは項という語のあいだの同一視を徹底させることは、カントの概念という語に本来固有の規定を裏切ることになるのかもしれない。『分析論後書』の議論にしたがえば、アリストテレスにとって、項の設定は、もっぱら言語の使用によるものであり、かつそれは随意におこなうことができるがゆえに、それ自体においては真も偽もない。真あるいは偽が問題になるのは、その項が他の項と結びついてある判断すなわち文を形成した場合のみである。つまり、項そのものにはなんの客観性も主観性もなく、それ自体の自存性もない。したがって、その設定で概念という語を解釈するとすれば、それはたんなる言語的に書かれた項あるいはその項の名ということになるだろう。しかし、カントの概念という語は、このような常識的な言語観とかならずしも一致していない。

もちろん判断の形をとらなければ、真とも偽とも言われえないというアリストテレスの主張は非常に正しく、現在においてもなお保持されている基本的な考え方のひとつである。そして、命題の真偽ということにかんして、「判断」という語で議論していたカントにおいても、このことは踏襲されている（概念の複合あるいは分析においてのみ判断は形成される）。しかし、ここで問題にしているのは、そのことではなく、項ないし概念が、そのような判断の形式をとる以前に、謂わば、文にたいして付与される真偽およびそれを可能にする論証形式への置換以前に、真とは言えないような（しかしそれとまったくかかわらないとも言い切れないような）ある種の内容性を帯びているということをどのように理解するかということである。

項ないし概念は、たしかに、論証の形式におかれた時にはじめて、その充分な規定が達成され、真ないし偽という値を実際にもちうるのだが、本章の問題設定であるところの概念を措定する過程そのものを問題にする場合には、論証の形式に置換すること自体を要求するようなものとしての概念のあり方、つまり真偽の確定した文のなかでその充分な規定を受けとる以前の概念といったものを考えてみる必要がある。なぜなら、そうでなければ、概念はすべて最初から真偽の確定された文がさきに用意されているということなしに、ひとつも考えることができなくなってしまい、ひいてはそもそも概念も文も、最初から全部真偽が確定されているか、あるいはひとつも存在しないという話にしかならないからである。

カントの概念という語は、真偽の確定された文に依存することなく、概念の自存性を確立することを可能にしたという点で非常に革新的であり、その意味で、概念について主題的に考えるための基礎をはじめて築きあげたと言えるのではなかろうか。

カントにおける概念の自存性は、言うまでもなく、表象という類のなかに概念が位置づけられていることによる。もうすこし詳しく言うならば、概念がそれ自身のうちに二重性を包み込んでいるということである。この二重性は、カントの論理学の枠組みにおいては概念の内包と外延と言いかえられるものと思われるが、重要なのは、内包と外延という形式的に理解可能な対関係をそこにみてとることではなく、内包と外延というものをどのように生きられたものとして理解するかということである。

綜合的判断のさいには、私は、主語の概念のほかになお何か別のもの（X）をもっていなければならず、この何か別のものに悟性は、主語の概念のうちにはひそんでいない或る述語を、それでもこの主語の概念に属するものとして認識するためには、たよるということである。／経験的判断ないし経験判断のさいには、この点に関していかなる困難も全然ない。なぜなら、このXは、私が概念Aによって思考する対象についての完璧な経験であって、その概念Aはこの経験の一部をなすにすぎないからである。〔中略〕それゆえ経験が、概念Aの外にあるあのXにほかならないのであって、このXに重さという述語Bと概念Aとの綜合の可能性がもとづいているのである。／しかし、ア・プリオリな綜合的判断のさいには経験というこの補助手段は徹頭徹尾欠けている。私が概念A〔の外へと〕、他の概念Bをこの概念Aと結合しているものとして認識するためには、越え出てゆくべきであるなら、私がそれにたより、また綜合がそれによって可能となるものは何であろうか？〔中略〕それは経験ではありえない（カント 2005a, pp.101–6/A, pp.8–9）。

分析判断であれば、概念Aはそれ自体を観察することによって、述語となるべき概念Bを導き出して、それと結合させて判断を形成することができる（とはいえ、分析判断そのものもそれほど自明というわけではないのだが）。しかし、綜合判断のように、述語となる概念Bが概念Aのなかに含まれていない場合、そのような結合は、概念そのもの以外に生きられたなにかXを必要とする。個別的な対象についての綜合判断の場合、このなにかXは、個別の経験、すなわち知覚や感覚といったものの経験によって充足することができる。

この経験もまた表象の一種であり、概念もまた同じ表象の一種である。経験的あるいはア・ポステリオリな綜合判断の場合、概念は表象を二重化させ、表象がみずから（経験X）にみずから（概念A）を折り重ねる仕方で形成されていると述べることができるだろう。問題は、数学などのア・プリオリな綜合判断の場合である。これもたしかに、概念Aは、なにかしらのXとの二重性をもたなければならないにもかかわらず、それは明らかに一般的に経験と呼ばれる個別的なものの表象ではありえない。もしそうであるなら、数学的判断がもつ必然性の意識（「こうであってこう以外ではありえない」という意識）を理解することができないだろう。

「7＋5＝12」という命題は、カントにしたがえばア・プリオリな綜合判断と呼ばれ、このような個別的な経験とは別のものをXとすることによってえられた綜合判断である。カントにしたがえば、この命題が綜合判断であるのは、「7と5の和」という（主語）概念のうちには、「これら二つを結びつけて或る一つの数にするということ以上の何ものも含んではおらず、このことによって、これら二つの数をいっしょにするその一つの数がいかなるものであるかは、全然思考されていない」からである。これが「（＝）12」という（述語）概念と結びつくためには、「二つの数のうちの一つに対応する直観、たとえば自分の五本の指、あるいは［中略］五つの点を助けとし、かくして、この直観において与えられた五つの単位を、次々と、7という概念に付加することによって、7と5というこれらの概念を越え出てゆかなければならない」のである（上記二つの引用はカント 2005a, pp.110–1/B, pp.15–6）。すなわち、数学におけるア・プリオリな綜合判断においては、直観の助けを借りてのみ、そのような綜合判断が可能になるのであって、たんなる概念のみに任せたのでは、「7＋5」という概念の拡張的性格を理解し、数学をおこなうことは不可能なのである。このことを端的にあらわしているのが、あの有名な一句である「内容を欠く思想は空虚であり、概念を欠く直観は盲目である」（カント 2005a, p.191/B, p.75）だろう。

カントにとって、このア・プリオリな綜合判断を可能にするXとは、個別的な経験を条件づけている経験の可能性の条件であり、すなわち、わたしたちの感覚や印象がそれにしたがって秩序づけられるものであるところの時間形式（線形順序構造）と空間形式（三次元配置空間）、およびそれらに基づく多様な図式である。この二つの直観形式が、最終的に数学的概念の「何か別のもの（X）」（以下、内容X）の役を担うとカントは考える。しかし、もちろんこの個所が、のちの議論において問題となるのである。

ボルツァーノの系譜

直観形式に依拠したカントによる数学的概念における内容Xについての議論は、それ自体非常に重要なものであり、またその思想史的な価値は無尽蔵であり、また汲み尽くしえない含意に溢れているとはいえ、明示的な議論として充分完成されていると言いがたいこともまたたしかだろう。算術や幾何学といった数学にかんする概念が、いわゆる個別的な対象の知覚や通常の意味での感覚的経験とは異なるア・プリオリな直観あるいは経験の可能性の条件といったものをその内容の土台としてもつということはよいとしても（もちろんこれがよいかどうかも議論が分かれるところであるが）、そもそものア・プリオリな直観とはなにを意味しているのかということが、カントの議論自体においてそれほど自明なわけではない。もちろん、カント自身の議論においてそれは空間直観と時間直観という仕方で明示されてはいるのだが、逆にそのためにわかりにくくなっている。なぜなら、もしこの二種の直観形式のみを数学的概念の内容的土台として認めるという主張を堅持するのであれば、数学についてのより詳細な分析をおこなうと、さまざまな不具合が生じてくることは明らかだからである。

一九世紀、ベルナルト・ボルツァーノ以来、フレーゲ、バートランド・ラッセル、ルドルフ・カルナップと続くア・プリオリな綜合判断にたいする厳しい批判の理由のひとつには、明らかにこの直観概念が現実的な数学の場面に適合していないということがあるように思われる。

たとえば、ボルツァーノは、一八一〇年の「数学のより良く基礎づけられた表現への貢献」における補遺「カントにおける直観を介した概念の構成の理論について」のなかで、算術の命題はたしかに綜合判断であるが、しかし時間直観を必要としていないというように述べて、カントの直観の理論を批判している。ボルツァーノの理解によれば、カントのア・プリオリな直観は、「そうでなければならず、そのほかにはありえないという必然性の意識をともなって結合された直観」(Bolzano 2005a, p.220) 以外のなにものでもない。そしてこのように解されるのであれば、算術の命題にとって必要なのは、判然としない直観に訴えることではなく、論証の過程がゴットフリート・ライプニッツに由来する論理的な「充分な理由の原理」(充足理由律) に基づいていることを明示することによって、その必然性の意識の根拠を明示することである。そうであれば、この充分な理由の原理は、時間の存在しない場所 (ボルツァーノはこれをカントが「叡智界」(ヌーメノン) として示唆していたと考えていた) においてもなりたつはずである。そして、必然性の意識をともなう直観の根拠が充分な理由の原理に求められるとすれば、数学における内容Xすなわちア・プリオリな直観と考えられていたものは、その意味で、時間的なものではないということが帰結されるだろう。

ボルツァーノの偉大なところは、このような批判を算術の綜合命題の具体的な論証によって示したことである。たとえば、ボルツァーノは、7＋5＝12というカントの提示した命題のかわりに7＋2＝9という命題の証明を考える。実際にボルツァーノによる証明をみてみよう。以下1－3が定義、4は一般命題である。

1　1＋1＝2
2　7＋1＝8
3　8＋1＝9
4　$a+(b+c)=(a+b)+c$（結合法則：一般命題）

以上を仮定したうえで7＋2＝9という命題はつぎのような論証によって証明される。

・7＋2＝7＋(1＋1)（定義1より）
・7＋(1＋1)＝(7＋1)＋1（一般命題4より）
・(7＋1)＋1＝8＋1（定義2より）
・8＋1＝9（定義3より）
・7＋2＝9（結論）

非常に現代的な証明であり、今でも充分通用しそうな印象を受ける（とはいえ、以上の論証にも隠れた前提があることを容易に指摘することもできるのだが）。各段の「＝」の左辺には、仮定ないし前段の右辺をおく。

右辺には、左辺の一部ないし全体にたいして、定義を代入ないし一般命題に代入することでえられたものをおく。ここで重要なのは、算術の綜合判断において内容Xをなすとカントにおいて言われていた時間的感覚や時間形式ではなく、明らかに代入の原則と、等号の規則である。

命題の論証過程ではなく、その意味を解釈するうえで時間的なものが必要となるというボルツァーノへの反論は、すくなくともカントの議論を批判するボルツァーノの議論の文脈では意味がない。なぜなら、ここでボルツァーノが問題にしているのは、数学の命題を認識するとは、すなわちそれを論証することであり、そしてそうであるかぎりにおいて、その論証にとって（算術にかんしては時間直観という）ア・プリオリな直観なるものが不可欠であるというカント自身による議論を問題にしているからである。カントはたしかにつぎのようにも述べていたのだ。

数学的考察は、たんなる概念でもってはなにごとも達成しえず、むしろただちに直観へと急ぎ、この直観において数学は、その概念を具体的に考察し、しかしそれにもかかわらず経験的に考察するのではなく、数学的考察がア・プリオリに描出したところの、言いかえれば、ア・プリオリに構成したところの直観においてのみ考察するのであって、だからそうした直観においては構成の普遍的な条件から生ずるところのものは、構成された概念の客観についてもまた普遍的に妥当しなければならないのである（カント 2005c, p.25/B, p.744）。

カントにおいて、直観は、数学において定義をおこない、公理を措定し、論証をおこなうすべての過程において不可欠であるとされる。

数学だけが定義をもっている。なぜなら、数学は、おのれが思考する対象をまたア・プリオリに直観においても描出するからであり、だからこの対象は、その概念以上のものをも以下のものをも含みえないことは確実である（カント 2005c, p.40/B, p.758）。

数学は公理をもちうる。というのは、数学は、対象の直観における概念の構成を介して、その対象の諸述語をア・プリオリに直接的に連結しうるからである（カント 2005c, p.44/B, p.761）。

数学だけが論証を含んでいる。というのは、数学がその認識を導出するのは、概念からではなく、概念の構成から、言いかえれば、その概念に対応してア・プリオリに与えられうる直観からであるからである（カント 2005c, pp.45–6/B, p.762）。

数学における定義、公理、命題にかんするカントの以上の三つの主張は、ボルツァーノによる証明の実効的な構成によってかなり苦しくなる。8＋1＝9という定義を措定し、それを使用することがなんらかの直観を必要とするのだろうか。$a+(b+c)=(a+b)+c$という算術の公理を措定し、それを使用するのに、なんらかの直観が関与しているのだろうか。また、それら定義と公理をもちいて形成された実際の論証の過程において、なんらかの直観が不可欠であったと本当に言えるのだろうか。

定義1の1＋1＝2をみてみよう。これは、左辺と右辺が互いに等しいことを述べている。このことは、左辺を右辺でおきかえてもかまわない（真偽は変化しない）ということとして解釈できる。これは左から右へというだけでなく、右から左への関係も同時に含むことになる。そして、左辺の1＋1を右辺の2でおきかえるとき（論証の最初の段）、そこにあるのは時間変化ではなく、代入の原則の適用、すなわち代入しても真偽が変化しないということへの注意である。また一般命題（いわゆる公理）の $a+(b+c)=(a+b)+c$ において理解されるべきは、むしろ a、b、c に任意の項が、任意の順に代入されてもこのような関係式自体は「つねに」変化しないということ、つまりいつでもどこでもこのような不変性がなりたつということである。つまり、時間直観や空間直観であるどころか、むしろそれらの構造を無視した、非順序的で非位置的な要素間の不変性（現代の観点からすれば集合論的な構造）をみてとることのほうが圧倒的に重要なのである。

したがって、このように解釈するのであれば、算術の命題の証明および、その証明を構成する定義および公理において必要なのは、直観ではなく、論理的な構造の把握、すなわち代入可能性（置換可能性）の把握にほかならない。繰り返すが、これは明らかに、時間的な順序構造も不可欠とはしないし、空間的な配置構造も必要としていない。この点で、ボルツァーノが言うように、必然性の意識としてのア・プリオリな直観なるものを、いわゆる時間形式と空間形式として解釈することを堅持するのであれば、カントのア・プリオリな綜合判断における概念の理解は維持できないように思われる。したがって、残された選択肢は、ボルツァーノとともに、直観を必要としない数学的概念の理解を求める道を進むか、あるいは、直観という語の規定そのものに手をつけるかのいずれかである。そして、一九世紀から二〇世紀初頭にかけての数学と論理学と哲学の綜合的な試みは、このボルツァーノの道を極めることにあったと回顧することができるように思われる。

ボルツァーノの概念という語のあたらしさ

ボルツァーノの仕事が評価されるのは、実のところ、彼が死んだあと、ゲオルク・カントールやあるいはエトムント・フッサールによって、彼らのアイデアの先駆者としてとりあげられるようになってからだったというのが一般的な理解である。したがって、ボルツァーノがカントールやリヒャルト・デーデキント、あるいはフレーゲよりも早い段階で集合概念を手にしていたとしても、すぐさまそのアイデアが歴史のなかで決定的な影響をもちえたということにはならない。しかし、ボルツァーノの仕事をよく眺めてみると、以上のようなカントの概念を批判し、数学の定理の証明をよりたしかな基礎のうえに築きなおそうとする努力そのものが、集合という概念を要請することになるという、より一般的な歴史的傾向性がそこに見出されはしないか。おそらくはこのような一連の知的努力によって、また当時の解析学や幾何学、あるいは群《ぐん》のアイデアを含むようになる代数学の状況とともに、集合という概念を可能にする土壌が形成されていったと言ってよいのだろう。

そのような状況のなかで、ボルツァーノは、概念について、ある決定的な再定義をあたえることになる。すなわち、集合論的な概念の解釈である。ここでは、初出ではなくより簡単なスタイルで書かれている『無限のパラドックス』（一八五一年）の議論をみてみることにしよう。

基本的な概念把握が、その要素の配置〔Anordung〕を関係ないものとみなし、それゆえその置換が現在の観点から本質的な変更をもたらさないような集まりを、わたしは集合〔Menge〕と呼ぶ。その要素が、言明された種Aの個物〔Einheiten〕として（つまり、概念Aのもとに包括可能な対象として）みなされるような集合を、わたしは多〔Vielheit〕と呼ぶ（Bolzano 2005b, p.252）。

この引用で重要なのは、配置を無視してかつ不変であるということと結びついた「概念把握」あるいは「概念」のことを、「集合」とボルツァーノが定義していることである。このような集合としての概念の規定のあとで、ボルツァーノは、簡単な集合計算の規則を提示し、それによって無限概念を考察することになる。しかし、それにさきだって重要なのは、さきほど述べた不変性（置換における不変性）の観点から「集合」という概念を定義し、それを概念と同等なものとして、それにおきかえたことの意味である。

この置換における不変性という発想は、ある意味で一九世紀の数学史全体を支配しているとさえ言えるかもしれない。実際、それぐらいこの置換における不変性という発想は、汲み尽くしがたい深さを有している。その深さの原因は、置換するものと置換されるもののあいだにひろがる無限の距離によるのではないか。なぜなら、置換が本質的な変化をもたらさないということは、事実上もたらさないということだけでなく、権利上もたらさないということをも含むものとみなしうるからである。それが、この集合としての概念によって、無限の要素について（あるいは要素にかんしては異なっている無限について）考えることができるようになる理由である。そして、同時に、そのことが置換されるものと置換するものとのあいだに、言いかえれば内容Xと概念のあいだに、ある定まらない距離を巻き込むことになる。

カントはたしかに、概念をある種の不変性として把握することに成功していた。すでに引用した個所で、カントは「わたしたちが思考しているものが、わたしたちが一瞬以前に思考したものとまさに同じものであるという意識がなければ、諸表象の系列におけるすべての再生産は無益となるであろう」と述べていた。この「同じものであるという意識」、これはたしかに置換における不変性である。しかし、その一方で、概念、とくに数学的概念を、直観における構成によって制約することで、置換されるもの（直観）から置換するもの（概念）を独立させることを拒んだのではないか。あるいは、そのあいだにいかなる距離や差異や齟齬があることも認めなかったのではないか。概念は直観からぴたりと離れず、それは相互に不可欠ではあるが、相互に一致するものであるべきであった。

しかし、一九世紀には、無限個の項の和が有限な値、あるいは一定の値に収束するかどうかということが、級数の無限和あるいはある種の積分の領域で非常に重要な問題として認識されるようになり、その一方で有限の総和が無限とかならずしも一致するとはかぎらないということが認識され始めることになる（可算無限と非可算無限のあいだの差異）。

この時代的背景の違いが、カントとボルツァーノのあいだの概念にたいする認識の差異の理由をなしているように思われる。たとえば、微分を可能にする領域としての連続体が、有限な項の規則的な列に帰着するのか否かという問題は、カントの直観の理論が正しいとするならば、有限な項の規則的な列が数学的認識としての正当な資格を有するかぎりは帰着しなければならず、逆に帰着しないものにたいして正当な数学的認識の資格を認めるのであれば、それはカントの直観の理論が誤っていたことを意味する。歴史的順番は前後することになるが、カントールが実際に構成した証明は、まさに、このような帰着が不可能であるという主張内容を含んでいた（連続体は非可算無限濃度をもつ）。そうだとすれば、カントールの使用した集合論（あるいは写像の理論）および濃度概念が誤っているか、あるいはカントの直観の理論が誤っているかのいずれかであるということになろう。

有限な項のあいだの規則性を、そのまま無限の領域に拡張することはそもそも可能なのか否か。カントにとってそのことは、有限な項のあいだの規則性が、ア・プリオリな直観に、すなわち時間形式かあるいは空間形式にのっとっているかぎり、あるいはそれらア・プリオリな諸形式に基礎をもつ図式としてあるかぎり、可能でなければならない。したがって、ある共通の直線にたいして垂直に交わる二本の無限に伸びる直線が、互いに一度も交わらないという主張は、その概念構成が空間直観に基づいているかぎり、保証されている。それゆえ、カントの設定において、幾何学は唯一ユークリッド幾何学のみが真正の数学であるということにならざるをえない。しかし、ボルツァーノが正しくも指摘しているように、ことが無限の話になると、このような直観形式に依拠した推論は正しく機能しなくなる。有限的な積み重ねによって二本の伸び続ける直線が現実にどこまでいっても交わらないことと、二本の無限に伸びる直線が権利上交わらないことは、無限の観点からは同じことではない。それゆえ、このような無限を含む幾何学を構想することによって、非ユークリッド幾何学の公理系を理解することができるようになる。

このことは、到達不可能な無限遠点を北極と南極にもつ地球を考えれば想像できるかもしれない。存在する平行線は、赤道にたいして垂直なものだけとする。そして、北極点と南極点には、誰もたつことができず、その点に入ったとたん、点の向こう側に出てしまうものとする。そのような地球において、平行に進み始めた二人の人物は、どこまでその線に沿って進んでもつねに平行関係のままであり、たとえ同時に歩き始めたとしても決して交わることはない（ただし手をつないで二人一緒に極点に飛び込むとおかしなことになる）。しかし、その地球をそとから眺めれば、明らかにその二つの平行線は、北極と南極で交わっている。内側（直観）からみた世界と外側（概念）からみた世界は、かならずしも同じものではなく、そのあいだには無限の距離が横たわっている。カントの直観における概念の構成の理論は、このあいだの距離が無限に短いことを要請するものだと解することができるのではないか。しかし、それが無限に短いということは、すなわち、数学において無限といったものを本質的なものとして考慮しないということを意味する。なぜなら、無限といったものを考慮するということは、すなわち、概念によって表現されるこの到達不可能な点（無限遠点）を、数学の内部のものとして受け入れるということを意味するからである。

直観における認識と概念における認識のあいだのずれといったものが顕著になるのは、非ユークリッド幾何学よりもむしろ実数概念の定義においてだろう。とくにデーデキントの「切断」（カット）による定義は、さまざまな意味で象徴的であり、この直観と概念のあいだの距離あるいは齟齬を認識しやすい。

これについてはすでに何度か論じてきたので、[*2]ここではかなり省略して概要だけ述べておく。自然数の集合を所与とすると、有理数は、その自然数に含まれる要素の対として定義できる。そして、有理数集合の要素のあいだの関係を、ばらばらの要素としてではなく、要素間の演算と関係式によってもらさず体系的に記述する。すなわち、加減乗除と結合法則、交換法則、分配法則である。このような有理数の体系は代数的な構造としては可換体と呼ばれるものとなる。また、このような有理数体の要素は、線形的な順序を維持しており、かつ任意の二つの要素のあいだにかならず別の要素が存在しているという意味で稠密な集合をなしている。ここまでは、自然数集合を所与とするかぎり、自然な拡張（あたらしい公理を必要としない拡張）なので、自然数集合を直観形式に適切に基づくものと認めるとすれば（もちろんそのように認めること自体、さまざまに問題含みであるが、いまはおいておきたい）、有理数体もまた直観形式に適切に基づくものであるとみなすことができる。*3「切断」は、このような稠密で順序づけられた有理数体を前提して、なおそこに含まれていない連続体の要素が存在することを主張するものである。この有理数体を二つの順序集合（上組と下組）に分けるものを「切断」と呼ぶ。任意の有理数は、このような「切断」を可能にする。すなわち、それを下組の最大の数とすれば、どの有理数も二つの順序集合を定義することになる。

それでは逆に、このような「切断」はすべて、なんらかの有理数に対応をもつだろうか。もしもつのだとすれば、連続体は、どこでどのように「切断」しても、その断面は有理数体に属する要素であることになる。しかし実際にはそうならない。たとえば、Dを自然数だが、自然数の平方（二乗）ではないものとし、そのDは、ある自然数λがあって、$\lambda^2 < D < (\lambda+1)^2$を充たすものと規定されるとする。上組には、正の有理数で、その平方がDよりも大であるすべてのものを集め、下組には、その平方がDよりも小であるすべてのものを集めるとする。そうすると、どの有理数をとってもその平方はDよりも大であるか、小であるかによって二つに分かれることになる。なぜなら、自然数ではない有理数の平方は自然数ではない有理数であるので、自然数であるDよりも大であるか小であるかのいずれかである。そ

して自然数の平方は、定義上、Dよりも大であるか小であるかである。つまり、有理数体に属する任意の要素は、その平方とDとの大小比較によって、二つの順序集合に切断することができたことになる。[4]しかし、このような切断そのものはどの有理数とも一致しない（自然数ではない有理数の平方は自然数ではない）。したがって、有理数の全体を切断しはするものの、その切断の断面そのもので有理数ではないものが存在することになる。これを無理数と名づけてあらたな対象としてあつかうことを約束すれば、それは有理数体とほとんど同じように振る舞うことがわかる。つまり、加減乗除にかんして閉じており、結合、交換、分配法則がなりたつ。

　実数体とは、このような無理数の全体をその要素として含む体《たい》と呼ばれる構造のことである。このような無理数を含む実数体は、有理数体のように自然数からの自然な拡張によってえられたものではない。自然数にかんする公理に加えて、任意の切断に対応するような要素が存在することを要請するあたらしい公理がつけ加えられている（これを完備性の公理と呼ぶ）。したがって、無理数を含む実数体（実数体は、さきに問題になっていた連続体のひとつの代数的表現であると解することができる）は、直観によっては把握できず、ただもっぱら概念によってのみ、すなわち公理的な概念の措定によってのみ把握されうるものだということになる。このような事情があったために、実数体のデーデキントによる定義は、さまざまな哲学的考察の対象となってきた。新カント派の立場を出発点とした田辺がデーデキントの「切断」による定義に終始こだわり続けたのも（たしかにそのこだわりようが過剰であることは否めないが）、その故であるだろう。カント以降の哲学の議論において、問題なのは、この直観と概念のあいだの距離あるいは齟齬をどう理解するのかということであったと言っても過言ではないかもしれない。[5]

そして、この直観においては無限に到達不可能なものを数学において考慮するうえで必要不可欠なのが、ボルツァーノが発見し、デーデキントやカントールによって展開された、置換における不変性という観点をもつ集合を、心理学的な残滓を引きずるかつて概念と呼ばれたものにおきかえるという発想であった。なぜなら、それによって、権利上の置換という観点から、概念は、無限の項を見渡すことができる可能性に開かれるからである。言いかえれば、概念と概念の折り重ねられる内容Xのあいだに、ある種の無限が含み込まれることが可能になるからである。

内容Xの創造性

このような概念と直観のあいだの無限の距離を強く意識することによって、一九世紀中盤から二〇世紀初頭にかけて、概念数学と呼ばれる潮流のなかで、直観的なものをまったく排除して概念（集合）のみに依拠した数学を展開するという理想が求められることになる。その最大の成果が、集合論の形成であり、またそれに基づく位相幾何学や測度論、積分学および確率論の進展、あるいは再帰関数論の進展であるだろう。さらには、ダフィット・ヒルベルトの名で知られる形式主義のプログラムや、ヒルベルトの率いたゲッティンゲンのグループが主導した抽象代数学の隆盛もこの流れで考えることができるだろう。おそらくその流れは、戦後世界的に流行した構造主義数学の流れにまでつながっている。また哲学においても、このような発想は、フッサールにおける本質概念の再定義や、論理主義における綜合判断批判や述語論理の形成とつながりをもつだろう。*6 さらには、すこし突飛な連想かもしれないが、六〇年代のフランス現代思想を席巻した言語的な構造主義の発想も基本はこれと同じものだったと言えるのではないだろうか。

実際には、一九世紀後半から二〇世紀初頭にかけての哲学の議論の一部は、このような集合としての概念を哲学の伝統のなかに肯定的であれ批判的であれとり込もうとする動きとして解釈することができる。そのような観点からこの時代の哲学者の仕事を細かくひとつひとつ検討することは充分意義深いものであるだろうし、わたし自身の関心でもあるのだが、おそらくそれだけで本一冊分の議論が展開されることにならざるをえないだろうからここでは、一息に割愛することにする。

ここで確認したいことは、このようにして形成された集合論的な概念だけに、すべてを還元することなどできないという至極当然のことである。[*7] たとえば、あらたな内容となるべき内容Xなるものを想定することなしに、概念や定義をその記号規則に則って使用することはたしかに可能だが、それらの使用に現に還元されたならば、その概念や定義が存在する歴史的な理由を系譜的にたどることはまったくできなくなる。言いかえれば、そのような使用によっては、それら概念や定義が要求されることになった歴史的な条件を把握することはできない。数学の歴史のなかでは、あらたな概念や定義が措定されるさいには、カントが述べていたように、やはりつねになんらかの内容Xによる先行があるのだと言わなければならないのではないか。先行する内容Xと、それを契機に措定される概念のあいだには、回顧的な観点からはたしかに一致があり、そこで措定された概念へのおきかえが可能なのだとしても、歴史的にはつねにそのあいだにずれが刻印されていると言わなければならないのではないか。

さきにみたデーデキントによる実数体という概念の定義において、このことは実際に示されているように思われる。デーデキントの定義は、まず余剰となる内容Xを有理数体と切断という手段によって擬似歴史的に再構成したあと、その余剰をとり込む仕方で概念（完備性の公理）を措定するのである。実数体の公理系が前提されるようになってしまえば、このような歴史的な刻印は忘却することが可能になる。実数内容Xとの紐帯などなしに、数学にかんする形式的証明のなかで、実数体の公理系を使用することができる。そして、そのような形式的使用によって明らかになる実数体の意味や機能もあるし、あらたに可能になる数学的な認識もある。それにもかかわらず、歴史のなかで実数体という概念を構築するさいには、そのような不要となる内容Xが、たしかに要請されたのである。

それでは、ここで言う内容Xとはなんなのか。この内容Xの第一の形象は、なんであれ具体的で規則的で反復可能な表象を継起的に産出することのできる作用であるだろう。直観形式にしたがっていようが、空間形式にしたがっていようが、充分な理由の原理にしたがっていようが、それが作用であることにかんしては等しい。重要なのは、カントが実は述べていたし、ボルツァーノも算術の命題を綜合判断とするときにひそかに認めていたのだが、「表象を次々と産出したはずの作用」である。たとえば、デーデキントの例の場合だと、有理数体上で実現されるさまざまな計算となるだろうし、そのうえで構成された切断であるだろう。そのような作用に基づいて概念が措定されたあとには、概念にとって計算や構成のプロセスは不要になってしまうとしても、そのこと自体が問題なのではない。

たとえば、ボルツァーノの例も、算術の直観的な側面としての指折り数えるという具体的な行為が、ボルツァーノによる概念化以前に歴史的に先行して存在していたことは明らかであり、それなしにボルツァーノのような概念化が可能だとは考えられない。しかし、ひとたびそのような概念化がなされてしまえば、ふたたび指折り数えることにもどる必要性はなくなる。定義を繰り返し適用することによって、算術の計算を遂行することができるようになり、その計算は、それまで指折り数えていた行為にたいして代置することができるからである。しかしながら、そのとき、たしかに7＋2という概念を、定義と公理の集まりによっておきかえることができたのだが、それによって本質的に「表象を次々と産出したはずの作用」という次元そのものが消えてなくなったわけではないということには充分注意が必要である。なぜなら、そこで遂行される論証のプロセスそれ自体がまた、明らかにあらたな「表象を次々と産出する作用」となっているからである。しかも、そこで産出される表象は、指折り数えるときの表象とはまったく異なるあらたな表象であり、それを産出する作用やその作用がしたがう規則もまったく異なる。つまり、表象を産出する作用を概念によっておきかえることで、その概念は、それがおきかえた表象を産出する作用とは異なる表象を産出する作用を可能にしたのである。

その意味で、このような「表象を次々と産出したはずの作用」は、たんなる抽象的なものでも理念的なものでもなく、「歴史的行為」として理解されうる作用として、歴史的な制約を受けるということをみてとることが重要である。たとえば、田辺はつぎのように述べている。

例えば自然数系列を構成するいわゆる行為的直観において、その行為の目標となるべき、全系列の完成を象徴するイデーとしての、最低超限序数ωが直観せられると考えうること末綱博士［末綱恕一］の説における如くするとしても、そのような直観は、すでに数学の発展史上カントールの超限集合というものが理論的に提出せられたからこそ、歴史的にかかる解釈を含むことができるのであって、もしそのような理論の歴史的存立が解釈を先導することがなかったとしたならば、仮に赤裸の直観ともいうべきものが可能であるとしても、それが超限集合という如き目標を含むことはできる筈がない。〔中略〕かく考えると、直観は一方的に理論を規定するものではなく、同時に逆に、理論の歴史的発展が、直観の含む対象的意味に対する主観の解釈を制約し、従ってその意味においては、歴史的解釈を媒介にして、理論が直観を規定するのであるといわなければならぬ。換言すれば、理論と直観とは交互に規定し合い、互いに分離する能わざる如き交徹滲透を成す（田辺 2010, pp.253-5）。

歴史的制約は、可能性の制限であると同時に創造の条件でもある。カントは、内容としてのア・プリオリな直観が、数学における概念の可能性の制限であると同時に創造の条件でもあるということを明らかにみぬいていたと思われる。しかし、カントはとくに自然学的な関心から、言いかえれば、ニュートン力学の正当性を哲学的に基礎づけようという関心から、直観が時間形式と空間形式に還元可能であり、それによって尽きているものとみなしたところに、また概念がつねにそれらの直観形式によって、直接、間接に基礎づけられうるとみなしたところに、誤りがあったのではないか。内容Xは、もっぱら歴史的に条件づけられた創造性の要求であって、数学の認識の確実性の基礎とは決してなりえないのではないか。その一方で、ボルツァーノは、数学の認識の確実性にばかり関心を向けて、その創造性というカントが認めていた関心を見落としていたことに誤りがあったのではないか。むしろ、そこで見落とされた内容Xの要求する創造性こそが、一九世紀の歴史のなかで、集合論の確立を可能にしたし、また集合論を前提としたあらたな創造性をも要求したのではないか。

しかしながら、この作用として理解された内容Xとは、それ自体さらに踏み込んでみるならば、いったいいかなるものとしてあらわれるのか、以上の議論だけではまだはっきりとしない。つまり、内容Xとは、より具体的にはどのようなものとして解釈できるのか。それが歴史的に制約を受けるとは具体的にどういうことなのか。それが創造性を要求するのは、実際のところどのようにしてなのか。こういったことについて、これからさらに検討を進めていかなければならない。

第3章 概念の経験としての「数学的経験」

定義の観点からみた概念

概念を措定することは歴史的行為であり、また、概念の措定を要求する内容Xとは歴史的に条件づけられた創造性の要求である、というのが前章のカント－ボルツァーノ由来の議論におけるひとまずの結論だった。したがって、そこで考えられている概念は、あたえられた与件に基づいて措定されるだけでなく、それを生きること、すなわちそれを現実に適用することのなかでもまた作りなおされることを含意しなければならない。概念はたんに経験を組織化するだけでなく、概念そのものもまたその組織化をとおして経験される。そこに、概念を措定する創造的行為における歴史的制約がかかわる。しかし、このように概念を考えることは、概念という語の伝統的な形相－質料的で本質主義的なイメージを裏切ることになるかもしれない。言いかえれば、概念という語が伝統的に維持してきた存在論的な含意に抵触するおそれがある。

伝統的な意味での概念とは、「ものごと、その性質あるいはその集まりや関係を表す語句」であり、定義とは「名辞（概念）の内包を明示したり、あるいは外延を確定する手続き」である（中島 2007, p.38)。また外延とは、「名辞（概念）が適用される対象の範囲」であり、内包とは「名辞（概念）が適用される対象の共通性質」である（中島 2007, p.38)。定義の種類としては、直示的定義、同義語による定義、名目的定義、実質的（内包的）定義、発生的定義、外延的定義の六つが挙げられるだろう（中島 2007, p.38)。これらのなかで、ここでの考察の対象としている数学の概念にかかわるのは、名目的定義、実質的定義、外延的定義の三つであり、とりわけ実質的定義が重要である。名目的定義とは、「長い表現を簡略化したり、新しく発見された現象を説明する方法」であり、実質的定義とは「ものの性質を分析して、その構造や機能を示す方法」であり、外延的定義とは「概念の外延のすべての成員を示す方法」であるとされる（中島 2007, p.39)。

　いずれにせよ、これらの定義では、外延の範囲に含まれる対象があらかじめ自明なものとして用意されていることが、その隠された条件として設定されていることがみてとれる。たとえば、二等辺三角形という概念を、「二辺の長さが互いに等しい三角形」として定義した場合を考えてみよう（これは実質的定義であるだろう）。まず類としての三角形という概念の外延が明らかであることが前提される。この類概念に含まれる対象の範囲が確定されていることを前提に、その類概念の外延に含まれている三角形で、三辺のうちすくなくとも二辺が互いに等しい三角形をその要素としてもつ外延が規定される。このとき、ここでの二等辺三角形の概念定義は、三角形の類概念を制限する手続きとしてイメージされている。そのイメージにしたがえば、外延を狭める過程と内包を増やす（列挙する性質を複雑にする：この場合「三角形」に「二等辺」という性質を加える）過程は互いに平行し、一致する。

しかし、前章に論じた集合論的な概念観を積極的に引き受けるようになったヒルベルトの『幾何学基礎論』以降、このような単純明快な定義のイメージは、すくなくとも数学の領域においては崩れているように思われる。たとえば、「ある直線にたいして垂直に引かれた二本の異なる直線」として論理的に定義される二直線の組の概念αは、ユークリッド幾何学と非ユークリッド幾何学において共通の語彙によって定義される。しかしよく知られるように、前者ではそれはつねに平行であり、後者ではかならずしも平行ではない（いわゆる平行線公理の独立性）。それでは、この概念αおよびその定義は、いったいいかなる種類のものであり、なにを定義していることになるのか。

この定義がある種の「実質的（内包的）定義」であるということは、「ある直線にたいして垂直に引かれた二本の異なる直線」という共通性質の抽出であることからわかる。ただし、ここでの定義は、伝統的な定義とは違って、性質が付与される存在者の全体をあらかじめ前提していない。ここで挙げた概念αは、とくに平行線公理もその否定も措定しない場合、ある未規定な部分を含む対象の集合を指示していることになる。それが未規定であると考えられるのは、その概念が「平行である」という述語と肯定的に結びつくか否定的に結びつくかという点において、それ自身いまだ規定されていないからである。しかし、それがあらかじめ規定されなければならないという発想は、そもそも概念はそれが規定する外延を完全に網羅的に確定していなければならないという要求を前提しているのではないか。むしろ、それが規定されること、つまり述語としての「平行である」が肯定ないし否定的に結びつくという明示的な概念設定とともに、外延が隆起、分岐すると考えることはできないだろうか。

この概念αの含む未規定性は、動物という類のなかには、四本足という種差によって確定される外延に含まれるものと、その否定によって確定される外延に含まれるものがあるという意味で、動物という類に含まれる未規定性とはまったく異なっている。概念αを類として、そのなかにその概念αによって規定される二直線が平行な種と平行でない種があるのではない。概念αが平行であるという述語概念と全称的に結びつく世界と、概念αが平行であるという述語概念とかならずしも結びつかない世界の両方がそれぞれにおいて共立し、それぞれの概念世界においては概念αが異なる外延を指示しているのである。それにもかかわらず、概念αは、そのような「平行」にかんする概念規定がなされていない場合にも、内因的な観点からみれば充分に規定されていないわけではないし、ましてや矛盾しているわけでもない。それは明らかに内包的には明示的かつ充分に規定されている。

平行線公理を肯定的にも否定的にも措定しない幾何学においては、概念αはそれ自身において区別不可能なある外延を指示している。しかし、その外延は完全に規定されているわけでもなければ、網羅的に規定されているわけでもない。その外延は、概念αを可能にしている概念的世界（概念体系ないし公理系）の観点から、つまりその光に相応した仕方でのみ、みずからを顕わにする。その概念αが指示する外延が平行線を意味していたのかどうかは、その世界においてあらかじめ決定しておくことはできない。それが決定できるのはつねに、その世界の外部に出て、なんらかの独立な公理を措定したあとでしかないからである。ただし、そこで平行線公理をあとから措定したことで、あらたな公理系の世界においてそれが平行であることになったからといって、それが措定される以前からそれが平行線であったということにもならない。概念設定は、謂わば光学装置のようなものであり、そのスペクトルの設定を変更することで、たちあらわれる世界が変わってくるのである。

このような定義を、カヴァイエスの表現を借りて非網羅的（inexhaustive）な内包的定義と呼ぶことにしよう。図式的定義という語を使いたい誘惑にもかられるが、数学において帰納法をもちいるなどして多様な定義を導出する定義として図式的定義という語が慣例的にもちいられているので、それから区別するためにここでは使わないでおく。しかし、この非網羅的な内包的定義というものは、現代数学においてはまったく珍しくないどころか非常に一般的である。たとえば抽象代数における群の公理系による群概念の定義は、非網羅的な内包的定義の典型例である。モジュラーや、群、可換群、環《かん》、可換環、非可換環など、非網羅的な内包的定義としての公理が加えられたり、とり除かれたりすることで、異なる概念世界が展開される。そもそも現代数学において、その概念が指し示すものが内包的な性質以上に、外延そのものの網羅的な確定を要求することなどほとんどない（特定のモデルや例示はそのかぎりではない）。外延がないということではなくて、外延の完全な枚挙とその全体の存在論的な確定（なにがあってなにがないか）を定義にたいして要求することなどほとんどできないように思われる（数学そのものと関係ないところで、暗に前提するということはあるにしても）。

つまり、ある時点で可能なかぎり明示的に定義された概念設定であったとしても、それが指示している外延が一切の未規定性を含まず、その外延に含まれるすべての対象を既知のものとみなすためには、その概念設定が適用される存在論的な枠組みが、一切の疑義を引き受けない仕方で確固として確定されているということを要求する。逆に、そういった枠組みにたいする過剰な要請を退けるとすれば、明示的に定義された概念がもつある種の流動性、その概念世界が指示する外延あるいは内容の未規定性や可変性といったものを引き受ける必要が出てくるのではないか。

このことは、わたしたちの日常の言語においてはそれほど不可思議なことではないと思われるかもしれない。内包的には明示的に定義されていても、その意味内容がほかの語彙との結びつきによっておおきく変化することがあることはほとんど常識の範疇内だし、文学や評論の世界では基本戦術のひとつでさえあるからだ。むしろ、日常の世界においては、語彙が網羅的に定義されていることのほうが稀であり、そのような網羅的な定義なしに、わたしたちは意味的世界を構築し、そのなかを生きている。とはいえ、それは日常の世界の話であって、かならずしも数学のように厳密な学問的認識を形成することのできる概念の話ではない。だから、日常世界の流動性をそのまま学問的認識の世界の流動性と同一視することはできない。

しかし、一方で、この流動性を不純なものとして退け、なんとか存在の同一性の大地に意味の平面をつなぎ止めたいという欲望は、きわめて西洋的、形而上学的な発想なのではないか。この意味の平面を、たとえば人間身体の知覚の構造や運動感覚に還元するという試みすらも、この欲望から導かれてきたのではないか。むしろ重要なのは未規定なものを未規定なままに、流動的なものを流動的なままにその本性をとらえることではないか。言いかえれば、学問的な認識においてもこのような未規定性をなんらかの仕方で引き受ける必要があるのではないか。

たしかに概念の内容が網羅的に確定されるというのは、ある意味で人間的な理想ではある。なぜなら、そうでなければ有限の能力しかもたないわたしたちが、言葉の意味を完全に把握することは不可能になるような気がしてくるからだ。それゆえに、他者とコミュニケーションができない、むしろできていないのではないのかという疑いを払拭することができず、ディスコミュニケーションの恐怖から逃れることができない。このことは、真理の認識においても同じことである。なぜなら真理の認識は、それを他人に語ることにおいてはじめて、真正なものとしてたちあらわれるからである。しかし、コミュニケーションをおこなうさいに、ひとは言葉の意味を完全に確定して把握することを、はたして本当に必要としているのか。あるいはそれなしにコミュニケーションが成立していないとみなすこと自体、本当に正当化可能なことなのか。わたしたちは、実はそのような意味での標準的な、むしろ理想的なコミュニケーションなるものをかつて一度も成功させたことなどないのではないか。わたしたちのコミュニケーションはわかりあえることではなく、むしろわかりあえないことをその基盤にしているのではないのか。

経験と真理の対応説

さきに述べたような非網羅的な内包的定義なるものを一般的なものとして許容したとすると、そのことは哲学において重要な影響を及ぼすことになる。というのも、内包的定義が、外延となる要素全体を尽くさないということは、すなわち、存在論的な基盤である存在の同一性を前提しないということを含意するからである。このことは、たとえば、経験というものについてのこれまでの考え方をあらためることを要求している。なぜなら、経験論における経験でさえも、ジェームズが『根本的経験論』で指摘していたように、存在論的な確定という幻想から逃れられてはいないからである。

ここで言いたいのは、経験においては知覚あるいは直観だけでなく、概念も不可欠であるというカント的箴言の変奏ではない。概念は経験を条件づけるたんなる枠組みではなく、むしろそれ自体もまた経験の領域の対象となりうるのであり、またそれによって経験も概念もともに独特の変様をこうむるということが重要なのである。概念は歴史的であり、歴史において生きている。根本的な経験論というものがあるとすれば、概念の経験というものを、その概念の歴史性における経験というものを真面目に考えるところから始まるのではないか。そして、そのことは最終的に、存在論的な基盤として存在の同一性ではなく、存在の未規定性をおくことになるのではないか。

　経験とは、おそらく一般的には、知覚あるいは感覚を介して獲得される与件として理解されている。しかし、カントが適切に述べたように、経験は知覚（直観）と概念の双方の産物である。「経験の根底に存するものは、私の意識している直観すなわち知覚（perceptio）であり、これは感官だけに属する、しかし経験が成立するためには、更に判断作用を必要とする（これは悟性だけに属する）」（カント 2003, p.103)。カント的な観点からみると、経験という語は、直観を肉としてもち悟性を骨としてもつことで、その双方向性によって安定性をえている概念であるということになる。この安定性はさらに直観の二形式（時間および空間）と悟性の四形式（カテゴリー）に挟まれる仕方で、より確固たるものとなる。つまり、経験の可能性の全体が確定されることになる。この全体性の安定感のポイントになっているのは、明らかに直観と悟性のあいだの機能分化であり、その機能のあいだの相互不可侵条約である。すなわち、悟性に属する概念は、つねにあたえられるものである知覚ないし表象を統一するものであり、反対に直観は、そのような概念に内容をあたえるものとしてある。

　この相互不可侵条約は、直観によってあたえられるものがどのような概念の統一が措定されるのかに直接影響をあたえることはないし、反対にある概念の統一が直観によってなにがあたえられるのかに影響を及ぼすこともないということとして言いかえることができる。カントが明示的にこのような不可侵条約を措定していたと述べることはおそらくできないが、カントの議論からこのような条約が暗黙裡に設定されていたのではないかと推測することはできるのではないか。この設定は、対応説的な真理観を超越論的観念論のなかに引き込むことを可能にするように思われる。ただし、そこでは物と観念の一致ではなく、直観形式にしたがってあたえられたある種の与件の全体と、悟性形式にしたがってあたえられたある概念のあいだの過不足ない一致が、真理(すなわち妥当な判断)を形成することになるという重要な違いがあることには留意する必要があるだろう。

知の第三世界説

しかしながら、このような対応説的な真理観とはまったく別の真理観と結びつく知性の考え方というものもある。知の第三世界説がそれだ。真理の対応説においては、真理の基礎は、ある命題ないし概念とそれが指示している内容が一致することによってあたえられる。したがって、そこにおいては命題ないし概念の領域と、それが指示する物の領域が相互独立に存在しており、そのあいだになんらかの対応関係が存在していることが要求される。もっと単純に表現すれば、ある命題が真であるのは、それが実際に存在する事物を指示しているからであるという考え方である。これにたいしてイムレ・ラカトシュは、真理の基礎がそのような命題的なものと事物的なもののあいだに期待された対応によってではなく、合理性の内的歴史性それ自体に基づいているという考えを提示した。このとき、この合理性、あるいは知性の自律的な領域が要求されることになり、それゆえ彼は、この合理性の領域を「第三世界」として仮定するに至る。

ラカトシュの知の第三世界説があらたな真理観と結びついているということでの筆者の主張は、イアン・ハッキングの『表現と介入』におけるラカトシュについての論評に負っている。ハッキングはつぎのように述べている。

ラカトシュはヘーゲル的伝統の中で成長しているため、対応説をほとんど一顧だにしない。とはいえ、彼はパースと同様、ヘーゲルの論説の中ではほとんど役割を演じていない科学の客観性を評価する（ハッキング 1986, p.194）。

ラカトシュの考えによれば、この科学の客観性は、そこに至った道を「知識の成長それ自体から」（ハッキング 1986, p.194）再構成することによって理解することができる。ハッキングの議論のなかでは、ヘーゲル哲学が、ラカトシュにみられるような合理性の固有領域という思想にどれほど寄与しているのかはっきりしない。しかし、その思想を理解するキーポイントが、理性と弁証法という一九世紀以来の大問題を歴史的背景としているということだけはおそらく間違いないだろう。

とはいえ、このような「知識の成長それ自体」から科学の客観性を基礎づけるという要求は、ヘーゲルを介することなしに、「知識は成長するという単純な事実」（ハッキング 1986, p.194）を知性の探求の原理としておくことによって自然に導かれるもののように思われる。ラカトシュによれば、知識はそれ固有の必然性にしたがった内的な歴史をもつのであり、それによって科学の客観性あるいは合理性が基礎づけられるのである。

知識の成長という前提は、ラカトシュに一方では対応説的な真理観を退けさせ、他方では知の第三世界説を擁護させる。「それ［ラカトシュの知性の歴史］は、手短かに言えば、ヘーゲル的な疎外された知識の歴史、無名で自律的な研究プログラムの歴史でなければならない」（ハッキング 1986, p.200）。ここで言われる「研究プログラム」というのは、いわゆる科学研究計画のようなものではなく、動的な探求的知性の生き生きとしたあるまとまりのことを指している。そのまとまりは、個人の意識のうちにあるなかではなく、逆に個人の意識や心理がそれにエネルギーを備給するものとして巻き込まれていくような、ある自律的な単位である。ここにラカトシュの哲学的な枢要があると思われるが、同時に一般には理解しにくいところでもあるかもしれない。

ハッキングによれば、このようなラカトシュの思想は、彼の数学の歴史にかんする哲学的考察に由来するという。

『証明と反駁』が与える教訓の一つは、数学は人間の活動の所産であると同時に、数学的知識がどのように成長したかという観点から分析できる、それ自体に内在的な客観性の特徴づけを持つことによって自律的なものであるかもしれない、ということである。ポパーはこのような客観的知識は実在の「第三世界」であり得ると提案しているが、ラカトシュはこの考えをもてあそんだ（ハッキング 1986, pp.200–1）。

「第三世界」にたいして「第一世界」は物理的世界であり、「第二世界」は意識、精神、信念の世界であるとされる。ハッキングがカール・ポパーの「第三世界」という語をラカトシュが「もてあそんだ」と評価するのは、ラカトシュが自身の「第三世界」という語の源流としてポパーの著作をしきりに参照しているにもかかわらず、ハッキングによれば、そこでおこなわれる解釈がフカトシュの誤読に基づいているからである。彼は実際につぎのように述べて、ポパーとプラトンを併記している。

科学の——合理的に再構成された——発展は本質的にイデアの世界、プラトンやポパーの「第三世界」すなわち認識主体から独立した統一された知識の世界で起きることだからである（ラカトシュ 1986, p.138）。

このような「第三世界」がポパーを真の源流としているのかどうかということや、それがどれほど真面目な意味でプラトンの哲学と関連づけられるのかということはさておき、知の世界が、それ以外の世界と相互作用しながらも、自律した領域と構造を保持しているというラカトシュの考え方は、かならずしもラカトシュやポパーだけのものではない。むしろこの考え方自体は、ポパーのそれから独立に評価することができるものであるように思われる。おそらくは、この考え方の重要な源泉のひとつとして、数学の歴史についてのある特殊な見方があるのではないか。

ラカトシュよりも二〇年ほどまえに生まれたカヴァイエスは、一九四三年に獄中で書かれ、四七年に死後公刊された『論理学と学知の理論について』のなかで、ボルツァーノによってこのような「第三世界」に相当するものの存在がすでにはっきりと宣言されていたことを指摘している。彼もまた、ラカトシュ同様、数学の歴史にかんする独自の哲学的考察から、ボルツァーノの考えを肯定的に継承するに至る。ボルツァーノの哲学において、知はほかに還元不可能な固有の本性と対象性を保持している。カヴァイエスはこの点についてつぎのように述べている。

ボルツァーノは——解決することこそないが——、数学の合法性について、これと同じ問題を考えている。一八世紀全体を巻き込んだ無限小計算の諸原理にかんする困難のあとで、最初に極限を正確に定義し、集合という用語を導入したのはボルツァーノである。そこから、哲学的にはライプニッツ的血統の二重の充実化が生じることになる。第一に、学知の存在それ自身が批判にさらされる。肝心なのは、かくあるものとして学問を構築するものと、その学問の展開の原動力とを同時に規定することである。時代による不充分さを別にすれば、その観念は、われわれの問題にとって決定的なものである。おそらくははじめてのことなのだが、学知が、人間の精神と存在自体とのあいだにあって、人間精神と存在自体の両方に依存する、それ自身固有の実在性をもたないようなたんなる媒介であるとはもはや考えられていない。そうではなくて学知は、ある特有ノ対象［un objet *sui generis*］であると考えられている。つまり、学知はその本質において独自であり、その運動において自律的であるような対象と考えられている。学知は、存在するものどもの体系に含まれるひとつの要素でないというだけではなく、もはや絶対的なものでさえない（Cavaillès 1947, p.21)。

カヴァイエスの言う「人間精神」と「存在自体」という対が、対応説的な真理観を可能にする命題と事態の対と一致していること、そしてそれらがラカトシュの言う「第二世界」（精神、信念の世界）と「第一世界」（物質世界）とも響き合っていることがみてとられる。カヴァイエスは、ボルツァーノとともに、はっきりとこれら二つの組み合わせによって知性、合理性、学知といったものが基礎づけられるという考えを退けている。そして、またラカトシュと同様に、その固有の対象性をもち、「その運動において自律的である」ようなものとして、学知すなわち知性の現実態を把握している。

カヴァイエスは、彼の遺著のなかで、ラカトシュ流に言うところの「第三世界」としての知が、それ固有の成長あるいは発展のメカニズムを有しており、それが科学の歴史の合理的な性格を特徴づけているという思想を打ち出した。カヴァイエスのこの遺著の出版のあとで、その思想の影響は、カンギレムやフーコーの著作などにおいて、それぞれにアレンジされながらも共有され続けた。この共有された思想を、フランス・エピステモロジーの議論の文脈では、カヴァイエスの遺著の末尾の言葉をとって「概念の哲学」（la philosophie du concept）と呼んでいる。ラカトシュとカヴァイエスのあいだの明示的な参照関係は明らかではない。しかし、この点だけをみれば、「概念の哲学」を掲げるエピステモローグらは、知らないうちにラカトシュ主義者だったのであり、ラカトシュは知らないうちにエピステモローグであったと述べることができるかもしれない。

ラカトシュの「第三世界」を、すこし違うかたちで整理しなおしてみよう。「第一世界」である物理的世界とはなにか。ここでは、物質のあいだの因果連関の世界としてではなく、それを含んだ自然の世界と考えたい。自然の世界とは、さまざまな水準での時空的な様態の変化の総体である。たしかにそれは物質のあいだの因果連関であるかもしれないが、そのような見方には物理法則という認識論的なものが読み込まれがちである。しかし、それはむしろ、ただ生起するこの自然という相であり、自然がそもそも物質に還元されるのかどうかという判断以前のものである。そして「第二世界」である精神世界は、心理学的な探求の対象というよりも、ある種の実存性、内世界性である。言いかえれば、意味と目的と価値の世界であり、アルチュセールの意味での「イデオロギー」としての主観的領域である。この世界において生きるわたしたちに、そこに住まっているという感覚、生き生きとした印象、世界にしっかり投錨している感覚、そういったものを可能にしているものであり、意識の統覚あるいは自己意識による全体の統御といったものが感じられている世界である。謂わば、自己意識の世界であり、その点で、他者にたいする還元不可能性を有する。アルチュセールの意味での「イデオロギー」の観点からすれば、この主観的領域は主体的に生きているという実感を可能にしているメカニズムによって駆動する世界であり、主体性と自由が語られるための場所であるだろう。

つまり、ラカトシュ、あるいはカヴァイエスにしたがえば、真理や合理性はこれら二つの世界には本質的に還元不可能な別の固有の領域を有しているのであり、それが「第三世界」である。謂わば、それは概念からなる世界であり、不可避的に「イデオロギー」的である人間の意識は、その世界のなかに自己を融解させることによってのみ、真理がおのずから顕わになると考えるのである。

ラカトシュはこの「第三世界」をプラトンのイデア的世界と結びつけたがっているようにみえる。その一方でカヴァイエスは、プラトンの本来の教義は別にして、俗流のプラトニズム的実在論からは彼の考える学知の自律性を明確に切り離している。この「第三世界」は、わたしたちの心理活動や自然の働きに還元されず、それらから独立しているとはいえ、すでになんらかの定まった仕方でどこかに存在しているわけではない。むしろ、それ固有の還元不可能な歴史をもち、その歴史において自己を構築し続けているかぎりにおいてのみ、それはあると言われる。それは明らかに、わたしたちがおこなっている意識的な学問的活動によってなりたっているようにみえる。つまり、それ自体としては完全に受け身のものであるようにみえるし、わたしたちは普段そう思い込んでいる。しかしながら、それにもかかわらず、この「第三世界」という考え方においては、そのような主観主義的な構築主義的考え方もまた否定される。むしろそういった学問的活動をわたしたちが主体的におこなっていると思い込んでいるときには、逆にこのような「第三世界」としての知のなかに入り込み、そこにおいてなにごとかをなすことによってのみ、学問的活動は可能になっているとカヴァイエスは考える。

数学的経験

カントの概念についての考え方は、対応説的な真理観に還元することでまったくなんの隙もなく解釈可能なものであるとはかならずしも言えないかもしれない。たとえば、彼のア・プリオリな綜合判断、すなわち数学における概念の構成にともなう内容Xについての議論は、このような対応説の範疇をどこかしら超えているところをもっているようにも思われる。というのも、カントにとってこの内容Xとなるべき直観のア・プリオリな形式というものは、指示可能な対象でもないし、経験可能な現象の個別性として参照可能なものでもないからである。

しかしながら、カントは経験の可能性を、内官と外官、すなわち自己意識の経験と外的対象の知覚の経験に還元したのであり、それゆえ、数学におけるア・プリオリな綜合判断がともなう内容Xを、それら内官と外官のア・プリオリな諸形式、すなわち時間形式と空間形式についての経験であり、謂わば経験の可能性についての経験であると設定したのだった。したがって、カント哲学における数学の経験の領域を、「第三世界」のように独自のものと解釈するという道はかなり厳しいものであるように思われる。

おそらくカントは、つぎのような問いにたいして肯定的に答えることはないだろう。時間形式（一次元線形順序構造）および空間形式（三次元配置構造）は、それらもまた概念の一種であると考えるならば、概念措定の可能性がさきにあって、それをとおして理解された内官と外官の条件が時間と空間という形式としてあらわれるのではないか。しかしながら、そもそもカントの哲学のなかでもっとも曖昧な語のひとつに、非常に重要な「形式」という語が含まれているのはなぜなのか。カントにとって「形式」とはなんなのか。それは概念として把握された普遍的性質のことではないのだとしたら、わたしたちはどのようにして内官と外官の形式が、それぞれ一次元と三次元の構造をなしているということを知ることができるのか。それが自明に思えるのは、そのような一次元線形順序構造と三次元配置構造という概念を、感官の形式を反省的に見出そうとするわたしたちがすでにもっていて、それをみずからの内官と外官におけるア・ポステリオリな経験に重ね合わせているからなのではないか。

しかしながら、カントの議論枠組みのなかでこのように考えることはできない。なぜなら、概念はそれが妥当なものであり、経験に基づくものであるかぎりは（つまり純粋悟性概念と理性概念はそのかぎりではない）、ア・ポステリオリな経験をとおしてそれを統一するものとして形成されるか、あるいはア・プリオリな直観形式（時間と空間）に基づいて形成されるかのいずれかでなければならないからだ。言いかえれば、概念が妥当する内容は、概念が有限的であるにせよ、数学におけるように一般的であるにせよ、確定されていなければならないからである。そのような確定がなされないことが認められるのは、唯一、理性概念、すなわち理念のみである。しかし、理念は定義上、経験においてあたえられず、それを統制するのみであり、そうでない場合には（理念の超越的使用）、弁証論的な議論を惹起することになる。ところが、さきの議論に出てくるような一次元線形順序構造という概念が、その内容として時間をもたないままさきに措定され、それが内官に適用されることによって、事後的に内官における時間構造が発見されるという場合、カントの議論枠組みでは、そういう発見があるのは、あらかじめ内官の形式として時間が設定されていたからだというようにしか説明できない。しかし、これでは、自分で隠したものを自分でみつけたふりをしていることにしかならないのではないか。

最初に述べたような非網羅的な内包的定義による概念であれば、このような問題を回避することができる。この考え方にしたがえば、数学的概念を、その外延に含まれる対象の存在が網羅的に確定されることなしに、明示的な仕方で形成することができる。それにもかかわらず、その概念は、ほかの概念との結びつきのなかで、その意味内容を分岐させてもかまわない。そうだとすると、時間形式も空間形式も、一次元線形順序構造と三次元配置構造の認識論的な基礎などではなく、逆に、後者の概念によって事後的に発見され、その概念の外延の一部として再構成されたものであると考えることが可能になる。

つまり、そういった概念は、ア・プリオリな直観による基礎づけを抜きにして、経験されるということである。

それでは、この概念なるものはどこにあるのか。あるという言い方に問題があるとすれば、どこでそれは鋳出されるのか。その答えは、外官においてでも、内官においてでもなく、それ独自の場所に、すなわち概念からなる世界、謂わば知の「第三世界」においてであり、そこにおいてのみ経験されるものであるだろう。

この知の「第三世界」は、非網羅的な内包的定義による概念の性質上、独特の経験の構造をなすことが予想される。すなわち、そこにおいて経験される概念は、ある種の再帰性をもつようになると考えられる。なぜなら、そこにおける概念は、それの外延の全体をあらかじめ確定する必要がないので、それが措定されたさいには予想されなかったものをその外延の要素に含むようになる場合があり（たとえば、さまざまな超準的な解釈）、そうすることでその概念の内容がより豊かになるということが起こりうるからである。また、そのようなさいに、異なる概念と結びつくことで、もとの意味内容が変化し、あらたな領域を開拓するということも起こりうる。その意味で、あらたな概念を措定することは、その概念の措定を要求したそれまでの過去にたいして再帰的に働きかけ、それを変化させるということでもある。そして、まさに、時間と空間の形式の「発見」においては、このような再帰的な働きかけによる起源の捏造がおこなわれたとみることもできるのではないか。この「第三世界」においては、過去はつねに変容し続け、起源は繰り返し創造しなおされる。

カヴァイエスの「概念の哲学」の重要なところは、この「第三世界」における概念の働きを、「経験」

としてたしかに位置づけたことである。それは明らかに、物質世界における経験とも異なるし、また心理的世界における経験とも異なる。概念の経験は、なにかしら規則にしたがう経験であるということと、その規則にしたがうことでなにかしらの結果を実際に生み出さずにはいられない経験であるという点で、特異な経験である。カヴァイエスはこれを「数学的経験」あるいは「数学の経験」と呼んだが、さきほどのカント的な概念の分類にしたがえば、理念の経験あるいは経験された理性ということになるだろうか。

経験ということで、規則に支配され、この振る舞いとは独立の条件にしたがう振る舞いの体系をわたしは考えている。このような定義の曖昧さをわたしは認識している。わたしは、実際の事例をとりあげることなしに、完全にこの曖昧さをとり繕うことはできないと信じている。このことでわたしが言いたかったのは、それぞれの数学の手続きが定義されるのは、それが部分的に依存しているところのすでに存在している数学の状況との関係においてであるということであり、またこの振る舞いの結果がその遂行のなかで確認されるはずである独立性をそれが保っている状況との関係においてであるということだ。それによって、数学の経験を定義することができるとわたしは信じているのである。／この経験は習慣的に経験と呼ばれているものと関係があるだろうか？　この経験のために、経験という語をとっておくほうがよいのかもしれない。とりわけ、物理的経験は、たくさんの異質な要素の複合物であるように思われる。物理的経験についてわたしはいまはなにも言わないでおこうと思う。というのもこの物理的経験は、わたしたちをずっと遠くにまで連れてゆくからである。しかしとりわけ、物理的経験は、振る舞いが規則にしたがって遂行されるという特徴ももっていないし、他方では、その結果がその体系自体のなかで意味作用をもつという特徴ももっていない。このような事態は数学的経験の場合である。それにたいして、あたえられた数学の状況のなかで遂行される振る舞いは、わたしたちにある結果をあたえる。その振る舞いは、その結果が出現するという事実によって、さきに存在する体系を延長する数学体系（さきに存在する体系を特殊事例としてうちに含む体系）のなかに位置づけられる（Cavaillès 1939, p.601）。

カヴァイエスのこの「数学的経験」をめぐる議論は、数学の生成が本質的に予見不可能であり、しかも自律的であるという特徴を具えているとする彼の主張を支持するために展開される。そして、この「数学的経験」は、もっぱら定義あるいは概念を介して実現されるとカヴァイエスは続ける。このことを明らかにするために、カヴァイエスは、数学の基礎の問題におけるデーデキント、ヒルベルトらの概念についての分析を参照したのである。

この経験をどのように実現することができるのだろうか？　公理的方法については、わたしの本［Cavaillès 1938］のなかで、まったく不完全な仕方ではあるが、それをおこなおうと試みた。［中略］しかしながら、この手続きのいくつかのものをわたしは示したのであり、それは、ガウスのまえで一八五七年におこなわれた彼の議論（それはガウスによってなされ、最近ネーター女史によって一九三一年に出版された議論）についての、ヒルベルトの分析とデーデキントの分析によって同時に触発されてのことなのである。／わたしは第一の手続きを一般に、主題化と名づけた。すなわちモデルあるいは個体の場のうえで遂行される振る舞いは、数学者がその振る舞いをあたらしい個体の場として考えることで、そのうえで作業をする個体と考えられることができる。たとえば、位相変換の位相がある。そしてほかの例もみつけることができる。この手続きは数学的反省を重ね合わせることを可能にしてくれる。そしてこの手続きは、その展開の最初の瞬間に始まる数学者の具体的な活動性——二つの客体を相互に対称的におくことで、それの場所を交換させるなど——と、最も抽象的な操作のあいだのつながりがいかに切れていないのかということをわたしたちに示してくれるという利点をもっている。というのもそのつながりは毎回、考察されている対象体系が、それ自身も最終的には具体的な対象について見出される別の操作についての操作である操作体系であるという事実のなかに見出されるからである。／第二の手続きは、ヒルベルトによって名づけられた理念化、あるいは理念的要素の添加である。この第二の手続きは単純に、偶然的になんらかの外的な状況に制限されている操作の遂行を、この外的な制限から自由にするよう要求することからなりたっている。この外因的な制限は、もはや直観の対象と一致しない対象体系の設定によって生じた制限である。そのような例として、数という用語はさまざまな仕方で一般化がなされている（Cavaillès 1939, pp.601–2)。

非網羅的な内包的定義による概念の働きは、ここでカヴァイエスが「理念化」と「主題化」ということで述べた「数学的経験」の二つの手続きと密接な結びつきをもっている。これらについての詳細な分析やカヴァイエスの哲学内部での位置づけについては、すでに別のところでおこなっているので、[*1] ここではもっぱら「主題化」にかんしてカヴァイエス自身の議論から多少離れた独自の解釈を試み、それらについての理解を深めてみたいと思う。

主題野：ある概念から出発してほかの概念を経験すること

カヴァイエスの「主題化」という手続きは、解釈の難しい用語で、筆者を含めてこれまでいくつかの解釈が試みられてきた。しかし、ここでは思い切ってつぎのような一般化をおこなってみたい。「数学的経験」における「主題化」とは、ある概念を立脚点としてほかの概念を再構成および創造することである。具体的に考えてみる。たとえば、立体や体積の問題として考えられた共役不可能数、連続関数の問題として考えられた中間値、そして集合論的な切断の対応物として考えられた無理数のそれぞれは、幾何学の、関数の、また集合論の概念設定で考えられた無理数あるいは連続体要素の構成である。あるいは、ユークリッド幾何学とリーマン幾何学の違いは、点や線という実在物の観点からみられた幾何学と、連続体集合の重ね合わせという観点からみられた幾何学の構成のあいだの違いである。また、アンリ・ポアンカレが初期の哲学的議論のなかで試みた三次元空間の基礎づけは、ソフス・リーによる連続群論の観点からの幾何学の再構成だったと考えることができる。

数ないし連続体についての構成は、とりわけ多様性に富む「主題化」の例だろう。ポアンカレは数の再構成の立脚点を数学的帰納法に求め、レオポルト・クロネッカーは代数的構造に求め、ヘルマン・ワイルは有理数列に求め、デーデキントは鎖《さ》あるいは二階算術に求め、フレーゲは述語論理に求め、カントールは写像に求めた。数学基礎論の哲学的な論争のなかで、これらの試みは、なにが本当の数学の基礎なのか、という存在の一性の問いに帰着する諸問題へと回収されてしまったかのようにみえる。しかしこれらの試みが意味している重要さは、なにが本当の基礎なのかということなどではなく、諸概念による主題化の多様性とそのあいだの差異の豊かさなのではないか。あるいは、そのような再構成を介してあらたな問題が提起され、それにこたえることのできるあらたな概念を措定することの重要さなのではないだろうか。というのも、数学の歴史をみれば明らかなように、数学においてなにかあたらしい概念が措定されることは、すなわち数学の世界、ひいては概念の世界をあらたにすることだからであり、数学の営みにあらたな創造の息吹を吹き込むことだからである。

カヴァイエスは、この「主題化」によってたちあがる経験の領野を「主題野」と呼んだ（Cavaillès 1938, p.177）。たとえば、次元という概念は、幾何学の素朴な観点からは、立体図形が存在する空間であり、算術の素朴な観点からは、三つの数の積に対応するものであり、関数の観点からすれば、実数をわたる三つの独立変数である。これらの場合、立体図形を操作することで経験される場がひとつの「主題野」であり、また算術の規則にしたがって数を操作することで経験される場も別のひとつの「主題野」であり、関数を操作する（関数にかんする推論を展開する）ことで経験される場も別のひとつの「主題野」であるということになる。「主題野」とはしたがって、ある特定の概念世界を立脚点としてとらえられるほかの諸概念の再構成ないし創造の経験的な場である。

主題野における概念の経験と問題関心の関係

しかし、以上のような「主題野」という経験の場の設立は、それ自身において任意におこなわれるのではなく、問題の要求にしたがっているように思われる。

たとえば、一九世紀後半、デーデキントやカントールによって、連続体は、それまでのように幾何学や変数という観点からではなく、写像や鎖のような集合概念を立脚点とした観点から考えられるようになり、それによってあらたな「主題野」が開拓されるようになった。それにともなって、自然数や有理数を含めた数そのものもまた、集合の観点から考えられるようになった。たとえば、自然数集合は、写像の観点からみると、有理数集合や代数的数の集合と同じである。つまり濃度にかんして等しいということがカントールの写像による議論で明らかになったのである。このことは、自然数集合と有理数集合などの要素のあいだに写像による対応関係が確立されることを意味している。しかし、連続体、すなわち実数集合にかんしては、それらよりも濃度が大である、つまり、自然数集合と同濃度の集合は、実数集合の真の部分集合となることも、この写像を使った議論によって明らかにされた。ここにおいて、可算濃度集合と非可算濃度集合という概念（つまり可算／非可算という概念）があらたに創造されたことになる。このとき、写像の観点から再構成された数の概念は、そもそもそれが前提していなかった領域、すなわち非可算濃度集合の世界を開拓するに至る。ここでの「主題化」の重要な契機となっているのは、それまで既知であった数の概念を、それまでほとんど中心的な位置になかった写像という概念を立脚点として、そこから再構成したことにある。なぜなら、それによって、非可算濃度の豊かな世界を創造することが結果的に引き起こされたとみることができるからである。

しかし、この観点の変更は、任意に引き起こされるものではない。おそらくこの場合だと、カントールの問題設定に牽引されて生じているように思われる。カントールは、一九世紀後半の概念数学を主導したベルンハルト・リーマンの多様体論の影響下で研究をおこなっていた(Ferreirós 1999, §1)。その文脈では、一次元連続体が多重に重なり合ったものが幾何学の本体であるという仮説が提唱され、さまざまな議論を呼んでいた。なぜなら、リーマン以前においては、幾何学というのは、わたしたちの住んでいるこの知覚世界そのものであり、すなわち、縦、横、奥行きこそが三次元の本体であるとみなされていたからである。リーマンはカントにおいて特権的であったこれらの直観的幾何学を、より広範な幾何学のなかのたんなる一事例の位置に引きさげ、より高度な抽象性をもつ多様体構造こそが幾何学の、ひいては数学の本体であると考えることの重要性を示したのである。

このようなリーマンの立場を遵守するカントールだからこそ、次元の独立性ないし、次元の不変性ということがあらためて問いなおされるべき問題であると考えることができたのだろう。[*2] それゆえに連続体の本性を、旧来のように幾何学的直観によってではなく、写像という、より集合論的で論理的な概念を立脚点として再構成しなければならないとカントールは考えるに至ったのではないか。リーマンの求めるような大胆な視点のシフトのためには、なんらかの「主題化」を経て、その構想を具体的に展開するための場をもつことが不可欠である。そして、この要請のなかでカントールは、「写像」という手続きを「主題化」することになったと考えられるのではないか。たとえば、カントールは、同じくリーマンの思想の影響下にいたデーデキントにたいしてつぎのような手紙を送り、次元の不変性と連続体の関係についての問題を考えることが、写像による連続体の構成につながっていることを明らかにしている。

わたしはなん年もまえから、ガウス、リーマン、ヘルムホルツやほかのひとたちに続いて、幾何学の第一仮説に触れる問題を明晰にすることに向けられた努力に関心をもってとり組んできました。わたしにはこの点について、この領域でなされているあらゆる探求が、それ自体としては非ユークリッド幾何学から発しているようにみえるのです。この非ユークリッド幾何学の仮説は、わたしには、即自的になりたっているもののようにはみえず、むしろ基礎づけられるべきものであるように思われます。わたしは、ρ次元の連続多様体［stetige Mannifaltigkeit］が、それらの相互独立なρ個の実軸上の要素を規定するためには、ひとつの同じ多様体にたいして増やすことも減らすこともできない座標軸の数が要求されているという仮説について議論したいのです（Cavaillès & Noether 1937, p.33：一八七七年六月二五日付のカントールからデーデキントへの手紙）。

「主題化」はこのようななんらかの問題関心に牽引される仕方で、ある既知の非中心的な概念を立脚点として選びなおすことを要求する。そして、そのあらたな立脚点からほかの既知の諸概念を再構成することをつうじて、場合によっては濃度や非可算無限のようなあらたな諸概念を創造するに至る。そして、場合によってはそこにおいてあらたな問題が提起されることになる。したがって、概念の経験を考えるうえで重要なのは、とりわけそれが含意する存在の未規定性について考えるうえで重要なのは、この問題関心あるいは問題の要求であり、それがどこからくるのかということを理解することである。なぜなら、もし問題が「第三世界」としての知の自律的な生成を駆動するもの、つまりその内在原因なのだとしたら、それこそが概念の拡張的綜合を牽引する内容Xの姿だと言うべきかもしれないからである。

しかし、ある概念を立脚点としてほかの概念を再構成するという概念の経験とあらたな問題設定の出現とはどのように関連しているのか。あるいはそもそも問題とはいかなるものとして理解可能なのか。また、「第三世界」としての概念の経験はそれらとどのような関係をもち、どのように理解することができるのか。次章ではさらにこれらの疑問について考えていくことにしたい。

第4章

概念、振る舞い、規則

概念の歴史

ここまで概念についていろいろ議論してきたが、いまだに概念についてよくわからないという印象が拭いきれない。それはおそらく、概念が本来もつしなやかさにたいして、こちらで用意した分析ツールが生硬すぎたということなのかもしれない。概念という非常に曖昧模糊としたものを集合や論理といったものですっきりとらえてしまえるという発想がそもそもの間違いだったのではないか。たとえば、志賀浩二が扱っているようなさまざまな数学史上の概念をみてみると（志賀 2011）、やはり概念というものをそのような出来合いの形式的ツールに落としてしまうことの不適切さといったものを意識せずにはいられない。たとえば関数という概念の歴史ひとつをとってみても、関数概念の内包的定義とその外延の関係といったものを集合論的にあるいは論理的に明示的に定義できるという発想自体が、歴史的にみれば非常にあたらしく、現代数学の地層そのものに属していることがわかる。

志賀の関数概念についての記述を引用してみよう。

微積分の創始者のひとりライプニッツは、曲線の方程式から接線、法線、接線の長さ、法線の長さのように、曲線の性質として導かれる線分の変化の法則を導くこと、およびその逆問題から導かれる諸量のことを「曲線において作用する」という意味で'functio'とよんだ。functioはラテン語で実行、機能(を果たすこと)、という意味である。ライプニッツのもとで学んだヨハン・ベルヌーイは「変量の関数とは、その変量と定数から、何でもよいから、何らかの仕方で構成できるもののことをいう」と述べている。/オイラーは、座標平面上にはっきりと描かれるグラフの方に注目し、はじめて「関数$y=f(x)$とは、座標x、yを基礎においたとき、任意にかかれた曲線のことである」と述べた。関数記号としてf、F、φ、ψなどを使うようになったのは、ラグランジュの『解析関数論』(1797年)の頃からである。19世紀になると、コーシーは「多くの変数の間にある関係があり、そのうちの1つの値とともに他のものの値が決まるときに、この1つの変数は独立変数とよび、ほかのものはその関数という」とした。1837年にディリクレは、関数についてさらに包括的にyがxの関数であるというときには、「yが全区間において同一の法則にしたがってxに関係することを要しないし、さらにその関係が数学的に表される必要もない」としている。関数はここでは、私たちの認識に基づいて確認される変数の間の一般的な関係を示すものとなった。/現在では「変数xの値に対し変数yの値が決まるとき、yはxの関数という」というような包括的な定義で述べることがふつうのようになっている(志賀 2011, pp.87–8)。

表にまとめておこう（図表4－1）。

もしかりに、関数概念なるものに実在的な「正解」があるのだとしたら、ライプニッツからコーシーに至るまで、すべての概念は徐々に正解に近づいていく「不正解」の列ということになるのだろうか。あるいはたんに「正確ではない」と呼ばれるのだろうか。たしかに、現代の観点、とくに関数の集合論的定義の観点からみると、不充分であったり、曖昧であったり、限定的であったりするのは明らかである。ここに「認識論的切断」と真理の「回帰的」効果をみることができる。すなわち、現在の真理の観点は、まさに過去の妥当だとされた認識に含まれる真の部分と偽の部分をえり分けることができるがゆえに、真理としての権威を維持するという効果をもつ。この効果ゆえに現在の真理の観点は、つねにそのたびごとにもっとも正しいものとなる。

しかしながら、現在の観点からたとえ不充分なものにしかみえないにしても、かつてのライプニッツやベルヌーイが抱いた関数概念がなにもとらえていなかった、などと言うわけにはいかない。それらはむしろその暗闇のなかに、あるいはその概念の襞のなかに現代の観点における概念を包み込んでいるとさえ言えるのではないか。具体性があるかないかという点で比較するのであれば、集合論的定義においては、たしかに集合論的土台という具体性があるが、ベルヌーイの定義であっても、一八世紀までに明らかになっていたさまざまな具体的な級数や方程式などの経験領域に基づいて措定されたという具体性がある。したがって、その点では甲乙をつけることができない。

現代の関数概念は、かつてのどの定義よりも包括的であることは明らかである。しかし問題は、この現代の関数概念を特権的なものとみなすことができるかどうかということにある。特権的なものとはす

	「関数」概念の意味
ライプニッツ	「曲線において作用する」の意：曲線の方程式から接線、法線、接線の長さ、法線の長さのように、曲線の性質として導かれる線分の変化の法則を導くこと、およびその逆問題から導かれる諸量のこと
ヨハン・ベルヌーイ	その変量と定数から、なんでもよいから、なんらかの仕方で構成できるもののこと
オイラー	関数 $y=f(x)$ とは、座標 x、y を基礎においたとき、任意にかかれた曲線のこと
コーシー	おおくの変数のあいだにある関係があり、そのうちの1つの値とともに他のものが決まるときの、この1つの変数（独立変数）の、そのほかのもののこと
ディリクレ	変数のあいだの一般的な関係のこと
現代	変数 x の値に対し変数 y の値が決まるときの x にたいする y のこと
集合論的定義	集合 A の任意の各要素 x にたいして集合 B のある唯一の要素 y が一意に対応づけられる関係のこと

図表４－１　「関数」概念の歴史

なわち、完全なものであり、永遠のものであるということ、あるいは過不足なく関数が将来にわたってもちうるすべての特徴を保持しているとみなされるものである。言いかえれば、これで関数についてわかったことにしてよい、というものである。

わたしたちはしばしば、現代を完成された時代とみなす傾向にある。もちろん、この現代という言葉が、この二〇〇〇年間使い続けられてきたという事実を考えるに、つねに現代を完成された時代として再認するということがパラドックスであることは明らかである。なぜなら、その完成は、つねに過去にたいする切断によって承認されるがゆえに、かつて現代と呼ばれた時代もまた、あらたな現代から過去とされなければ、現代が反復されないからである。つまり、現代という語そのもの、およびその語と根本的に関連するあらゆる認識は、根本的な自己欺瞞を内包しているということである。特に科学（この場合は数学も含めて）の領域においてこのことは顕著である。完成された時代ということは、歴史をもたない時代であり、永遠の時代である。そのような時代の観点からみれば、歴史とはすなわち打ち捨てられた過去であり、現在は永遠の光のなかに包まれていることになる。いわゆるアレクサンドル・コジェーヴを引用しつつなされる「歴史の終焉」の議論をこの一類型として理解することもできるだろう。

このように現在を永遠のものであり、完成されたものとみるのは、真理の歴史がもつ必然的なイデオロギー効果だと言わざるをえない。真理は、つねにみずからの過去をその「前史」として、誤謬を含むものとして生み出すことによって、はじめてみずからの正当性を確保することができる。したがって、真理は、現在の主観的な観点からはつねに永遠であり、最初からそうであり続けたものとしてあらわれる。しかし、この運動そのものが真理の本性に含まれるのであれば、そのような現在の観点からみられた真理もまた、再帰的な観点から、すなわち反復の観点からみれば、かならず「前史」となるはずのものである。そうでなければそれは真理ではなく、反対にそれが真理であるならば、いつかかならず「前史」に再編されるのでなければならない。

現代の観点からみられた概念が、唯一絶対のものであるという立場を退けるとすれば、概念もまた、このような歴史過程の現実に適合したしなやかさをもったものとして規定される必要が出てくる。言いかえれば、概念の不完全さ、不充分さ、曖昧さ、未規定性、非網羅性といったものを含み込んだ概念の規定をおこなう必要が出てくるということである。すなわち、さきほどの関数概念の表で言えば、ライプニッツから現代に至るまでのさまざまな概念化の試みに通底するような、より懐の深い、概念という語の設定が必要になる、ということだ。

振る舞いとしての数学

第2章の議論でみたように、概念とは、ある内容のまとまりであり、なんらかの同一性についての指標である。しかし、それは名であるというよりも、むしろ判断以前の、判断の要素となるような一語的な認識であると考えたほうがよいだろう。そして第3章でも確認したように、概念を名として規定する場合のように、それが鋳出される場所から切り離して独立に規定するのではなく、それが鋳出される場所を織り込む二重性を担保した仕方で既定するほうがよいだろう。しかし、そこでいう「経験」とは、第3章で議論したとおり、もはや通常の経験という語によって認められるような、任意にあたえられた純粋な与件の集まりを考えたのでは不充分である。なぜなら、概念といったものが前提されるような経験、あるいは概念といったものを含み込んだような経験が、真理の歴史という観点からみた概念を構想するうえでは必要になってくるからである。では、どういう経験であればよいのか。

カヴァイエスがこれを「数学的経験」と呼んで特徴づけたということは第3章ですでに述べたとおりである。ここでもこの語を手掛かりに考えてみよう。カヴァイエスは引用の冒頭でこう述べていた。

経験ということで、規則に支配され、この振る舞いとは独立の条件にしたがう振る舞いの体系をわたしは考えている（Cavaillès 1939, p.601）。

数学的対象というのは、たとえば自然数にせよ、幾何学的図形にせよ、このような規則に支配された振る舞いと相関的である。三角形を平面上で動かすという直観的に理解できる振る舞いを例にとってみよう。観念的にイメージしてもかまわないし、コンピュータのディスプレイ上で動かしてもかまわないし、あるいは実際に机のうえを紙で作った三角形を動かしてもかまわない。いずれにせよそれらは、「ある三角形の平面上での移動」として理解される。すなわち、机上の紙の動きとイメージのなかの動きとディスプレイ上の対象の動きのあいだにはなんらかの同型性がなりたっているということである。その同型性の根拠は、その三つの具体的な動きのあいだにある共通の規則が介在していることにある。たとえば、三角形が三つの頂点をもった三辺で囲まれた内部をもつものであるという対象の規定を含むことは当然として、そのような規定を実現することができるのは、三角形を実際に動かすときに三辺の形や内角は変わらないとか、平面上を回転してもかまわないが裏表が逆転してはいけないとか、そういったあまり自明ではない規則が、しかしその振る舞いの遂行という場面において介在し、実現されているからである。それらがなければ、三角形と呼ばれる対象は、運動において同一性をもたず、したがって対象としての同一性も維持できない。そこで介在する規則が自明ではないのは、三角形の図形を机上で動かすというその状況それ自体のなかで、そのような規則が暗黙のうちに遂行されているからである。

したがって、三角形という図形を机上で動かすという振る舞いを遂行するうえで、これらの規則についてあらかじめ明示的な仕方で（すなわち概念的に）認識している必要はないということになる。振る舞いは、その規則が正しく認識されることを、遂行のための条件として含んでいない。言いかえれば、三角形の同一性とは、三辺で囲まれた図形の机上での運動における不変性のひとつの項なのである。

振る舞いとは、規則にしたがうという実践である。規則にしたがうことは、まずその規則の意味や根拠を知ることなく可能であり、またある定型的な結果をこの世界にかならず生み出すという重要な特徴をもっている。ここで述べている規則にしたがうことは、通常考えられているような意味で命令や指令を遂行することとはすこし異なる。なぜなら命令にしたがうことは、遂行者の命令にしたがっているという自覚を前提とするが、ここでの振る舞いは、自発的な振る舞いが、命令にしたがっているという事実を、その振る舞いの結果として生み出すものだからである。三角形を動かすという自発的な振る舞いは、結果として幾何学的規則（命令）にしたがっているという事実を生み出す。つまり、振る舞いは非自覚的に構成的な効果を発揮することができる、という重要な特徴をもっているということである。これこそがひとが実践と呼ぶものの還元不可能性なのではないか。

この振る舞いと呼ばれるものがなんなのか、これは非常に深い問題のように思われる。数学や認識という主題を離れてしまえば、それは模倣の問題であり、身体の問題であり、ゲームの問題であり、共同性の問題である。振る舞いについての考察は、明らかにモノあるいはこの世界の本質的な部分に触れざるをえない問題群を喚起するだろう。なにかをなすこととなにかを述べることの非対称性は、諺として「言うは易し、おこなうは難し」であるとか「百聞は一見にしかず」のように意識されてきたわけだが、それに加えて言えば、おこなうということがある結果を出来事として生み出すがゆえに、それは希少なのであり、言われたことには還元不可能なのである。

数学は、実際のところ、このような振る舞いに満ち溢れている。しかし、それをみるまえに、もうすこしここで述べている規則と振る舞いについての直観的なイメージを増やしておきたい。数学に対応するものとして音楽を考え、数学の規則に対応するものとして音色と音律を考えるなら、数学における振る舞いとは、音楽における楽器の演奏である（この場合、歌う身体とはひとつの楽器であり、歌う振る舞いは演奏に相当する）。音楽における楽器に数学で相当するものは、操作体系とあとで呼ぶことになるような振る舞いの場である。たとえば自然数上での四則演算や幾何学的図形の平行移動、あるいは方程式や論理式の同値変形などを考えればよい。いずれにせよ、それらは、そのうえでの振る舞いの可能性を制限すると同時に方向づけつつ組織化することを可能にするものである。このような振る舞いの場において対象を操作すること、あるいは振る舞いを遂行することは、無自覚的に規則にしたがうことを可能にする。調律された楽器を適切に奏でることは、ある音色と音律をもつ具体的な音を実際に生み出すことであり、その楽器が生み出すそのほかの振動間の関係全体の独自性が振る舞いの場としての楽器を特徴づけることになる、というのと同じである。

数学の対象は、音楽の音とよく似た関係にある。数学の対象は、なんらかの振る舞いの場があたえられるだけでは生じない。定規とコンパスと紙と鉛筆だけがあっても幾何学はできない。それらを使って、実際に線を引いたり、円を描いたりしなければ幾何学の対象は生じない（たとえば、紙は、色素による図形の描線のあいだの空間的関係を固定するという重要な役割を果たしている）。それと同じで、楽器があたえられただけでは、音は生じない。楽器を実際に使って音を出さないかぎり、音は生まれてこない。数学の対象も音も、振る舞いが遂行されているあいだにのみ現実において（現勢態において：en acte）存在すると言えるのである。ここでこの遂行は、数学においても音楽においても、無数にある規則を限定することで

現勢態	装置	潜勢態
三角形	定規、コンパスなど	幾何学の規則
具体的な（バイオリンの）音	楽器（バイオリン）	（バイオリンの）音色と音律

図表４－２　「現勢態」と「潜勢態」をつなぐ「装置」（振る舞いの場）

実現するという側面をもっている。したがって、アリストテレスあるいはライプニッツの伝統的な図式的カテゴリーにしたがえば、この数学の対象あるいは音のことを「現勢態」と呼び、そこで遂行される規則のことを「潜勢態」と呼ぶことになる。そうすると、この振る舞いの場、あるいは楽器は、それらをつなぐ媒介者であり、それをある種の「装置」(dispositif) と呼ぶことができるかもしれない（図表４－２）。

このように考えると、数学の対象は、それ自体としてあるなにかではなく、ある種の規則の束のようなものだということにはならないか。なぜなら、対象というものは、結局のところ、変化にたいする同一性についての指標にすぎないのだから、その同一性が、すくなくとも潜勢態の次元においてはここでみたような非明示的な規則の束に、そして現勢態の次元においては振る舞いの遂行によるその規則の束の実現によってあたえられているということになるからである。数学や音楽において、「なにかがある」のは、ある規則にしたがう振る舞いが遂行されているからであり、その振る舞いにおける不変性が、振る舞いの焦点のような仕方で対象なるものの周囲を埋めていくことで、対象がそのような振る舞いの不変性として浮かびあがってくる、ということである。楽器や道具は、この浮かびあがる過程を踏まえたうえで、それをあるところで固定することによって、振る舞いの遂行を助け、導く。このことは数学においてはみえにくいかもしれないが、音楽においては、調律（音律を調え、合わせること）が演奏のための不可欠な要素として含まれるということに示されている。数学においても、コンパスや定規においてこのような「調律」が不可欠であることは明らかだろう。[*1]

数学の例がコンパスと定規だけでは心もとないので、ほかにいくつか例を挙げておこう。一見して、いかにも「装置」という印象をあたえるものとしては、算盤と計算尺の例を挙げることができる。算盤は言わずと知れた数の加減乗除の計算に特化した道具であり、計算尺は指数、対数、乗除計算に特化した道具である。いずれも自然数や実数の構造的な性質、あるいはその規則を把握することなく、その適切な使用を習得することができる。しかし、その一方で、これらは装置そのものが課している制限条件が強すぎて、数そのものの構造を完全に表現することはできないようになっている。言いかえれば、算盤という具体的な仕掛けが実現することのできる規則性を、算術の計算と一致するように調整することで、算盤上での振る舞いが、暗黙のうちに算術上の振る舞いになっているのである。

数学の振る舞いの場所として単位と図形以外のものがあらわれるのは、比較的最近のことだろう。近代になってさまざまな記号法が、ヴィエト、ステヴィン、ライプニッツ、ニュートン、オイラー、ラグランジュ、コーシーらによる偉大な努力によって発明され、それらが単位や図形に加えて使い始められることで、微分方程式や代数、位相、集合、論理、ベクトルなどが、続々とこの振る舞いの場として数と図形から分岐していくことになる。

これらの共通する特徴として、存在者の再帰的な構成規則を含むということが挙げられる。代数の例として群を考えるなら、群において登場する存在者は、なんらかの二項演算（$\mu: G \times G \to G$）をなすものの集合で、そのものたちについて、

1　結合則：$a(bc) = (ab)c$

2　単位元《げん》の存在：$\exists x \forall a\ (\mu(a, x) = \mu(x, a))$ を充たすような x を単位元 e と呼び、それが一意に存在する。

3　逆元の存在：$\forall a \exists x (\mu(a, x) = \mu(x, a) = e)$

という三つの公理が充たされるものとして定義される。このような集合と論理をもちいた定義は、現代数学においては一般的であるが、それは、この振る舞いの場の全体を要素の集合とその要素のあいだの関係によって規定することができるという特徴を振る舞いの場がもっているからであろう。逆に言えば、振る舞いの場というのは、ある関係を充たす要素の集合として一般的に把握することができるものだということである。ただし、かならずしも集合論的な記述をしなければならないということではない。射《しゃ》とその結合を主たる要素としてあつかう圏論では、かならずしも集合論的な定義が必要とされているわけではないし[*2]、また自然演繹などでは、図を直接操作することで論理の計算をおこなうことができるので、集合論的な把握は不可欠なものとされていないように思われる。それらも含めたよりひろい意味で、数学の振る舞いの場とは、そこにあらわれる（つまり規則を実現する）要素の集まりとその要素のあいだの関係とによって規定されると述べることができる。そして、このようにそのあいだの特定の関係を含み込んだ要素の集合のことを、わたしたちは一般に、記号をもちいて表現する。その意味で、この振る舞いの場は、もろもろの記号体系であるということもできるかもしれない[*3]。

このような記号体系は、群論の公理系のような公理的定義によって振る舞いの無作為な規則に制限をかけることで、そのタイプを種別化することができる。たとえば、積分可能条件を充たす集合についてのみ積分の議論を展開する場合、そこで考察されているのは、そのような積分可能条件を充たす集合だけであって、そうでない集合について、そこで議論されている諸性質がなりたつかどうかということについては言及しないということになる。算盤の例で考えれば、それは算術のなかの特定の性質（加減にかんするいくつかの性質）のみを主題化して、その性質を算盤という道具の仕組みがうまく働くことによって実現しているということになる。そして、そうであるがゆえに、算術一般であれば生じないような特殊な性質もまた、算盤上での振る舞いの場においては成立するような場合もある。それがたとえば算盤特有の演算規則として明示化されるのである。このような性質の限定は、あたらしい振る舞いの場を出現させるために不可欠な契機である。この性質の限定による規則（群）の種別化は、細胞の三次元構造を観察するために、細胞を薄くスライスして、薄い平面をとり出すことと似ているかもしれない。あるいはガラスの一枚板に色で模様をつけたものを無数に重ねると、それ自体をみたのではなにがどうなっているのかわからず、無秩序にみえるものも、一枚をとり出すとはっきりとした形象がみてとれるようになる様子を想像してもよい。

概念への経験の縮約の過程

それでは、この振る舞いの場を前提にして、概念を作る過程について考えてみよう。たとえば、算術を振る舞いの場として、単位を使って数を数えたり、乗除の計算をしていくことで、自然数のなかに偶数のようなものと奇数のようなものの区別があることに気がついたとする。偶数とは、2で割ると割り切れる数であり、奇数とは2で割ると1余る数であり、これらの数は交互に続いていくようにみえる。たとえば、4は2で割り切れるが5は1余り、6はふたたび割り切れ、以下同様に続いていく。このようにして算術上の経験に基づく初歩的な一般化によってえられる「偶数／奇数（のようなもの）」は、ある種の予想の域を出るものではなく、いまだ完成された概念と呼ぶことのできるものではない。この概念様のものを、ここでは擬－概念（quasi-concept）と呼んでおくことにしよう。

この擬－概念は、このあと算術上の経験をとおして検証され続ける予想というひとつの立場をえることになる。これが真正な意味で概念になるのは、この予想としての擬－概念が、なんらかの問題文の一部をなし、たとえばすべての自然数は偶数か奇数に属し、そのいずれにも属さない自然数は存在しないという主張が、なんらかの手段によって証明、あるいは反証されたときである。それによって、はじめて偶数の全体を例化によらずに、実効的に把握したことになる。この過程の全体を、ここでは「経験の縮約」（contraction）と呼んでおく。

問題は、この「経験の縮約」の過程の詳細であり、その組み合わせ方である。いくつか例にしたがって考えてみよう。

素数が自然数上の算術の場でえられる概念であることは明らかだろう。素数とは、自然数上の数で、1およびそれ自身以外の数によっては割り切ることのできない数（1を除く）として概念化される。これもまた自然数上の乗除計算の経験の縮約の過程である。この場合の縮約とは、個々の有限の経験の代補を鋳出す過程を意味するものであり、その代補を折り開くことでふたたび個々の経験をえることのできるものである。[*4] 素数が無限個存在することは、それが有限個存在することを仮定した背理法によって簡単に証明することができる。

しかし、このように素数という概念がある証明された文の一部をなし、その点ではっきりと規定されているからといって、素数についてすべてわかったことになるかと言えば、そうはならない。たとえば、このように規定される素数が、どのような頻度で自然数全体のなかに出現するのかという素数のもつ規則性は、このような仕方で概念を把握しただけでは、まったく考えることができない。実際、この問題を解くためにリーマンは、複素領域上での複素関数（ζ関数の複素領域での解析接続）をもちいるアイデアを提示し、のちの証明に至る道筋に方向をあたえることになる。素数を実際に列挙してみると、一見してバラバラのタイミングで素数が出現していることがわかる。しかしリーマンが示した議論の方向性をみると、この素数の出現頻度を測定するという考え（あるいは問題意識）は、素数という概念をもっていればたしかにもつことができるが、その考えをもつことと、それについて考えられる（つまり解を構成する）ということとはまったく次元の異なることがらであることがわかる。

もうすこし簡単な例を考えよう。ある概念を把握することがその概念について考えることと同義にはならないということの例として面積の例を挙げてみる。

計量（長さ、面積、体積）の初歩的なものは、小学校の算数で教え込まれるのでなんの不思議さも感じられないかもしれないが、実際には、幾何学上の操作（異なる二つの線分からそれらによって囲まれる矩形を作るとか、その矩形を並べてひとつのおおきな矩形を作るとか、逆におおきな矩形からちいさな矩形に相当する部分を削除するとか）にたいして、算術上の操作（数の加減乗除）を巧妙に重ね合わせることによって実現されている。

この二つのまったく異なる世界、すなわち図形と数という二つの振る舞いの場を結び合わせているのが、単位という考え方と、比例という考え方である。幾何学上の同一矩形のタイル貼りに各図形を帰着させることで、単位という考え方を媒介に、そのタイルのうえでの操作が算術上の足し算、引き算、掛け算と同じ性質を充たすことになる。そして、比例の考え方によって、異なる図形が同じ面積の「値」になることが可能になる(同じ高さの異なる三角形が底辺の長さに比例すること、あるいは面積と底辺の長さの値による類の構成)。これらの一致によって、わたしたちが当然のこととみなしている、面積を数で計算することが、つまり面積のおおきさを数の順序によって表現することが可能になるのである。

実際、初等的な面積の計算を扱っている『ユークリッド原論』での議論の進め方をみてみると、まず第一巻で図形の概念を導入し、第二巻でこの図形上の操作としての加法と乗法の計算規則(ある線分を任意の点で分けて二つの線分α、βを作る。もとの線分によって囲まれる正方形は、αともとの線分によって囲まれる矩形、およびβともとの線分によって囲まれる矩形の和に等しい、など)を導入していることがわかる。『原論』を細かく検討することはわたしには荷が重いが、『原論』の二巻での議論を簡単に現在の算術規則、たとえばいまのものであれば$(\alpha+\beta)^2=\alpha(\alpha+\beta)+\beta(\alpha+\beta)$を前提して理解してはいけないことは明らかであるように思われる。なぜなら、数の定義そのものが、このかなりあとの第七巻にしか登場せず、数論はまさに第七巻からしか始まらないからである(ちなみに比量が登場するのは第五巻からである)。このことを考慮すると、『原論』の編集者(たち)が、幾何学と数論との関連づけそのものを問題意識として抱いていたことは、明らかではないだろうか。

事実、以上のような考えに基づく図形と数の対応のなかには、うまくいっているとは言えない部分もある。円の面積にかんしては、たとえばユークリッド的な考え方でも、円にたいして内接する正n角形および外接する正n角形それぞれの面積を考え、そのnにあたる部分を徐々に増やしていくことによって円の面積の値を近似することができる。そうすると、正n角形の一辺が無限にちいさくなっていくことで、正n角形は無限に円へと近づいていく。その場合、円の面積はその正n角形を構成する二等辺三角形の底辺×高さ×nの半分に近づいていくわけだが、問題なのは、ここで高さのほうは円の半径に無限に近づいていくので、つまり有限の値に近似されるのにたいし、底辺のほうはゼロに近似されるということである。なぜこれが問題なのかと言えば、ゼロに近似される数という考えと、数とは単位であるという基本定義とのあいだに齟齬をきたすことになるからだ。数が単位の多であるかぎり、無限小の存在を仮定することはできない。実際、『原論』第七巻において、数は以下のように定義されている。

1　単位とは存在するもののおのおのがそれによって1と呼ばれるものである。

2　数とは単位からなる多である。

したがって、数は、その定義上、単位よりもちいさく分割することはできない。現在わたしたちが分数と呼んでいるものは、あくまで単位を前提にした比例関係の表現として解釈されるのであって、それによって単位の単位性が失われるわけではない、ということに注意する必要がある。したがって、このような単位の多としての数の定義を受け入れるのであれば、ゼロはいくら足してもゼロのままのはずであるのに、単位は足せばいくらでもおおきい数を作れなければならない。しかし、このことはさきほどの議論の結果と齟齬をきたすことになる。積分の結果、有限の値になる無限小という現代の概念をもち出せば解決はえられるが、この解決のためには、すくなくとも数の単位性は放棄される必要が出てくる。

この問題は、近似の範囲を有限の領域に制限すれば、一応はクリアすることができるようにも思われる。たとえどれほどnがおおきくなっても、底辺の線分は単位線分とのあいだになんらかの有限の数による比例関係がなりたつはずである。それゆえそれはゼロにはならず、nがどれほどおおきな数になっても、比例式にすればつねになんらかの有限値をもっているはずである。ただし、その場合、円の面積はあくまでも有限の範囲の近似を超えることはできず、πとわたしたちが呼んでいる円周率はある種のフィクションないし近似操作の過程全体の代補にすぎず、それ自体がなにかしらの数をあらわしているわけではないということになる。

現在の観点からすれば、数とは単位ではなく、むしろ連続量であると考えるので、このような比例関係にこだわる理由は理解しづらいかもしれない。しかし逆に言えば、数が単位であるという考え方は、アリストテレス、ユークリッド以来、非常に強固な考え方であったとも言える。志賀(2011)も注意しているが、最初に小数という概念を数体系のなかにとり入れ、数の定義そのものを明示的に更新したのは、一六世紀のオランダで活躍したシモン・ステヴィンの著した『十分の一』(一五八五年)および『算術』(一五八五年)であることが知られている。ステヴィンは、現在、わたしたちが普通に使っている一〇進法の小数表記およびその演算を開発した人物であり、同時に、ユークリッド以来の数の概念そのものにたいして決定的な更新をもたらした人物である。[*5] カッツ(2006)によれば、ステヴィンは、『算術』を、以下のような定義で始めている。

1　算術は、数の学である。
2　数は、ものの量をあらわすものである。

ステヴィンの定義において、数はもはや単位（の多）ではなく、任意の量の指標として定義されている。つまり、ユークリッド以来の、連続量としてのおおきさと不連続量としての数（単位）との区別は、このステヴィンの定義において明示的に廃棄されているのである。実際、ステヴィンの著作の冒頭には、

単位は数である。

という文言が大文字で書かれており、彼自身の『算術』の構想が、ユークリッド的伝統を覆すものであることを明確に表明している。「単位は数である」ということは、単位もまた、数のように分割可能な多であり、その分割されたものも数と同じような演算の対象となりうるということを示している。この考えが、ステヴィンの「全体と部分の一致」という哲学によって支えられているという点は、興味深いところである。なぜなら、全体と部分の一致というのは、ボルツァーノやデーデキントが論じているようにまさに無限者（連続体）の特徴のひとつだからである。しかしながらもちろんステヴィンがそのような無限者についてのなんらかの考えをもっていたとここで言いたいわけではない。いずれにせよ、

ステヴィンのこの功績は、同時代のヴィエトの代数学革命と並んで、近代の微積分学の開始を支えることになり、そして一九世紀における現代数学の胎動へとつながっていくことになる、という歴史を振り返っておくことが、ここでの議論にとって重要なことである。

まず重要な点は、面積という概念は、幾何学上の図形の操作と算術上の数の操作が重ね合わせられることで、はじめて計算可能に、すなわち可解になるということである。言いかえれば、平面図形の量である面積にかんする問題は、算術上の操作にその対応物をもつことによって、はじめてなんらかの判断の一部になることができる（なぜなら、判断とは、それが真か偽か、あるいは肯定か否定かであるかぎり、それ自体は問題ではありえず、解としての地位をもっていなければならないから）。三角形の面積が底辺に比例すると幾何学において主張できることは、数の比例関係に翻訳することによって、わたしたちが小学校のときに学習するように特定の三角形の面積の値を底辺の長さと高さの乗数の半分として、算術において求めることができることを含意している。これは、数論における素数の分布を考えるのに、複素領域上に解析接続されたリーマンζ関数を必要としたのとちょうど平行な関係である。素数にせよ、面積にせよ、それ自体で概念としては明示的にとらえられていたとしても、それが判断の一部として組み込まれるさいには、その概念以上のものが、言いかえれば、その概念に対応するものをもつ操作体系としての振る舞いの場におけるなんらかの操作の構成が必要とされるのである。面積の場合はそれが算術による構成であり、素数頻度の場合は複素解析による構成であった。重要なのは、この二つの異なるものをつなぐ共通性質であり、それによってはじめてこの二つの異なるものを重ね合わせる（あるいは同期させる）ことが可能になる。面積の場合、それが単位であり比例関係であった。

もうひとつ重要な点は、このような異なるものの一致によって形成された概念と操作の相互交換的、双対《そうつい》的関係は、その一致がかなりのところうまくいっていたとしても、かならずしもそれですべてうまくいくとはかぎらないということである。たとえば、面積の場合であれば、単位と比例による一致という考えを固持したのでは、面積のより一般的な問題を解くことができない。すなわち、積分の問題を解くことができるようになるためには、ステヴィンによって（もちろんステヴィンだけによるのではないが）用意された連続量としての数という考えを徹底させる必要がある。しかし、そのためには、単位としての数という発想を捨て、それを数としての単位という発想のなかに埋め込みつつ、そのような数そのものの概念を更新する必要がある。さらには、そのような連続量としての数への変化に対応するような幾何学を概念化する必要が生じてくる。それはたとえば、位相幾何の議論を必要とするだろうし、次元についての考察を深化させることを必要とするだろう。

概念、判断、問題

哲学において、判断は概念の結合に分解される（その結合を担う概念は、たとえば、カントであれば純粋悟性概念、すなわちアリストテレス由来の表現で言えば、カテゴリーと呼ばれ、それ以外の概念から区別される）。反対に、概念は結合によって判断を形成すると考えられる。カントであれば、この結合を支えるのが、経験における与件であって、与件によって混合状態であたえられたものが、表象を介して概念に分析され、ふたたび判断の形式に綜合される。この概念構成のストーリーは、わたしたちの日常的感覚とも一致しているがゆえに疑い難いものがある。しかし、ここまで議論したような「経験の縮約」の過程を考えると、数学の場合はそのようなストーリーが破綻していることがわかる。*6

概念（あるいは擬－概念）の還元不可能な特徴は、経験されていない規則を、判断以前の形式で措定する能力にこそある。たとえば、面積という概念を理解すれば、平面上に任意の閉曲線で描いた図形に相当するものの面積という概念を問題として措定することが容易にできる。しかし、この問題は、すくなくともユークリッド的な設定では、その一般的な解法、すなわち算術による構成をもっていない。概念のもっとも有効な機能は、実のところ、ある対象の集合を確定的に表現することではなく、知るための方法をもたない規則（一般性）を、その結合によって問題として言明することができるということにあるのではないか。判断とは、このような概念の特殊機能によって生み出された問題に答えることで、はじめてそれの解の地位をもつものとして形成されるものなのではないか。もしかしたら、哲学はこの運動を、まったく逆立ちさせて理解してきたのではないか。解を問題ととり違えることは、近代の根本的な自己欺瞞の兆候であり、同時にその可能性の条件なのではないか。*7

概念の特殊機能によって措定された問題に答えるためには、場合によっては既知の対応物上での振る舞いを工夫することによってえられることもあるが（たとえば、円の面積）、積分の場合のように、対応物の設定そのもの（離散量から連続量へ）、あるいは対応関係の設定そのものを更新する（比例関係から極限での収束へ）必要が出てくることもある。逆に言えば、問題を解くということは、その問題をなしている概念が、それと異なる振る舞いの場とのあいだにもつ対応関係を明らかにするということ、あるいはそれを作りなおすこと、リブートすることでもあるのではないか。それによって概念は、はじめて計算可能なものになり、具体的な解をもつことが可能になる。

たとえば、命題論理の完全性という概念（問題）について考えようとすれば、命題という概念や命題と呼ばれている具体的な文をいくら分析してみても意味がなく、命題と呼ばれるものと同一の性質をみたす特定の代数上の計算に、命題間の関係を翻訳することによってはじめて、完全性の証明が可能になる。そしてそのあとで、ようやく問題であった概念の結合が解としてのひとつの判断となることができる。

そう考えると、概念の結合はまず問題としてあらわれ、それがなんらかの振る舞いの場と対応関係をもつことによって、その振る舞いの場においてその概念結合に相当するものが構成され、ようやく概念から問題の解としての判断が形成される、ということになる。概念は、その本性上、なんらかの統一性、すなわち一般性を有していなければならない。なぜなら、概念はあくまでも再認＝表象であり、代補だからである。この一般性を、わたしたちは集合というかたちで把握している。したがって、概念の結合とは、このような集合同士のなんらかの結びつきである。素数の頻度というのもまた結合概念である。それは素数という集合によってあらわされる数の対象がもつさまざまな振る舞いのなかで、頻度という概念によってあらわされる性質（ある母集団のなかでそれがどれぐらい出現するか）をとらえようとしたものである。しかし、そこでの概念の結合は、なんらかの構成をともなうことなしに、たんに想定において、あらたな集合を規定する、つまりあらたな結合を問題として生み出すことができる。*8

たとえば、五次方程式の代数的な解法は、四次方程式までのその存在が構成され、証明されることで、概念としてその存在を措定することができるようになる。しかしそれはあるともないともいまだ言われない仕方で（つまり判断ではない仕方で）、まずは問題として措定されるのである。この問題が提起されることで、よく知られるように、そのような解法が存在しないということの証明が生み出されるに至る。*9

通常、わたしたちは、この解としての判断の一部となった概念のことをとくに概念と呼び、問題においてのみ登場するその前身（擬－概念）の状態を、概念について考えるときには、陰に陽にその考慮の範囲からはずしている。しかし、概念が確定されているのは、証明された解としての判断の内部においてだけであって、その概念の任意の結合がかならずしも確定されているわけではないことは明らかである。言いかえれば、概念は、ほかのなんらかの概念との未知の結びつきに入ることで、ふたたび未規定な状態にもどる。この未規定な状態、すなわち問題に含まれている状態の概念も、概念の本来あるべき姿として認めてやる必要がある。むしろ、概念がそのような自由な結合によってあらたな問題を形成する能力こそが、概念の還元不可能な能力なのではないか。なぜなら、概念の判断における規定は、つねに振る舞いの場における対応物の構成を前提し、そこにおける計算を必要としているが、規定された概念しか認めないのであれば、この計算に概念をすべて還元することができてしまうからである。

おそらくは、このような概念の自由な結合を許す能力こそが、本来の意味での思考能力、すなわち理性なのではないか。問題の措定が、このような概念の自由な結合の能力、すなわち理性をその根拠としているかぎり、その能力は「愚鈍さ」*10、あるいは「おかしなことを言う」能力と決定的に切り離せない。さらに問題の可解性、すなわち通常の意味で考えることが、振る舞いの場との紐帯の構成を不可欠な要件としているかぎり、それとは独立に概念の結合をもたらす思考能力が、通常の意味での（つまり悟性的な）思考の不可能性といったものを含意していなければならない。なぜなら、もっとも高次の、しかしもっとも「無能」な思考能力とは、根本的に解くことのできない問題を自由に措定する能力だからである。

このように考えるなら、冒頭に述べたような関数のさまざまな概念化の試みもまた、関数なる概念の対応物をどのように構成していったのかという歴史であり、そして現在の関数概念もまた、そのような歴史の一部であるということを理解することができる。

概念、振る舞い、規則

概念と振る舞いのあいだの関係を整理しておこう。振る舞いの場とは、実際には、カント哲学における直観形式と似たような役割を果たしている。それと異なるのは、カントがこれを主観の時間と空間のア・プリオリな形式に基づくと規定したのにたいし、ここでは非明示的な規則を実現する実践の場としたことである。それによって、カントのア・プリオリな時空形式を特殊例として含みながら、よりひろく、またより限定的な振る舞いの場として多様化することができた。

しかしむしろ重要なのは、このような振る舞いの場は、問題にたいして解をあたえるために不可欠なものとして要請されたということであり、またその要請に応えるためには、場合によってはあらたな振る舞いの場を設定することが必要とされるということである。このようなあたらしい振る舞いの場の設定は、実数論や集合論や代数にみられるようにおおくの場合、限定するための規則の公理的な定義と特殊記号体系の設定によってあたえられる。これは、第3章の議論で概念による「主題化」と呼んだものの効果である。ここでもっとも重要な点は、この「主題化」の歴史的過程のほうではなく、振る舞いの場がさきに設定されており、そこにおいて問題に解があたえられるというカント的な順序を逆転させたことにある。つまり、むしろ既存の悟性では解けない問題がさきにあり、それを解くために、振る舞いの場が創設されるということである。カントは、解ける問題と解けない問題の区別を、理念の統制的使用によって導入したが、それが可能だったのは、可解性のための場所が、超越論的感性論によってあらかじめあたえられていたからにすぎない。真なる問題と偽なる問題の区別は、つねに事後的な区別にすぎないのであって、そのあいだに本性上の差異は認められないのではないか。

問題と解の順序を逆転させることによって、通常知られているような規定された概念が、問題の解の次元におかれることがわかる。そして、そのような概念はそれが解である以上、すでに述べたような振る舞いの場をともなっていなければならない。概念はその振る舞いとの一致によって、はじめて規定される。カントはこのことを出発点とし、その一致の可能性の範囲を限定することで、その範囲にかかわる理性の正当な使用と、その範囲を超える理性の不当な使用とを分けたのである。しかし一致は、つねに事後構成的な結果にすぎず、出発点ではない。さらにそのような一致は、根本的に網羅的なものでもありえない。なぜなら、解はつねに問題のあとにあらわれ、問題は解に還元されることなく措定されるからである。そして、そこで言われる解とは、問題のかたちでつかみ出されていた規則が、振る舞いの場において具体的な構成をともなうことで、一般的な仕方で、つまり判断のかたちで把握されなおしたものだった。

概念はここですくなくとも三重の役割を兼ねている。第一に、その自由な結合によって問題を形成する理性的役割、第二に、振る舞いの場をともないながら悟性的な解（規則の暫定的な概念的把握）を形成する悟性的役割、第三に、振る舞いの場を限定するために、その出発点となる規則を規定する感性的役割（群論の公理的定義、積分可能条件の規定、集合論の公理的定義など）である。感性的役割における概念とは、すなわち振る舞いがしたがう非明示的な規則であり、したがってカントの用語で言えば、ア・プリオリな直観形式あるいはそれに基づく図式に相当することになる。そして、解としての規則の概念的把握は、その形式との一致によってあたえられているが、規則の真の把握というよりもむしろ、その一致によって保証されるかぎりでの暫定的な把握にすぎない。それはむしろ理性による問題の提起にたいしてつねに開かれた状態にある。

判断になる以前の概念を、ここでは擬－概念と呼んだが、カントの表現を踏襲すれば、これは理念に相当するように思われる。理念とは、まさに理性能力によって措定される概念であるとカントは規定していた。ただし、理念を擬－概念と呼ぶことの意味は、それがまず概念の一形態であることを示すと同時に、それが判断以前のものであること、すなわち問題であるということを示すことにある。何人かのポスト・カント派が議論していたように、悟性（概念）と感性（形式）は、問題としての理念（の自由な結合）によって要請されるのであって、その逆ではない。

さらにもう一点カントとの違いで重要なのは、感性（形式）と悟性（概念）が、同様に概念からの派生であるがゆえに、場合によっては、つまり理性（問題を措定する能力）によって、その異なる役割のあいだでの概念の移動が生じるということである。振る舞いの場の形式はある場合は、あらたに証明された判断のなかで概念になり、概念は、公理として措定された判断のなかにおかれることで、これもまたあ

問題	擬－概念	
解	概念	振る舞い

図表4－3　概念がさまざまな形態をとる問題と解の図式

らたな振る舞いの場を規定する形式になる（図表4－3）。

この三つの概念形態は、なにを把握しているのか。それは潜勢態である規則全体がもつ三つのアスペクトである。すなわち、問題として表現された規則、解として表現された規則、振る舞いの場を規定する規則である。ここで、言われている規則とは、わたしたちの認識、すなわち概念と判断を可能にするものであると同時に、自己産出的な自然的宇宙を構成している構成規則でもある。このような規則の理解については、カヴァイエスが引用しているカントの『論理学』のある個所が印象的である。

自然におけるすべてのことは、規則にしたがって生じる。〔中略〕われわれのあらゆる能力はすべてそうなのだが、とくに悟性はその働きにおいて規則に結びついている。〔中略〕悟性は規則一般を考える源泉〔であり、権能〕である。〔中略〕悟性自身がどのような規則にしたがって振る舞ったらよいのか、ということがそこでの問題となる。というのも、われわれはなんらかの規則にしたがうよりほかは考えることができないし、あるいはそのほかの仕方で自分の悟性をもちいることができないことは、まったく疑う余地のないことだからである（Cavaillès 1947, p.1/*Logik, Im. Kants Werke,* éd. Cassirer, t. VIII, p.332）。

ここでカントが問題にしているのは、悟性能力がしたがう規則を把握するものとしての論理学である。しかし、いまここでの文脈で重要なのは、むしろ悟性が規則一般を思考するための源泉であり、権能であるということであり、またその規則が、自然におけるすべてを産出的に構成している規則と根本的な区別がないということである。この規則なるもの、これが自然の自然たるゆえんとしてのその能産性の根拠であり、また真理および認識の基盤なのだ、とここで言われていることを理解することはできないか。そして、この規則はすでに述べたような、概念の三つの形態を同時に共立させるものとしてあるのではないか。

概念の三つの形態のうちでもっとも根本的でかつ不可視であるのは、潜勢力の状態（潜勢態：en puissance）にある規則である。この潜勢力の状態にある規則が、理念としての擬－概念による問題を可能にし、それが悟性と感性の一致による解として、現勢態になることで部分的に明示されることを可能にしていると考えるべきなのだろう。そして、おそらく、この潜勢力の状態にある規則を理解することが、ここで言われているような、自然と認識の不連続的な連続性、あるいは潜在的多様性としての共存在とでも言われるようなことを理解するために必要な道程であるように思われる。

それでは、この潜勢力の状態にある規則は、一体どのように探求され、どのように把握されることが可能なのか。この潜勢力の状態にある規則を、学問的認識として主張することは難しいように思われる。[*11] それが可能であるとすれば、潜勢態としての規則は、悟性と感性の一致による判断として主張される必要がある。しかし、このような潜勢力の状態にある規則の学問的認識の試みは、問題と呼ぶべきものの本性を捻じ曲げていることになるだろう。というのも、それは擬－概念を、概念に還元することであり、やはり問題を解ととり違えるという根本的誤謬を引きずったままだからである。

ここではむしろ、学問的認識の不可能性のさきにあるものへと議論を移していきたい。つまり、議論の次元を主体の観点へと転じることで、この不可能性が含意するなにか積極的なものを探求することにしてみたい、ということだ。

第II部　主体

真理の生成という主題によって、真理の次元は解から問題へと移行した。すなわち、客体のセリーから極限における主体への漸近。そして主体のセリーからの再始動。すなわち、問題‐解の過程にあらわれる問題‐主体の記述という主題。客体とは概念であり、主体とは問いであり、そして自然とは不定さであるという帰結に向けて。

第5章

問うこと、過程、主体

真理と主体

ここまで、概念という観点から真理について考察することで、真理と呼ばれる次元が、解と問題という二重性を含んでいることを明らかにしてきた。それが「擬‐概念」と「概念」として区別された、概念という用語内部での二重性だった。この「擬‐概念」としての問題から「概念」としての解へと移行することを条件づけ、現実化するのが、「概念」と（拡張された直観としての）「振る舞い」のあいだの一致であった（図表4‐3）。むしろ問題としての「擬‐概念」が、この一致の創設を要求し、それが果たされるときに、真理の生成がなされることになる。真理の歴史の記述、すなわち「概念の哲学」における学問的営為の分析は、この真理の生成がなされるさいに創設される「概念」と「振る舞い」のあいだの一致のためのさまざまな創造行為に向けられる。

この方法論に則ってさまざまな学問的営為の分析と記述を厚くすることで、真理の歴史を描いていくことは実際に可能であるし、必要なことでもある。まさにその記述の精緻な具体性のなかにこそ、思考を進めるための素材が秘められているのだから、そうすることはたんなる応用以上の意味をもつはずだ。しかしここでは、あえてこの方法論が問題化しない暗部に焦点をあてることで、真理の生成についての議論をさらに別の次元へと（しかしそれは遅かれ早かれ試みなければならない道であるとわたしは考える）開いていくことを試みたい。

ここでは真理にかかわる主体について考えたいと思う。それについて考えなければならないことには二重の意味がある。まず、問題を提起する、あるいは問題を引き受けると言うときに、通常の意味で理解される主体というものがまったくかかわらないと述べることはかなり難しい、という理由が挙げられる。すくなくとも、問題を提起するという理性の能力が発揮されるさいに、主体と呼ばれるようなものがかかわっていると想定されることについて、なんらかの説明が必要であり、それを避けてとおることはできない。つぎに、この真理の生成という問題設定自体が、主体と客体の古典的な二項対立とは別の枠組みで思考するために要請されたものだった、ということを思い起こしておく必要がある。概念という観点から真理の生成について考えることで、たしかに、客体と呼ばれるもの、すなわち解となった概念が、問題－解の生成過程の結果であって、その逆ではないということ、むしろ概念における問題の次元が解の次元に先行することをみることになった。生成する客体あるいは生成する概念は、動かないものと動くもの、本質と偶有性という二項対立のアナロジーとして理解される客体と主体の二項対立をはみ出すものである。そうすると、この生成する概念を出発点として考えなおした場合、主体というものは根本的に消滅するのか、それともなにかしら別のかたちで再来することになるのか、ということが問われなければならない。

このように設定された問題の哲学史的文脈での位置づけについてはのちに述べることにして、いまは真理の生成という観点から問題を整理することから始めよう。まず、第1章で提示した表を思い出しておきたい（図表1－1）。

この表についてつぎのようなことを、わたしは述べていた。

以上のような形式－内容の2×2の相互規定の確立は、真理の歴史にかんする過程的な観点からみれば、つねに極限的な結果としてえられるはずのものでしかないのである。それゆえこの表は、そのような確立を実現する歴史的過程そのものの表現としてはいまだ不充分であると言わざるをえない。謂わば、上下二つの形式bと内容bのあいだに、みえない隙間が、中間休止が、真空が入り込んでいるのであって、その隙間が二つの世界のあいだで伸びたり縮んだりしながら、あるいはそのあいだの結びつきが強くなったり、弱くなったりしながら、内容aの列では個々の概念が形成され、形式aの列では潜在性が更新され続けると考える必要があるのではないか（本書、四三－四頁）。

概念と直観の相互規定は、前章の議論では、「概念」と「振る舞い」のあいだに創設される対の関係として具体的に論じられた。そこで明らかになったのは、そのような相互規定関係におかれた概念よりもさきに、「擬－概念」が構成する問題が理性によって提起されることがなければならないということだった。また、この相互規定の関係は、この問題によって要請され、その要請に応えるかたちで、概念を介して創設された結果だった。ここで考えなければならないのは、この問題－解がなす「過程」

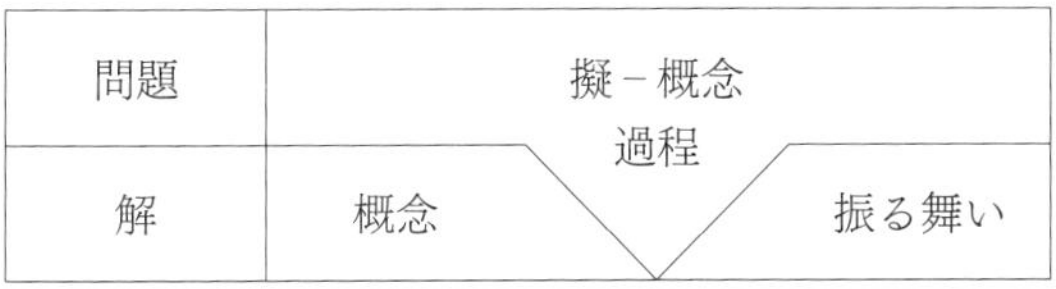

図表5－1　概念と振る舞い（直観）のあいだに過程が内在する問題と解の図式

である。

この「過程」がどのようにあらわれるのかということは、かなりの程度、それを記述するスタンスによって左右されるように思われる。科学史を前提にした記述の場合、どうしても解のほうから問題を選択するという傾向に抗いがたい。解かれた問題があって、そこでえられた解のほうが科学であると現に言われるがゆえに、その解と対応する問題を問題として抽出し、その問題から解がどのように学問的実践のなかで編み出されたのかということを、歴史的な事実として記述することになる。しかし、この方法にとどまるかぎり、問題－解からなる「過程」を真に記述したことにはならないのではないか。なぜなら、それはつねに「解かれた」という事後構成的な事実を暗黙の条件として前提しなければならないからである。では、やみくもに解かれなかった問題を記述したり、失敗した解決を記述したりすればよいのかといえば、そうはいかない。なぜなら、それはつねに、この「解かれた」という事実を条件とした「正当な」歴史の反転像にすぎないからである。むしろ必要なのは、そのような問題－解の「過程」を記述するための理論的な概念枠組みをどのように再設定するのかということのほうである（図表5－1）。

問題を解く、あるいは問うという実践的行為には、なんらかの主体がともなうはずである。そして、この実践的行為の過程を記述しようとすると、どうしてもそこで問う主体や解く主体といったものを措定せざるをえなくなる。しかしながら、そこで言われる主体とは、もはや通常の意味での主体とは異なったものとなるのではないか。通常の意味での主体には、おそらく「このわたし」という存在者が素朴に含意されており、すくなくともそのような「わたし」によって理解可能になる行為主体のモデルが設定されている。通常の科学史における人物とは、まさにそのようなエージェントである。微積分はライプニッツとニュートンが独立に発明した、と記述するとき、この過程の一切は、「わたし」と類比的なものと理解された、二人の人物としてのライプニッツとニュートンの心というブラックボックスのなかに投げ込まれる。もちろん歴史家は、このブラックボックスを前提しつつ、その心的過程の痕跡を彼らの手稿や歴史的資料のなかに求めることで、その過程を実証化しようとするだろう。

科学史は当然のこととして存在論について議論することが目的ではない。それはむしろ、ある種の存在論的–認識論的なカテゴリー（主体、客体、個体、判断、認識、真理など）を前提としつつ、そのカテゴリーの枠内で対象となる歴史的事実を記述することをその目的とする。それゆえ、科学史における主体の措定の仕方を批判するのはお門違いであるだろう。しかし、ここでやろうとしていることは、そのような従来の科学史的な記述ではなく、真理の生成という主題についての探究にともなうさまざまな哲学的概念の再設定である。すなわち、まさに前提とされる存在論的–認識論的なカテゴリーそのものを問いにふすことがここでの目的である。したがって、この目的からすれば、既存の科学史的な記述を無批判に受け入れる理由はないことになろう。しかし、そのように記述のあり方、記述が使用するカテゴリーそのものを問いにふすことが重要なのは、他方では、ここで鋳なおされた諸概念によって、これまでになかったような記述が現実的に可能になる、あるいはかつてあったかもしれないが、アノーマルなものとみなされてきたさまざまな記述が体系的に主題化されうると考えるからである（このような記述を、わたしは過程の「マイナー記述」と呼びたい）。[*1] 記述という実践と循環的に結びついた哲学的カテゴリーの鋳なおしこそが、わたしがここであつかいたい課題なのである。

留意すべきは、ここでの意味での主体についての記述が、たんなる科学史的な事実の実証的記述には収まらないということである。問題が提起され、それが解かれる過程を記述するということ自体が、実際のところかなり困難である。そこにはどうしても、無知から光へという啓蒙の図式が入り込んでしまう。しかしその図式にしたがってえられる記述は、解を知っている立場からの再構成にすぎない。解を知る以前の経験を、解を知ったあとで再構成するためには、たんなる直接的な類比ではないようななにか、さしあたり解釈としか呼べないなにかが必要になる。なぜなら、解を知ったあとでは、それ以前の経験は、有意性の糸が断ち切られ、再編されることによって、すべて忘却されてしまうからである。しかも、ここで記述しなければならないのは、この忘却する主体であり、忘却の過程そのものである。そして、わたしたちが通常理解している主体が、現に忘却してしまった主体であるがゆえに、それをモデルにしたのでは、原理的にこの忘却の過程という主体を記述することは不可能なように思われる。

主体と「わたし」

真理にたいする主体の位置づけは哲学が始まって以来、繰り返しその文脈でとりあげられてきた。ここで議論することもまたその繰り返しにすぎないのだろうか。この問いかけにたいする答えを性急に求めることは控えて、まずはこれから議論しようとする主体という用語について、その輪郭をすこしずつ明らかにしていきたい。

日常的な用語法も含めて、主体（あるいは主観）という語によって理解されるのは、客体という対語とのあいだの差異である。客体（あるいは客観）とは、素朴な意味では、認識され、思念され、指示され、語りかけられる対象であり、さらに言えば、そのような主体による思いの対象としてあらわれた多様な外観の理念的総体、理念的な一性である。したがって、主体とは、そのようになにごとかを認識し、思念し、指示し、語りかける中心である。また、それが中心であるのは、客体がつねに、主体のなんらかの思いが向けられるさきでしかないのにたいし、主体はそれ自身のほうを向くことのできるものだからである。つまり、この反省性（あるいは反射性）における自己、すなわち同一者としての働きこそが、主体を主体たらしめるものだとされてきた。すなわち、一方で主体は、この能動性において、客体と、さらには主体それ自体の主人となり、また他方で、主体は客体への絶対的従属性によって奴隷にもなる。このような形式において理解された主体にとって、その理解の規範となるモデルは、明らかに「わたし」という語によって理解された意識体験である。意識は、なにごとかを思念し、指示し、欲し、認識する。そしてそれは、そのようにさまざまに作用すること自体をまた意識することによって、自己意識という高次の意識作用を産出する。

しかしながら、ここでたち止まって考えなければならない。このような哲学をある程度知るものにとって耳に馴染んだ議論の進め方には、どこかしら重大な見落としが隠されているのではないか。その見落としとは、概念と主体のあいだの論理的な序列について選択することを可能性から否定し、概念にたいする主体の優位を無条件的に前提していることである。この前提にたって議論するかぎり、それがどのようなものであれ、主体は真の認識の対象ではないか、あるいは真の認識の源泉はこの意識自体にあらわれた、たとえば直観による明証性そのものであるか、これらのいずれかに帰結せざるをえない。

どういうことか。主体なるものについての認識が真の認識であるならば、そして、主体は体験であるよりもまえに、語であり概念でなければならない、という概念と真理にかんするこれまでの議論を踏まえるならば、主体とはなんらかの形式的な概念構造にあたえられた名であり、「このわたし」についての意識体験とは、その概念構造を具体化する特権的ではないひとつのモデルにすぎないはずである。そして、主体もまたひとつの概念であるならば、その概念構造の設定とそれにたいする体験の構造化によって、はじめて認識たりうるものとなるはずである。言いかえれば、主体という概念は、その概念構造の設定および体験の構造化の次第によっては、内容的に変容することもありうるのでなければならない。それは三角形という概念の内容が、ユークリッド幾何学の公理系で理解された場合と、射影幾何学の公理系で理解された場合とでは同じではない、ということと同様である。したがってその場合、主体概念の認識は、その概念構造がそれとかかわるほかの諸概念との関係のなかで分岐するのに沿って実効的に変化することが可能でなければならない。

概念のもつ以上のような特徴を踏まえたうえで、主体概念とそれ以外の概念が同列ではない（したがって、主体概念だけは、以上のような概念の特徴から逃れている）ということを仮定するのだとすれば、そのような仮定が受け入れられるのは、主体という語によってあらわされる認識が、実のところ概念による認識ではなく、それとは区別された認識のことを主体概念という語のなかに不当に含ませているからではないか。そうだと認めたうえで、なお主体がなんらかの意味で認識であると主張するとすれば、その場合は、意識体験なるものを特権的に、直観のようなもののみによって概念を経ずに認識可能なものとみなすか、あるいはさらに踏み込んで、たとえば直観によってえられる自己意識の明証性こそが、概念的認識を含むすべての認識の真理性の基礎であり、この明証性は概念からの働きかけの影響を受けないとみなされることになるのではないか。そしてその場合、概念というある意味で盲目であり、場合によっては光を欠く（なぜなら、それはなによりもまず問題としてあらわれるから）認識の様態は、自己意識の明証性にたいして一段劣ったものとして、あるいは、すくなくともそのような自己意識の明証性を可能にするような直観（これは概念との対においてのみあらわれる振る舞いとはまったく性質を異にする）の光が届くかぎりにおいてのみ認められる欠如態として、ここで議論されてきた概念の位置はずらされることになる。問題は、主体という語にかかわる認識が、概念であるのか否か、そして概念であるならば、これまでに議論してきたような概念の特徴を、主体という概念もまたもつのか否か、ということである。

このように整理すると、かつて構造主義において議論された主体の問題が想起されるようにも思われる。たとえば、構造主義と呼ばれる立場から主体の概念について考察した人物として、アルチュセールとジャック・ラカンの二人を挙げることができる。どちらも主体という語を、日常的に理解された「わたし」あるいは自己という語から徹底して切り離し、主体という語の概念的特徴と、場合によっては対立しさえする「わたし」という自己明証的な語の想像的な特徴を明らかにした。彼らにとって、日常的な語の意味での「わたし」についての認識は、このような概念的な主体を想像的な「自己」と同じものであると誤認することで、生じるものと考えられる。したがって、彼らにとって、まずはこの主体=

「わたし」（＝「自己」）という紐帯を解きほぐすことが、彼らの主体の議論における共通の問題意識だったと言えるだろう。

イデオロギー論と主体の問題

アルチュセールとラカンの主体の議論には、スピノザ、カール・マルクス、ニーチェ、ジークムント・フロイトの議論が前提されている。各個別の議論をここで細かく検討することはしないが、そこで一貫しているのは、自己明証性という基準によって支えられた自己意識とは、実のところ虚偽意識にすぎないというものである。自己意識において「わたし」は自由であり、意志をもち、判断と行為をおこなう主体である。「わたし」は自己意識において、まさに主人であり中心である。この心のなかの自由を擁護することは、「わたし」を主体と同一視し、自己意識の明証性を真理認識の規範とすることの目的とさえ思われる。そのために、客体あるいは概念にたいする主体の優位が必要とされる。そこでは身体を超越した精神の高揚が、自然という鎖につながれた魂の解放が賭けられている。謂わば、超越としての人間を西洋哲学が発見して以来、繰り返されてきた人間化のプログラムであり、マルクスにしたがえば、魂と肉体のあいだでなされる最初の決定的な分業である。「わたし」とは、あくまで人間としての本質を有した「わたし」であり、「わたし」と「人間」は、「わたしとは人間であり、人間とはわたしである」という同語反復によって規定されるものでしかない。そしてこれが、人間のみを救済の対象とすることになんの疑問も抱かない近代宗教の起源であろう。それは人間への上昇という価値判断であり、それによる世界のすべての存在物の同一の価値序列への割り振りである。

スピノザは、こういった自由意志および自己明証的な「わたし」といったものを、必然的なあるいは構造的な虚偽として指摘した最初の哲学者だったように思う。スピノザに言わせれば、ひとは目を開けたまま眠ったようなものでいることのできる特異な存在者なのである。

アルチュセールのイデオロギー論は、マルクスのイデオロギー論（『ドイツ・イデオロギー』）を引き受けたうえで、こういった虚偽意識を、たんなる転倒した生産関係（すなわち「分業」による社会構成）の像、すなわち棄却される以外に価値のないもの（言いかえれば、正しい認識によって棄却することのできるもの）にはとどまらない、普遍的で消去不能な機能を見出したことにその意義があった。アルチュセール曰く、「イデオロギーは永遠である」（アルチュセール 2005, p.353）。

パスカル・ジロが指摘したように（ジロ 2011）、アルチュセールのイデオロギー論には、中心としての「わたし」がどのようにして虚偽意識として生み出されるのかという構造について議論することで、「わたし」と「主体」のラカン的な分節化を参照する傾向にある。すなわち、主体化の構造は、それ自体は虚偽意識から区別されるべきである。むしろ構造としての主体あるいは主体化の構造は、虚偽意識を可能にするものであるがゆえに、普遍かつ永遠である。主体化の構造は、言葉によって呼びかけられることと、命令にしたがうことによって生じる中心であるがゆえに、自己中心的な「わたし」とは異なり、偏心的（excentrique）である。

ラカンは、アルチュセールのイデオロギー論に重大な影響を及ぼしたが、フロイトの無意識についての議論を発展させるラカン自身の議論は、アルチュセール以上にはっきりと「わたし」（心的機構の中心としての自己）ではない「主体」の位置づけについて正確に考えようとしていたように思われる。そこでは主体とは「象徴界」において生じる特異な構造であり、それにたいして虚偽意識としての「わたし」が「想像界」において、構造としての主体の欠如を補うものとしての役割を担う。

ここでの議論は、以上のような議論を想起させつつも、それとは独立に展開される。つまり、以上の議論からの直接的な発展として、主体概念について議論するわけではない。それでは、ここでこのような議論を想起させたことにはいかなる意味があったのか。それは、「わたし」と「主体」のあいだにある亀裂の存在がなにに依存しているのかをはっきりさせたかったからである。この亀裂は、明らかに、「わたし」および「主体」といったものを、概念（あるいは「構造」）をとおして思考するかどうかによってあらわれたりあらわれなかったりする。つまり、この亀裂をはっきりと浮かびあがらせるためには、かつての構造主義が陰に陽におこなったように、概念をとおして、つまり問題－解という二重性をもった概念をとおして、言いかえれば生成する真理の立場から、主体概念を理解することが肝心である。ここでは、この方向に沿って、かつて構造主義が議論していた主体概念をふたたび展開しなおすことを試みてみたい。

主語と主体

重要なのは、問題－解という過程の記述における主体を、虚偽意識としての「わたし」としての「主体」からはっきりと区別することである。あるいは、問題－解という過程を記述するということから、主体やわたしといったことを独立に思考しないことである。

主体を文法上の主語との類比において考えるのは西洋形而上学において基本中の基本であるかもしれないが、そのことがまったく無批判的に受け入れられてよいわけではない。たとえどれほど普遍的、無時間的なものに思われるような文法構造であったとしても、それは決して一挙にではなく、記述とともに、漸次的にのみあらわれるということを認めなければならない。

まず、文法そのものは、それを自然に使用するものにとってまったく自己明証的なものではなく、学問的な認識を媒介してしか明瞭には認識されない。たとえどれほど自然にもちいているものであったとしても、文法そのものの認識は、概念を介した言語的世界の記述でしかありえない。したがって、これまでの議論同様に、文法の認識は概念の生成のただなかに、すなわち問題と解からなる過程のただなかにある、と理解されなければならない。つまり、その過程のなかのひとつの契機にすぎない認識を前提にして、その過程の記述全体にかかわる主体を規定することは論点先取の誤謬をおかすことになる。

つぎに、西洋形而上学における主体と主語の一致は、これまでさまざまに批判されてきたように、ヨーロッパ言語の文法という特殊事情に依拠したものであって、自然言語がもつ多様な文法の組織化一般についてもなりたつかどうかということにはいまだ疑問の余地がある。日本語文法の問題をとりあげるだけの知識がわたしにはないのでここで議論することはできないが、かならずしもS is Pという主語中心的な文構造を、原理的には非西洋の思考をも包摂するはずである形而上学的なカテゴリーにまで拡張して解釈する必要性はみあたらないのではないか。*2

解釈学とマイナー記述における主体概念の相違

問題－解という過程の記述における主体の概念を明らかにするよりもまえに、その記述をおこなう主体、あるいは主語である「わたし」についての無媒介的な体験が、その主体概念の理解におけるオリジナルあるいはすくなくとも特権的な資源となっているという考えをあくまで退ける必要がある。主体概念の親密性は、ある哲学的立場にとって、すなわち意識（あるいは意識の働き）の明証性を真理の根拠とする立場の哲学にとって不可欠なものである。しかしながら、それは同時にさきほど論じたように、生成する概念を認識の基本におく立場を、根本的に不可能なものに、あるいはすくなくとも骨抜きのものにしてしまう。だからこそわたしは、主体の概念について議論するよりもまえに、真理から出発して概念についての議論を経るという手順を必要としたのである。生成する真理の哲学は、たしかに内在の哲学であるが、それは伝統的な内在の哲学における意味でのこの主体の意識への内在ではなく、むしろその立場からすれば二次的な媒介でしかないもの、すなわち概念的次元への内在の哲学である。

問題を提起する、あるいは問題を解くという過程の記述をマイナー記述と呼べば、それは具体的にはどういうものなのか。えられた認識がここで理解された意味での解だとするならば、過程の記述をおこなうさいの経験的な出発点となるのは、たしかにこの解以外にはありえない。記述とは、ひとつの問題を出発点としてその解を求めんとしてえられたひとつの結果であり、表現である。解の表現は、記述にとどまることはなく、さまざまな形態をとりうる。それはアートでありうるし、慣習でありうるし、文化でありうるし、生体器官でありうるし、法でありうるし、数学でありうるし、科学でありうる。そして、それはなによりも、わたしたちの日常的な知覚の対象である。それは瞬間的であれ、間欠的であれ、継起的であれ、ある過程の結果である。つまりそれはあらゆる意味でのプラクシスである。つまり、記述もまた、このような意味でのプラクシスのひとつの種をあらわしている。そして、ここでの過程の記述というプラクシスを支え、解として要求する問題は、このような過程についての理解のメタ的な俯瞰によってえられたものである。すなわち、あるあたえられた解においてすでに隠されてしまっている問題－解という過程そのものを記述するという問題である。ここでの過程の記述というプラクシスは、この問題を出発点としたひとつの結果である。プラクシスそのものは問題を出発点とするが、しかし、その問題は完成されたプラクシスにおいては、徴候を除いて姿を消してしまうだろう。なぜなら、それが解かれるということの条件だからである。[*3]

この二重性は、解きほぐしがたい困難をあらわしている。すなわち、ここで目指されているのは、記述というプラクシスそのものの記述による、プラクシスの自己理解である。この二重性は、おそらく、記述というプラクシスのみとまでは言わないが、それに特徴的な事態であるように思われる。そして、おそらくこの二重性は、哲学というプラクシスの可能性の条件と無関係ではないだろう。

問題－解という過程は、プラクシスにおいてはすでに失われている。それが失われるということが、プラクシスに有意味性が具わるということの条件だからである。おおくの場合、問題－解の過程は、無意味でカオス的な様相を呈する。これが試行錯誤という語の内実である。この過程は試行錯誤にともなう冗長性の縮減の過程であり、有意味性とはこの縮減の結果として浮かびあがってくるものだろう。したがって、このような過程を記述するというのは、このカオス的な冗長性を有意味なものとして浮かびあがらせるという無理をおこなうに等しいことになる。

　この無理をあえてとおすためには、解から出発して、その解を生み出しつつも、その解には還元されない問題の独立性を記述するという、記述のある種の「かた」を確立することが目指されなければならない。「かた」とは、踊りの「かた」や、武術の「かた」のように、無軌道で自由度の高い振る舞いにたいして、ある方向と有意性をもたらすものだからである。このような「かた」がなければ、記述は記述として、あるいはプラクシスとして完成することはありえない。

　しかし、ここで重要なのは、この問題－解という過程の記述の「かた」においては、たんに解を生み出した問題を記述すればよいのではなく、問題そのものの解からの独立性と、それにもかかわらずそれが解を生み出す過程が進行するという、ある矛盾した出来事を記述しなければならないということである。しかし、すでに述べたように、問題の独立性は、解であるプラクシスにおいては完全に失われてしまう。科学史の記述が、しばしば結果のあと追い的な肯定にしかならないのはそのためではないか。解は、記述の目的となり、問題は、無知のしるしとなる。そして主体とは、解の再認の中心となり、世界は解の再認によってのみ有意味となる。だからこそ、問題という次元の独立性は、問題－解の過程における主体概念、あるいはむしろ問題－解の過程という主体概念を記述するためにも不可欠な条件なのである。重要なのは、この独立性をどのようなやり方で記述するかだろう。

　問題の独立性は、経験的な出発点となる記述においてはすでに失われてしまっているのだから、それを記述するということは、経験的にあたえられていないものを記述するということでしかありえない。そうすると、このようなマイナー記述は、ある種の解釈をその方法とすることにならざるをえない。しかし問題は、それがいかなる種類の解釈なのかということである。
ここでは現代の解釈学のひとつとしてポール・リクールの議論をとりあげて、そこでの解釈についての理解とここで議論しようとしている解釈のそれとを比較考察してみたい。
リクールは、神学においては「解釈の問題がその中心的な位置に押し出される」と述べている（リクール 1995）。そこで言われる「解釈の問題」とは、たんなる聖書の文言のひとつの注釈であることを超えて、多様な解釈の歴史過程全体を明らかにすることである。それゆえ、そのような歴史過程（これをリクールは「言葉の過程」と呼ぶが）を解明する学としての解釈学をあらたに確立することが、神学において重要性をもつことになるとリクールは述べる。

解釈学とは、釈義の方法論以上のものとなる。すなわち、テクストの読解の規則に適用される第二の言述である。解釈学は、神学的対象を、ドイツの神学者になじみの表現によれば、「言葉の過程」（Wortgeschehen「言葉の出来事」「言葉の生成」「言葉の過程」）として構成することに関わる（リクール 1995, p.10）。

このように述べるリクールは、ここで論じられるような真理の生成あるいは概念の生成過程にかんする議論とかなり近い場所をとおりすぎているように思われる。リクールにおいて問題なのは、どれかひとつの釈義に、最終的な真理性を、謂わば解としての地位を付与するものとしての解釈ではなく、オリジナルのテクストと釈義とその参照物を構成要素としながら、さまざまな釈義や副次的なテクストが再帰的に生み出され、それらが編み合わせられていく「言葉の過程」そのものを、つまり問題‐解という過程それ自体を再構成するものとしての解釈だろう。

このような意味での解釈という方法を規定するために、リクールは、一方では「純粋に構造論的なアプローチ」と、他方では「ハイデガー的な型の言語の存在論」を、その両極端として対立させながら、「言葉の過程」を再構成するための三つの段階的なアプローチ、すなわち「言語形態の構成」、「発話の意図」、「言語の存在様態」の三つのアプローチについて検討している（リクール 1995, pp.12-3）。リクールの解釈学における「言葉の過程」と、いま検討しようとしている問題‐解という過程との近さとその違いをみるために、ここでこの三つの段階的なアプローチについて確認しておこう。

まず、構造論的アプローチは、クロード・レヴィ＝ストロースの神話分析にみられるように、無数の神話を要素に分解し、その可能な組み合わせのパターンの全体から、各個別の神話のあいだの構造的関係を把握するものである。このような構造論的アプローチが可能なのは、分析される対象となる言説の意味論的な多義性が極端にすくなく、かつ統語論的な制約が非常に強い場合である、とリクールは指摘する。それにたいして、解釈学的アプローチは、対象となる言説の意味論的な側面の複雑性が高い場合に有効に機能する。解釈学的アプローチでは、その神話要素の意味論的多義性を、多義性のままに確定することが不可欠である。そこでの多義性とは、たんなる解釈の曖昧さのあらわれではなく、まさに神話要素の文脈的構造によって決定された多義性である。それゆえ、意味論的アプローチにおいては、対象となる神話要素が位置づけられることになる歴史的、文化的な文脈をさまざまなテクストのあいだの参照関係の解明をとおして特定し、それによって神話的要素がもつ意味論的な多義性を文脈的に制限することが必要となる。つまり、意味論的な多義性そのものを構造的におさえようということである。このような解釈過程は、解釈されるテクストとその解釈者のあいだの解釈学的循環の過程を不可避な一部として含むことになるだろう。というのも、統語論だけでなく意味論を解釈学のなかにとり込むということは、テクストにたいして意味論を対応させる解釈者の存在をその解釈の内部にとり込むことを要請し、またその解釈者の解釈の結果である釈義もまた、その出現のあとでは意味論のあらたな参照物になるとみなされるからである。

「発話の意図」からのアプローチ、すなわち「発話の現象学」は、言語を構造として、あるいは言語体系としてではなく、発話として、まさに「言葉の過程」としてとらえる。したがって、そこでの要素は、もはや構造論的アプローチのそれのように統語論的である音韻論的な差異ではなく、「文」であるということになる。「だれかが話すたびに、記号の一時的、暫定的な組み合わせができる。そしてこの暫定的な組み合わせが言葉の出来事である。［中略］われわれがこうして、本論の最初から追求している概念、言葉の過程に近づく」（リクール 1995, p.22：傍点ママ）。そして、このように「文」を基本とする発話の現象学においては、多義性の分析こそがその本領とされる。なぜなら、文を基本とすることによって、無時間的に構造要素の全体を俯瞰する構造論的アプローチから離れて、言語の時間性、あるいはむしろ歴史性といったものを問題化することができるようになるからである。この歴史的文脈性を特定することによってのみ、文の多義性を多義性のままに、しかし無意味さへと消失するような多義性ではなく、有意味さを保持した多義性を確定することが可能になる。つまり、そこにおいてはじめて、「隠喩」の問題が、解釈的共同体において具体的で有効な構築的機能を担うことになる。

最後に「言語の存在様態」からのアプローチにおいてはマルティン・ハイデガーの哲学が参照される。そこでは「体系言語の構造にも、語る主体の意図にも還元されない」「言うことの力」（リクール 1995, p.26：傍点ママ）が焦点化される。この「言うことの力」は、「実存の過程全体」（リクール 1995, p.27）において見出されるべきものである。この「実存の過程」、すなわち、「言語に到達する」過程において、「言語は、「現存在」（Dasein）の根本的規定の一つとして現れる」のであり、「前言語的な理解から、解釈という重要な方法を経て、本来の言述に、言表行為に高められるのであり、解釈という方法は実存そのものに属している」ことになる（リクール 1995, p.27）。「啓示」としての『存在の開在性』、あるいは「アレーテイア」としての真理の顕れこそが、この実存の過程全体に賭けられているのである。

リクールが解釈学を規定しようとする以上の議論は、ここでの議論と対応する重要な特徴を含んでいるように思われる。リクールの言う統語論的アプローチにたいする意味論的アプローチの優位は、一意的な解の存在を前提せずに、むしろそのような解が一意的なものとして問題によって要求され、出現する過程そのものを問いなおそうとするここでの試みと対応している。また「言葉の過程」を、語ではなく文においてみる解釈学の考え方は、解としての概念（判断）ではなく、それを要請する擬－概念の組み合わせである問題（概念の自由な結合）の優位性をみるここでの考え方と対応している。また「言葉の過程」を駆動する「言うことの力」の解明を最終的な到達点とみる解釈学の見方は、概念と振る舞いの対からなる解を要請するものとしての「問題」の歴史的過程の解明を目指すここでの見方と一致しているように思われる。

以上のほかにも、ニーチェ、マルクス、フロイトの三人をとりあげつつ、彼らを「虚偽意識」の発見とその解体を目指した論者として解釈学的観点から分析する点（リクールにとっての虚偽意識とは、解釈過程を経ずに、あるいはその存在を無視し、解釈者自身にとって自然な意味をテクストに見出すことでえられたもっとも素朴な解釈のことだろう）や、あるいは、「反省哲学」の伝統のなかでリクールが論じる「ひび割れたコギト」のように、自己明証的ではない思惟の作用のあり方の議論など、本質的なところで近接しているとも言える。そして、この近接性は、エピステモロジーの哲学を多分に含んでいるここでの考察において、実際のところ重要な意義をもっている可能性がある。*4

それにもかかわらず、わたしには、ここでやろうとしている問題－解という過程のマイナー記述における主体と、解釈学における解釈者としての実存的主体のあいだには決定的な違いがあるように思われる。問題－解という過程の記述にとって、その過程の産物が、象徴体系のように意味論的な多義性の厚みを維持するのか、それとも科学言語のように意味論的な一義性を目指すのかという違いは、解釈学とは異なり、本質的な差異をなさない。意味論的な多義性は、それが解として想定されるかぎり、問題－解の過程に固有の、より正しくは、問題という次元に固有の「未規定性」（これについては次章で詳論する）と同じものではない。言いかえれば、ある科学言語のように解が一義的であることが理想とされようが、神学的言語のように意味論的に多義的であることがその本質であるとみなされようが、問題－解という過程の記述にとって、それらが同じ解の次元に属するかぎりにおいて、区別される必要はない。リクールは、「科学的言述によっては、人間が中心に据えられて出来上がっているその構築の意味を再発見できないのである」と述べ、「人間が中心に据えられている」「環境世界」においてこそ、つまり多義性を不可避にもつ世界においてこそ「意味の問い」が真価を発揮すると主張する（リクール 1995, p.58）。まさにこの点が、問題‐解という過程のマイナー記述と決定的に相容れないところである。問題‐解という過程の記述においてあらわれる主体は、リクールが想定するような意味で、かならずしも実存的な中心をなすような人間であるとはかぎらない。なぜなら、このような実存的な中心としての主体は、意味論的多義性と結びついた人文学的対象としての人間でしかないように思われるからである。むしろ、フーコーが言うように、そのような人間こそが、この問題‐解の過程のなかで概念として、一時的にあらわれたものにすぎないのであり、わたしたちが自分たちのことをそのような実存と理解しているとしたら、そのこともまた、「わたし」という名もないものがその実存という仮面を生きている結果にすぎないのではないか。わたしたちが自分たちをこのような人間であると解することになった問題‐解という過程そのものは、マイナー記述の対象でこそあれ、その出発点とはなりえない。問題は、あらゆる問題‐解という過程に入り込む主体が、その仮面のしたにいかなる欲望を、意志を、力を秘めているのかということを記述することである。それこそが、問題‐解という過程としての主体という概念を明らかにすることの目的だろう。

虚偽意識としての解‐主体から問題‐主体へ

このような問題‐解という過程においてあらわれる主体は、それもまた概念であるかぎり、問題の次元において固有なものの問題‐主体と、解の次元において固有の解‐主体の二重体として理解されるように思われる。リクールは、問題‐主体において見出されるべき未規定性を、解‐主体における多義性のなかに見出したのではないか。そのかぎりで、いまだリクールの主体は、ひとつの虚偽意識であることを抜け出せてはいないように思われる。それが虚偽意識であると言われるのは、それが客体にかんする虚偽と結びついた意識であるからではなく、反対に客体における真理を、まさに真理が発揮する力を盗みとるために偽ってそれを我有化した意識であるからだ。それは誤っているがゆえに虚偽意識なのではなく、みずからを真理の側にあるものとみなしているがゆえに虚偽意識なのである。真理は、それが解であるかぎり、主体にとって絶対的な他者であり、それはいかなる主体によっても真に所有されることはない。

このような虚偽意識と真理の関係を理解するための重要な概念のひとつに、「認識論的切断」というものがある。この用語は、構造主義的な認識論を代表するものとして、安易にも認識図式ないしパラダイムの変化のようなものとして解釈されてきた。つまり、パラダイムが異なれば、言えること、見えること、意味作用は異なる、という素朴な歴史相対主義の考えである。このような要約は、不徹底な相対主義的思考へとエピステモロジーを単純化してしまうおそれがある。バシュラールの「認識論的障碍」、そしてそれを受けたアルチュセールの「認識論的切断」の議論において理解すべきより重要なことがらは、そのような認識の素朴な歴史的相対性にとどまるのではなく、むしろ真理の歴史が発揮する不可避な効果としての誤謬、虚偽の発生である。*5

じっさい《真理》を《発見》し《獲得》しえたという条件のもとにおいてのみ、学者はそのとき、それもそのときに限り、この奪取した地点から科学の前史の方へ向きなおることができ、またたとえ彼がその前史のなかに、前史とは区別されるさまざまな部分的真理や、あるいは彼がそこから成果をとり入れるさまざまな先駆（例えば古典経済学、ユートピア社会主義）を認めるとしても、その前史を、全面的あるいは部分的に、誤謬、すなわち《誤謬の織物》（バシュラール）と呼ぶことができるのである。しかしながらこの例外でさえ、その前史のこれらの部分的真理と先駆的存在が、ついに発見され所有された真理から出発して、そこにおいてそのようなものとして認識され確認されているという理由によってのみ、可能なのである。《Habemus enim ideam veram…われわれはじっさい真の観念を有している……》（スピノザ）。それはじっさい（enim）われわれが真の観念をもっている（habemus）ゆえにである。それゆえわれわれはまた《Verum index sui *et* falsi》と言うことができる。つまり真実《ヴレ》は己れ自身を示し、また虚偽をも示す、それゆえ誤謬の認識は（部分的真理と同じく）真実の再帰である、と（アルチュセール 1978, pp.40–1：傍点ママ）。

真理と虚偽が発見されるのは、それによってその真理の「前史」が生み出されるのと同時でしかありえない。「前史」とは、つまり、その真理が発見されるそのときまでいた認識の織物のなかに誤謬のしるしが割り振られたものである。主題となるものの歴史が書き出される以前の時間が、前史として割り振られる。たとえば、化学の歴史における錬金術の時代がそれにあたる。真理とは、それが生み出された場所にさかのぼってそのなかで真偽を裁断する光である。それができるがゆえに真理は、真理であることをみずから示すことができる力をもつ。このような裁断は、その真理が《発見》される以前はなしえないことだった。むしろ、そのような真理が《発見》されないことによって、それ以前のさまざまな活動は可能だったし、それ固有の意味作用や価値を維持するものだった。したがって、その真理が《発見》されるということは、そのような真理が《発見》されないことと結びついていたかつての活動の固有の意味作用が消失する、あるいはより適切には覆い隠されるということでもある。このような固有の意味作用を、バシュラールは「認識論的障碍」と呼んだ。[*6] それはあとであらわれる真理の光に照らせば、明らかに、その真理への到達を妨げるものとして事後的にあらわれるものなのだが、同時に、それによってかつての活動の固有の意味作用を維持するものでもあった。

たとえば錬金術の実践において守られるさまざまな規律は、近代化学の光に照らせば、細かい近代的実験を準備したものという意味（有効性、価値）しか残さないが、もっと秘められた、詩的で、半ば道徳的で、自然宗教的な意味作用をもっていたということが、錬金術の言説や実践を記述することによって明らかにできる。錬金術の実践は、ある部分では自己の修練であり、自然との対話の形式であった。[*7] しかし、これらはすべて、近代化学の光のもとでは虚偽であり、誤謬であり、無知蒙昧であり、迷信であるということになる。そして、その同じ光に啓蒙されているわたしたちの目には、かつての錬金術のさまざまな実践における意味作用が、まったく無意味なものとしてしか映らない。真理が《発見》されるということは、つまり、このような「切断」、あるいは「障碍」をわたしたちがひとつの方向に向かって横断するということである。

それは、不可避的な忘却をともなうかぎりで、個人主義と結びついて想定されるような類の相対主義とは相容れない。[*8] そのような相対主義であれば、どちらの意味作用も真に選択可能でなければならないし、その選択は等価でなければならない。つまり、わたしたちは随意に錬金術師になることを選択できるのでなければならないし、その選択がひとつの真理において連続的でなければならない。しかし、わたしたちはたとえ錬金術という過去を知ることができても、それをかつてと同じ意味で生きなおすことは、通常の場合できない。その不可能性を支えている力こそが真理の力であり、狂気とはこの力が生み出す対の効果であるだろう。*9

錬金術の例で誤解してはならないのは、わたしたちが生きなおすことのできない錬金術の意味世界もまた、それ自体ひとつの解－主体であって、それを記述すること自体が問題－主体を記述することにはならないということである。ある解の状態から別の解の状態への移行が、すなわち過程であるのではない。問題－解という過程は、おそらくこのような状態から状態への移行によっては記述不可能ななにかである。たしかに、実証的な歴史としては、おそらく状態から状態への移行を記述するしかないのだが、記述すべきなのは、そのようなたんなる移行ではないような「過程」だろう。

マルクスの意味での虚偽意識とは、啓蒙の光に照らされることで否定可能な過去の蒙昧となるべきものである（分業の終焉、すなわち革命の到来）。しかし、アルチュセールは、おそらくこの啓蒙の構造そのものを、虚偽意識として、すなわち「イデオロギー一般」として理解しなおしたのではないか。つまり、その場合の「イデオロギー一般」とは、忘却された（あるいは、されるべき）意味作用、つまりひとつの「認識論的障碍」をともなうひとつの意味世界（ひとつのイデオロギー）ではなく、それを忘却するような主体そのもの、すなわち解－主体一般である。ラトゥールの議論に沿うならば、それは近代という虚構を可能にする主体の形式でもある。近代とは啓蒙の時代であり、近代における主体とは、啓蒙された主体、つまり一般化された解－主体であるが、それは同時に、自己を忘却し続ける主体でもある。自己を忘却し続けるがゆえに、おのれの起源を捏造し、自分の系譜を書き間違い、誤認し続けるがゆえになりたっているような主体、それが近代の主体である。それゆえに近代それ自体もまた、ひとつの虚偽意識にすぎないのである。

つまり、真理の力によって、過去の一部を虚偽へと分類することができ、それによっておのれの真理性をおのずから示すことができたとしても、おのれにおいて明示されてはいないが、それ自体もひとつの解-主体であるかぎり、ひとつの虚偽意識だということである。解-主体は、客体である解としての真理へと自己を隷従させることで、虎の威を借る狐のごとく、偽りの（むしろそれがもつことのない）力に翻弄された虚偽意識でしかない。このような「認識論的切断」が示す真理（と誤謬）の生成において、問われている主体が見出されるべきなのは、切断以前以後の解-主体としてのひとつひとつの虚偽意識の世界ではなく、それらのあいだの「切断」（この「切断」は、過去へと割り振られるひとつの虚偽意識の世界を打ち消してしまうわけだが）を横断し、むしろ横断することを要求する問題-主体においてであろう。そして、この観点からはじめて、不可避であり、永遠に消去不可能なものである虚偽意識としての解-主体一般を理解することができるのではないか。

しかし、根本的な困難は、解-主体一般から切り離されたこの問題-主体というものを、いったいどのようにしたら記述することができるのかということである。

第6章

問題―主体の記述の「かた」

問題－主体、ベルクソンの場合

　これから問題－主体という過程の記述について考えていくうえで、問題－主体なるものの形式的な「かた」についてある程度の精度で把握しておくことが不可欠となるだろう。なぜなら、そのような「かた」は、問題－主体という過程を記述するための（前章で議論したような意味での）ひとつの解釈に出発点と方向性をあたえるからである。

　帰結あるいは結果の対義語は、通常は原因であると言われる。曰く、「原因があって結果がある」、「火のないところに煙はたたぬ」。しかし、この通常の考え方には重大な見落としがあるのではないか。すなわち過程の不可欠性への不注意、あるいは過程と原因との不当な同一視である。実際にものごとをつぶさに観察してみてわかるのは、現実の出来事というのは、なにかひとつないし複数の原因があって、その結果があるのではなく、たえまない過程があったうえで、たえず結果が生じ続けているということである。言いかえれば、結果とは、過程のなかから恣意的にとり出されたひとつの瞬間にすぎない、ということでもある。したがって、その対義語である原因と呼ばれるものもまた、その過程のなかで孤立してとり出しうる瞬間的契機にすぎない。

この実際に実現している結果は、時間的な過程のなかでつねに維持されているもの、すなわちそれを維持する（より正しくは維持する過程と崩壊する過程のあいだの均衡バランスの結果として維持することになっている）過程のなかにあるがゆえに結果としての同一性を保つことのできているものにすぎない。その意味で、シモンドンから用語を借りてくるならば、このような帰結はつねに「準安定」的なものである。原因と結果という対語は、この過程のなかの随意の一契機をとり出して互いに関連づけたものにすぎない。アルチュセールの「重層的決定」という用語も、原因と結果という従来の対にたいしてこのような過程を強調するものとして理解することができるように思われる。

過程という用語は、たんに結果の対語となるべきものではなく、原因－結果という対語、あるいはそのような対語による思考そのものにたいする対語となるべきものである。おそらくはこのように瞬間的契機を前提する思考にたいして過程を擁護する議論をもっとも徹底させたのは、ベルクソンだろう。「真理の成長。真なるものの逆行的運動。」という、あたかもここでの議論を想起させんとするかのごとき副題のつけられた『思想と動くもの』所収の「緒論（第1部）」のなかで、ベルクソンはつぎのように述べている。

事象的なのは「状態」ではなく、繰りかえして言うが、変化に沿ってわれわれが撮ったただの瞬間写真ではない。それとは反対に、流れであり推移の連続であり変化そのものである。この変化は不可分であるのみならず実体的なものである。われわれの悟性が頑強にこの変化を非恒常的なものと考えて、それになんだかわからない支えを当てがおうとするのは、悟性が変化の代わりに幾つか並置された状態の系列を置くからである。しかしこの多様は人工的なものであり、そこに復活させた統一も人工的なものである。ここにあるのはただ変化の不断なほとばしりだけであって、その変化は、限りなく伸びていく持続のなかでどこまでもそれ自体に粘り着いているものである（ベルクソン 1998a, pp.19–20）。

事象とは連続的な変化そのものであるというこのベルクソンの主張は、事象を瞬間的契機の重ね合わせによって把握する「悟性」の働きを批判し、変化そのものへと内在する「直観」の働きを対置させることで展開される。その意味で、ベルクソンにとって、「原因」も「結果」も、同じく悟性的な働きによって人工的に生み出された瞬間的な契機でしかない。「直観」によって把握される連続的な変化そのものをベルクソンは「持続」と呼ぶが、概念にたいする直観の優位を主張するという違いを超えて、ベルクソンの言う「持続」は、ここでわたしが「過程」と呼んでいるものとかなり近い関係にあるように思われる。おそらく本質的なことなのだが、ベルクソンは、このような「持続」の特徴として、「発明」、「創造」、「予見不可能性」といったことを重視している。「持続は本来の姿をとって現われ、連続的な創造、新しいものの断えざる湧出になる」（ベルクソン 1998a, p.21）。真理は、ベルクソンにとってもまた、過去から永遠にあたえられたものではなく、この持続のなかで「発明」されるべきものである。

事物と事件は一定の瞬間に生ずる。事物もしくは事件の出現を認める判断は、それらのものの後からしか出てくることはできない。つまりその判断には日付がある。しかし、この日付がすぐに消えるのは、すべての真理は永遠であるという、われわれの悟性に深く根ざしている原理の力によるのである。判断が現在真だとすれば、それは前からずっと真であるに相違ないと思われている（ベルクソン 1998a, p.28）。

このベルクソンの言葉は、生成する真理について考察せねばならないというここでの議論と響き合う。さらにベルクソンは言う。

こういうふうにわれわれは、あらゆる真なるものの言明に逆行的な効果を認める。というよりもむしろこれに逆行的な運動を押しこむ。［中略］そこから出てくる誤謬が過去に関するわれわれの考え方をそこない、そこからわれわれがあらゆる機会に未来を予見しようという不当な抱負をもつようになる（ベルクソン 1998a, pp.28–9）。

真なるものの言明の逆行的な効果、これは前章で「認識論的切断」ということで述べた真理の回顧的な効果としての誤謬の発生と重なるものとして理解することができる。違いがあるとすれば、ベルクソンがこのような回顧的な効果を、（おそらくは「直観」という方法の徹底によって）回避すべきであり、また回避しうる誤謬の源泉としているのにたいして、ここでの議論ではそれを真理の生成にともなう不可避的な効果とみなしていることだろう。[*1] このような真理の生成およびその逆行的効果にかんしてベルクソンが挙げる例は、簡潔にして美しい。

> 簡単な例をとると、われわれが今日、十九世紀のロマンティスムをすでにクラシック作家のうちにあったロマンティックなところに結びつけるのは一向差しつかえないが、クラシシスムのロマンティックな面が取り出されたのは、いったん現われたロマンティスムの逆行的効果によるのである。ルソー、シャトーブリアン、ヴィニー、ヴィクトール・ユゴーのような人がいなかったとすれば、昔のクラシック作家のうちにロマンティスムの作風が認められないばかりでなく、そういうものは実際なかったわけである。というのは、クラシック作家のロマンティスムが事象化されるのは、それらの人の作品のなかからある面を切りぬくことによるので、その切りぬきの独特な形が、ロマンティスムの出現以前にクラシックの文学に実在しなかったことは、通りすぎる雲のなかに芸術家がその空想力を恣にして形の定まらない塊を整えながら認める面白いデッサンが、雲のなかに実在しないようなものである（ベルクソン 1998a, pp.30–1：傍点ママ）。

ロマンティスムは、クラシシスムを通過する歴史過程が生み出したひとつの結果である。それゆえ、クラシシスムのなかにロマンティスムを読み込むことはつねに可能だが、同時にそれはクラシシスムの本来の姿、あるいはむしろロマンティスムを生み出す以前の姿を変調させ、変形させることでもある。ヒルベルトの公理的方法による幾何学からユークリッドの『原論』の幾何学をみたり、フェリックス・

クラインのエルランゲン・プログラムの観点から、デカルトの『幾何学』の試みを解釈したりすることはまさに、ロマンティスムによって回顧的にクラシシスムを変調させることと同じである。

ベルクソンの議論の繰り返しになってしまうかもしれないが、気をつけなければならないのは、このことが微妙な二重性を含んでいることである。ロマンティスムは、たしかにクラシシスムのある一面の帰結である。それにもかかわらず、そのような帰結が実際に生み出されるまでは、ロマンティスムなるものは現実にだけでなく、可能性としても存在しない（ベルクソンの論理にしたがえば、可能性としてあるものは現実としてあるものの投影にすぎない）。それにもかかわらず、それが帰結として存在するようになったあとでは、真理の逆行的な効果によって、クラシシスムのなかにそれが生み出されることになった萌芽を見出すことが、ほとんど不可避的に可能になるし、またそのように誘われさえする。雲のデッサンから雲へとは容易に遡行することができるが、雲からかならずしもひとつの雲のデッサンが生み出されるわけではない。雲と雲のデッサン、クラシシスムとロマンティスム、ユークリッドの『原論』とヒルベルトの『幾何学の基礎』のあいだには、過程があり、持続があり、不断の創造がある。ベルクソンが真理に見出す「逆行的効果」とは、まさに過程における不断の創造の介入がかつてそこにあったことを垣間みせてくれる徴候であり、過程がそこにあったことのしるしでもある。

それでは、クラシシスムとロマンティスムのあいだにはなにがあるのか。もちろんそれは過程であり、ベルクソンの言葉にしたがえば持続であるのだが、この問いで求めているのは、もうすこしちいさい尺度で、その過程を分析することである。つまり、クラシシスムとロマンティスムの両方が、ともになんらかの帰結であるならば、その帰結を生み出すものはなんなのか。これについても、偶然とは思われないが、ベルクソンがこれまでの議論と重なり合うことを指摘している。

> しかし真相は、哲学においてもほかの場合でも、問題を解決することよりも、問題を見いだすこと、したがって問題を提出することが肝腎である。〔中略〕しかし問題を提出するということは、単に発見することだけではなく、発明することである。発見は現実的にもせよ潜在的にもせよすでに実在しているものに向かう。そこで晩かれ早かれそこへいくに決まっているのである。ところが発明はそれまでなかったものに存在を与えるのであるから、いつまでたってもそこまで到達できずに終わることもある。すでに数学においては、まして哲学においては、発明の努力というものがたいていの場合問題を惹き起こすこと、その問題の提出に使う言葉を作り出すことである。問題の提出と解決はこの場合ほとんど同じ意味をもち、真の大問題は解決される時にしか提出されない。しかし多くの小さな問題も同じ場合にふくまれる（ベルクソン 1998b, pp.75–6：傍点ママ）。

静止した瞬間的状態の重ね合わせとしてではなく、不断の連続的な持続として事象をみるということは、事象を「解」としてではなく、「問題」として、しかも「問題を惹き起こす」さまざまな出来事の過程としてみることである。「問題」はつねにあらたに「発明」されなければならず、「問題」の存在こそが不断の再創造、再開、再生を可能にする。そして、現実化した帰結あるいは結果、つまり悟性によってとらえられた瞬間的契機とは、この「問題」にたいするひとつの「解」である。

ベルクソンが問題を解決する場面を必要以上に軽視しているという印象は否めないが（この解決がどの

ようなことを要求するのかということについては、第4章で概念と振る舞いの対の創設ということで論じた。この軽視は、おそらくはベルクソンが「直観」を方法とし「概念」を退けることと無関係ではあるまい）、それでも「問題」の「発明」を、真の創造である「持続」の「直観」に結びつけていることは、非常に重要な示唆を含むと言わなければならない。[*2] この「問題」の「発明」は、ベルクソンとは対照的に、むしろ徹底的に概念的なものとして考えることができるように思われる。概念と切り離すことのできない数学の生成についてのカヴァイエスの見解によれば、数学においては、「問題」という場面においてこそ、真の生成の還元不可能な自律性と予見不可能性が明白にあらわれるのである。

> 数学の生成は、自律的である。すなわち、もしそのそとに位置づけることが不可能であるとすれば、数学がわれわれにあらわれるように、数学の偶然的な歴史的発展を研究することで、用語と手続きのつながりのもとに、その必然性を認めることができる。ここで、必然的という語は、明らかに、ほかのやり方で厳密にすることができない。問題が書きとめられ、この問題が新しい用語の出現を要求しているということが把握される。これが、できることのすべてである。［中略］この生成は、本物の生成として展開する。すなわち、それは予見不可能である。どこを探すべきかを見抜く充分な活動のうちにある数学者の直観にとっては、それは予見不可能ではないかもしれない。しかし、真のやり方では根源的に予見不可能である。それを、われわれは数学の基礎的な弁証論と呼ぶ。あたらしい用語が、措定された問題によって必要なものとして出現する場合には、このあたらしさ自体は本物の完全なあたらしさである。なぜなら、すでにもちいられている用語を分析するだけでは、

その用語のうちにあるあたらしい用語を見出すことはできないからである（Cavaillès 1939, pp.600–1：傍点は引用者による）。

つまり、クラシシスムという、ひとつの「解」の出現によって提起可能になったあらたな「問題」が、それについてのひとつの「解」としてロマンティスムを導いたということである。クラシシスムもまたひとつの「解」であることを考えれば、これらの「解」と「解」のあいだにあるのは「問題」であり、「解」から「問題」が惹起され、「問題」が「解」を生み出す、という螺旋的あるいは弁証論的な過程がそこにあることがわかる。だからこそ、かつての「解」によって提起可能になった「問題」の「解」が、かつての「解」のなかにみずからの痕跡を不可避的に見出すにもかかわらず、その「解」は、実際に「問題」が提起可能になり、それが解かれることがないかぎりは現実に存在しなかったのである。

重要なことは、ベルクソンの議論から誤解しやすいように、クラシシスムという帰結がそれ自体であらたな原因となってロマンティスムという別の帰結を生んだのではないということである。クラシシスムという帰結が生きられるなかでそれに固有の「問題」が提起され、その「問題」が解かれることによってロマンティスムがあらたな「解」として生み出されたのである。「解」から「問題」への移行と「問題」から「解」への移行は、まったく別種の出来事であり、別の論理にしたがっていると考えなければならないだろう。したがって、帰結から帰結へという直接の結びつきは、この二重の過程を無視するものであるがゆえに認めることはできない。

前章で議論したように、同一性に基づく自己意識なるものが、「解」という次元を前提した観念であるならば、また、そのような自己意識を虚偽意識として位置づけるならば、この「問題」が巻き込む「過程」を生きる主体なるものを、真の主体として考えなければならない。

「他者なき世界」と問題－主体、あるいは「他者－構造」と解の関係[*3]

このような問題や解にかかわる主体について考えるためには、対話形式の例をとりあげることが重要な示唆をあたえてくれるはずである。対話形式という例が重要なのは、それが他者の存在を介入させるからである。問題や解といった知性にかかわる主体にとって他者が重要なのは、一方で解にかんしては、合意形成、客観性や一致の確認、反駁や検証といったことがらが対話における他者の存在を示唆するし、他方で問題にかんしては、問いかけ、保留、躊躇、とまどいといったものが、問題における他者の存在を示唆するからである。したがって、問題や解にかかわる主体について理解することは、そこにおいて働く他者について理解することをも含まなければならない。

実際のところ、解の成立は、構造としての他者の現前およびその働きと同時的でしかないように思われる。ドゥルーズは、彼の議論のなかで、彼自身の「解」という用語と、「他者」についての議論を明示的に結びつけてはいないものの、議論全体の文脈において、それらをはっきりと結びつけているものとして読むことができる。

ドゥルーズが言うように、他者とは、たしかにわたしがみるような仕方とは異なる仕方でわたしをみてくれるものであり、そこでみられるわたしは、わたしがみていない「可能世界」のなかに住まうわたしである（ドゥルーズ 2007c, pp.241–2）。その可能世界は、他者によってのみ、たとえばその顔と目によって表現される以外には存在しない世界である。ひとつの愛とは、したがってこのわたしの目を迂回してあらわれる他者の目をさらに迂回した自己への愛であるだろう（そしてもうひとつの愛とは、「他者－構造」の喪失したあとにあらわれる太陽との倒錯した交接へと開かれる愛である）。[*4]

アルベルチーヌの顔は浜辺と波のアマルガムを表現していた。「どんな世界の奥〔未知の世界〕から、彼女は私を見わけていたのか？」この範例的な愛の物語の全体は、アルベルチーヌによって表現される可能な諸世界の長い繰り広げ《エクスプリカシオン》〔説明〕であり、そしてこの繰り広げが、彼女を、ときには魅惑的な主観に変え、ときには期待はずれの客観に転換するのである（ドゥルーズ 2007c, pp.244–5）。

このような他者は、主体が客体に完全な仕方で同一化してしまうこと（ドゥルーズはこれを『差異と反復』ではエントロピーの増大と類比的に考えているようだが）を妨げながら、同時に主体と客体の緩やかで受け入れることのできる分離を用意する。その意味で、この他者は、具体的な誰かである以上に、まずは主－客からなるような常識的な知覚構造を可能にするア・プリオリな構造としての他者である。『差異と反復』でのドゥルーズの他者論は、個体化論の文脈におかれているために、このような構造としての他者が可能にするのは、知覚的世界における「個体化」であると言われる（「知覚的世界における個体化を保証するものは、ほかならぬ〈他者－構造〉なのである」（ドゥルーズ 2007c, p.294））。それにたいして、『意味の論理学』に所収の「ミシェル・トゥルニエと他者なき世界」では、もうすこしはっきりと、「構造としての他者」とは、対象およびそれを可能にする諸々の空間的カテゴリーと諸々の時間的カテゴリーの適用を条件づけるものであることが述べられている。

> 他者とは場の総体の条件となる構造である。そして、先のカテゴリー〔形態－背景、奥行き－横幅、テーマ－ポテンシャル、輪郭－対象統一性、縁－中心、テクスト－コンテクスト、措定的－非措定的、遷移状態－実体部分など〕の構成と適用を可能にして、場の総体の作動の条件となる構造である。知覚を可能にするのは、自我ではなく、構造としての他者である（ドゥルーズ 2007a, pp.237–8：傍点ママ）。

つまり、「他者－構造」によってはじめて、より正確には、「他者－構造」を充実する他者とそれが表現する可能世界によって、言いかえれば「個体化」の場であるわたしの世界が埋め尽くされることによって、眼前にある対象は、たしかに奥行きや連続性のあるものとして、つまりわたしが現にみていない面や、わたしが目をそらしているあいだにも、あるべき姿のままあり続けるものとして、わたしがみているということからは独立した客体として存在することが可能になる。つまり、それ自身と完全に同一である「モデル」としての客体と、それに従属し、その不完全なアスペクトであり、「モデル」との類似によって規定される「コピー」としてのわたしの主観的な光景が、「他者－構造」によってはじめて分離可能になる、とドゥルーズは考えているのである。そして、この客体のたちあがりは、同時に主体でしかないわたしを、客体から切り離すことで、「かつて」わたしにしかみられなかった見誤りや、目の錯覚を、「モデル」とはもはや本来的な関係をもたない、失敗した「コピー」としての「シミュラークル」に変造する。つまり、反転して考えると、「コピー」としての資格さえもたない「シミュラークル」が、「他者‐構造」が現実的な他者によって充実される効果によって、「かつてのわたし」に固有なものへと割り振られることになる。[*5] かくして、かつて生き生きとしていたが、曖昧でふたしかな「過去」でしかありえないわたしと、「現にある」真の客体が、この「他者‐構造」の現前の効果によって分離する。

こうして、他者によって、私の意識は、必然的に「私はあった」に傾き、もはや対象と一致しない過去へと傾くことになる（ドゥルーズ 2007a, p.240）。

しかし、たぶん、より深い、他者の現前の第二の効果は、時間、時間の次元の配分、時間における先行と後続の配分に関わっている。他者が機能しないときに、どうして、なおも過去があるだろうか（ドゥルーズ 2007a, p.241）。

ここで言われている「他者‐構造」の二つの効果、すなわち対象の出現と、過去としての「主体」の出現が、これまでに述べてきた「認識論的切断」による誤謬の発生や、真理の回顧的な効果とほぼ同じものであることは容易にみてとれるのではないか。

「ミシェル・トゥルニエと他者なき世界」では、ドゥルーズは、トゥルニエの『フライデーあるいは太平洋の冥界』の読解をとおして、このような「他者‐構造」の喪失の意味を分析する。「他者‐構造」という概念を導入することによって可能になるのは、主体と客体のあいだの、あるいは「知覚の素材」とその素材にたいして「行使される主観的な総合」とのあいだの二元論を不徹底なものとして退け、「知覚的な場の中の「他者構造」の効果と、その不在の効果（他者がいない場合の知覚の有り様）の間にある」（ドゥルーズ 2007a, p.237：傍点ママ）「真の二元論」を発見することである。

この「真の二元論」は、「ミシェル・トゥルニエと他者なき世界」の議論では、「大地」と「空」のあいだに、つまりは、「深層構造」に囚われた「モデル」と、「天空」的な「表層」のうえでその固有の価値をとりもどし、永遠に回帰し、永遠の現在を生きる「シミュラークル」（＝「幻影」）の解放のあいだにある。あるいは、正常な成人男性と犯罪的な倒錯者からなる近代社会と、他者を経由しない純粋な倒錯性を開花させる無人島のあいだの二元論である。しかし同時に、この二元論は、『差異と反復』では、「対象と主体」という質と延長からなる「個体」と、「もろもろの強度的セリーのなかにあるかぎりでの個体化の諸ファクターと、《理念《イデア》》のなかにあるかぎりでの前個体的な諸特異性」（ドゥルーズ 2007c, p.295）のあいだの二元論に対応しているように思われる。つまり、「他者‐構造」の喪失の効果とは、すなわち、この「真の二元論」的世界において、「解」から「問題」へと遡行することを可能にすることにある。

ここでの関心は、「解」から「問題」へと到達し、問題‐主体の独立性を確認することであった。この関心は、『差異と反復』においても、また「ミシェル・トゥルニエと他者なき世界」においても共有されているように思われる。

〈他者‐構造〉を実現している諸主体から出発して、その構造それ自身にまで遡行しなければならないのであり、したがって、《他者》を《だれ》でもないものとして了解しなければならず、［中略］もはや〈他者‐構造〉がそこでは機能しなくなるそうした諸領域に到達しなければならないのである（ドゥルーズ 2007c, p.295）。

つまり、この「真の二元論」において、「前個体的な諸特異性」と「個体化の諸ファクター」のほうから「個体」へと進むことを可能にするのが、「他者‐構造」の出現である一方で、その道を遡行することを可能にするのは、「ミシェル・トゥルニエと他者なき世界」で探求される「他者‐構造」の喪失、すなわち「他者なき世界」の出現となるということである。対話の例を検討するということは、このような「他者‐構造」の両価的効果をそこに見出そうとすることである。

ここでの言葉づかいにもどろう。擬‐概念によって表現される問題の要請によって、概念と振る舞いのあいだの相互規定的関係が成立することで、解としての真理がえられるということはすでにみたとおりである。この事態は、つまり、概念と振る舞いのあいだの相互規定的関係によって「他者‐構造」の定位が可能になり、それによって主体と客体の分離した解としての真理がえられたのだと、さきほどのドゥルーズの議論を受けて、あらためて理解することができる。そして、前章でみたように、この解としての真理は、それに従属した解‐主体を構成すると同時に、「認識論的切断」の効果によって、誤謬を過去のなかに振り分けるのだった。まさに真理における時間、まえとあとは、この「他者‐構造」の出現によって実現されるということが理解される。

これから検討するジョージ・バークリが描出するアルシフロンとユーフラノのあいだの対話という状況は、実のところ、図と地が反転すると二つの異なる形象があらわれるだまし絵のように、問題－主体の次元と解－主体の次元の両方を包み込んでいる例として解釈することができるように思われる。というのも、そこでの対話は、解の成立を目的としている一方で、問題の次元がさきにあることを前提もしているからである。つまり、そこでの対話は解があることが前提されているのではなく、むしろ解がないかもしれないというおそれに開かれており、むしろその不安が対話を動機づけているということである。したがって、つねに対話における終局としての解の一致は、欺瞞的であり、一時的で暫定的なものでしかありえない。

バークリ『アルシフロン』での対話

ここでは対話という状況の検討をとおして問題－主体の固有の特徴を把握するために、バークリの『アルシフロンあるいは小粒な哲学者』（一七三二年。以下、『アルシフロン』。Berkley 1802）のなかで描かれているひとつの対話状況をとりあげる。これをとりあげる理由は、この同じ箇所がアルフレッド・ノース・ホワイトヘッドによって解釈されており、その解釈との関係もあわせてここで考えたいからである。ホワイトヘッドもまたベルクソンと同様に、無関係に配置された瞬間的契機に基づく思考を批判し、時間的空間的に、有機的に結びついた連繫の思考を徹底させた哲学者の重要なひとりであることはよく知られたところである（ただし、彼の批判はもっぱら物理的実在の諸連繋を中心的な主題としているという重要な違いがあるが）。ホワイトヘッドの解釈をあわせて考えることの理由は、もちろんこのことと関係する。ホワイトヘッドが『自然認識の諸原理』でバークリの議論を引用する直前の段落で、ホワイトヘッド自身の基本姿勢を明らかにしている議論があるので、それをさきにみておくことにしよう。

究極の実質としての瞬時という概念が、説明のあらゆる困難の源泉である、ということは明らかである。もしこのような究極的実質が存在するならば、瞬時的自然は究極の事実であろう。／われわれの時間の知覚は持続としてあり、こうした瞬時なるものは、思惟の仮定された必要性によって導入された想像概念にすぎない。実際、絶対時間はまさに絶対空間と同様の形而上学的怪物である。物理的説明がそれを用いて究極的に表現される科学の究極的与件に関し、さまざまな難局を切り抜ける方法は、時間、空間、物質といった基本的な科学的概念を諸出来事間の基本的関係、および出来事のもつ性質の認知から出てくるものとして表すことである。このような出来事の関係は、出来事は時間と空間を通じて拡がっていると主張するとき言及されるところの、観察の直接的陳述である（ホワイトヘッド 1981a, pp.7–8）。

ここでホワイトヘッドは、自然の究極的要素を、通常考えられているようなバラバラの「瞬時的自然」としてではなく、時空的なひろがりを含んだ「出来事」としてとらえることで、瞬間的契機として自然を把握することがもたらす困難をとり除くという解決を提示している。このホワイトヘッドの解決についての考察はあとにおくとして、いまは彼もまたベルクソンと同じく、瞬間にたいして過程を対置させ、過程の詳細な把握こそが重要であるという立場にたっていることを確認して、この箇所のあとでホワイトヘッドがバークリの『アルシフロン』から引用する、ある短い対話の検討に移ることにしたい。ちなみに『自然認識の諸原理』でも彼の他の著書『科学と近代世界』でも『アルシフロン』の同じ箇所から引用されており、両方とも第四対話第一〇節と記されているが、すくなくともわたしが確認した範囲では第四対話第九節からの引用となっている（ホワイトヘッド 1981a, pp.9–10, ホワイトヘッド 1981b, p.91）。

ユーフラノ：ねえ、アルシフロン、あの同じ城のドアや窓や胸壁が区別できるかい？
アルシフロン：できないよ。この距離だと［at this distance］たんにちいさな丸い塔にしかみえない。
ユーフラノ：だけど僕は、あそこにいたことがあるから、あれがちいさな丸い塔ではなくて、巨大な矩形の建物で、君にはみえないみたいだけど、胸壁と櫓がついていることを知っているんだ。
アルシフロン：そのことから君はいったいどういったことを導くんだい。
ユーフラノ：僕が導くのは、君が視覚によってはっきりと正しく認識しているまさにその対象［the very object, which you strictly and properly perceive by sight］は、数マイル離れている［several miles distant］あの事物ではないということだよ。
アルシフロン：なぜそのようなことが導けるんだい？
ユーフラノ：なぜなら、ちいさな丸い対象は、あるひとつの事物であり、また巨大な矩形の対象はそれとは別の事物だからだよ。そうじゃないかな？

アルシフロン：そのことを否定するのはできないね。
ユーフラノ：それでは、みることのできるあらわれ〔the visible appearance〕だけが、視覚の正しい対象〔the proper object of sight〕なんじゃないかな？
アルシフロン：そうだね。
ユーフラノ（天上のほうを指さしながら）：遥か彼方の星のみることのできるあらわれについて、いま君はどのように考えるだろう？　あれは丸い光るたいらなものではないし、六ペンスコインよりもおおきくはないよね？
アルシフロン：だからどうしたって言うんだい？
ユーフラノ：それじゃあ、君は星そのものについてはどのように考えているんだい？　君はあれをさまざまなおおきさの高台や谷のある巨大で不透明な球体だと考えているんじゃないかい？
アルシフロン：そう考えているよ。
ユーフラノ：それじゃあ、君はいったいどうやって君の視覚の正しい対象〔the proper object of your sight〕が、離れたところに存在している〔exists at a distance〕ということを結論づける〔conclude〕のかな？
アルシフロン：正直なところ、よくわからないな。
ユーフラノ：君の確信を深めるために、あそこの真紅に輝いている雲について考えてみよう。君がまさにその雲がある場所にいたとしたら、いままさに君がみているものと似ているものを君は知覚するだろうか？

アルシフロン：いや、僕は暗い霧しか知覚しないと思う。
ユーフラノ：そう、だから君がここでみているあの城も、あの星も、あの雲も、離れたところに存在していると君が仮定している実在のもの〔those real ones〕ではないということは明らかではないかな？

（Berkley 1803, pp.165-6）

この対話によって示されていることはいかなることか。バークリにとっては、彼のいわゆる物質は存在しないという「非物質論」と「それらが存在するとは知覚することである」という知覚原理の擁護、そしてさらにそこから必然的に要請されるはずの神の存在と信仰の擁護へと進む道程のなかの一契機であるだろう。そのためにバークリはここで、彼の『知覚新論』での議論をとりあげなおしているのである。*6

しかし、そういった先入見なしに、ここでの対話にとって重要な要素を四つ列挙してみることにしよう。まず注目するべきは「距離」（distance）である。城、星、雲という三つのどの例も、この「距離」のせいで、「視覚」（sight）によって「みることのできるあらわれ」（the visible appearance）について対話者のあいだに（そしてひとりの対話者のなかでさえも）差異が生まれている。むしろ差異の現前があり、その説明のために、空間的な「距離」が要請されているのだから、まずさきにあるのは、「差異」だということになるだろう。

つぎに、このような差異を個別的なものとして実現する「みることのできるあらわれ」、あるいは「視覚の正しい対象」（the proper object of your sight）と呼ばれるものがある。さきほどの差異あるいは「距離」は、一方ではみることができず背景へとうもれていくものと、その背景から区別された「みることのできるあらわれ」へと分化する、というわけだ。

さらに、この対象を知覚し、それについて言及し、またその異なる対象を重ね合わせ、比較し、評価しながら、その対象とともに変異することのできるもの、いわゆる「精神」と呼ばれるものがある。ここではアルシフロンとユーフラノという名前によってそれが個別的な状態で指示されている。重要なのは、この精神は二重の分節化をとおして、すなわちアルシフロンとユーフラノという時空的に区別された個別的精神への分節化と、時空的に区別されたユーフラノという個別的精神のなかでの過去と現在という時間的な分節化をとおして矛盾のない安定した個体性を維持しているということである。対話とは、このような分節化のやりなおしの過程として理解することができる。

アルシフロンが現にみている「ちいさな丸い塔」は、かつてのユーフラノの精神が知覚した「胸壁や櫓のついた巨大な矩形の建物」であるはずだが、「胸壁や櫓のついた巨大な矩形の建物」をみていないアルシフロンの精神は、「ちいさな丸い塔」しか「視覚の正しい対象」としてもたない。そのために、それとは異なる「実在する対象」それ自体をそこから導くことができないという問題に、ユーフラノの誘いに導かれてアルシフロンの精神は撞着するようになる。重要なのは、ユーフラノが実在する対象を知っているということではなく（ユーフラノの精神がとらえているのもまたひとつの「視覚の正しい対象」にすぎない）、アルシフロンが現にみているものが、実のところ、彼が現にみているものでしかなく、そのみているものは、他者がみているものとのあいだに差異を含むものであり（ドゥルーズの言う「シミュラークル」）、そしてその差異は、真にあるはずの「実在そのもの」（ドゥルーズの言う「モデル」）によっては消去することのできないものだということを、ユーフラノに導かれる仕方で、アルシフロンが理解してしまうということである。他者は、わたしがみているものに奥行きが、距離があることを教える。しかしユーフラノという他者が教えるのは、それだけでなく、そのように教えることができるのはもはやわたし（アルシフロン）自身の知覚の構造に含意された「他者‐構造」を共有しない他者（ユーフラノ）だけであり（もし共有しているなら、ユーフラノとアルシフロンがそれぞれ現にみているものが、真に存在する「実在のもの」（＝「モデル」）の「コピー」であるということが揺るがない）、その出現によって、みずからの「他者‐構造」が失調してしまうということである。明らかにユーフラノと対話する以前のアルシフロンこそが「まとも」であり、その議論に巻き込まれてしまったあとのアルシフロンは、あらたな「まともさ」をもとめて、ユーフラノに導かれるままに、観念論のほうへと彷徨い歩き始めることになる。つまり、精神は、差異を分節化することでそれを飼いならそうとする一方で、ある種の他者の出現によっては、そのような差異を差異として矛盾なく許容することのできるもの、ある種の「未規定性」へと脱分化し、それを生きることのできるものでもある。

対話のなかにある最後の要素は、すでに述べたが、アルシフロンが現にみていると仮定し、ユーフラノがその可能性を論駁する「実在のもの」（real ones）である。この反駁された「実在のもの」は、むしろ多様な「みることのできるあらわれ」の差異の系列を秩序づけるものとして、個別的な精神の無能力、「実在するもの」へと到達することの不可能性を介して、「神の精神」によって観念論的な仕方で再構成される。アルシフロンの「他者‐構造」に揺さぶりをかけたあと、ユーフラノがアルシフロンを導くさきは、この観念論的な世界であり、純粋で絶対的な「他者‐構造」が顕現する世界である。

以上のように、ここでの対話は、基本的にこれら四種類の要素、すなわち「距離」、「視覚の正しい対象」、「精神」（あるいは「アルシフロン」と「ユーフラノ」）、「実在のもの」のあいだの関係によって組みたてられていると考えることができる。

ホワイトヘッドによる『アルシフロン』の解釈

さて、このような対話にたいして、ホワイトヘッドはどのような解釈をあたえるのだろうか。ホワイトヘッドは、このバークリの同じ対話からバークリ自身とは異なる結論を引き出すことができると言う。基本的なスタンスは『自然認識の諸原理』も『科学と近代世界』も変わらないが、後者のほうがより洗練されているように思われるので、ここでは後者の議論に基づいて、ホワイトヘッドの解釈についてみていくことにしよう。

ホワイトヘッドは、バークリの描く対話にたいしてみずからあたえた解釈を「暫定的な実在論」と呼ぶ。この解釈を説明するにあたって、ホワイトヘッドは、フランシス・ベーコンの『自然誌』における「知覚」（perception：ホワイトヘッド（1981b）では「表象」と訳されている）の規定を拡大解釈することで、そこから「抱握」という概念を形成する。ホワイトヘッドの解釈を理解することと、ここで提示される「抱握」という概念を理解することはほとんど同じことであるので、以下ではこの「抱握」という概念について簡単にみていくことにしよう。[*7]

ホワイトヘッドによれば、ベーコンの「知覚」は、「あらゆる物体」がもつものである。物体のなかには、わたしたちが常識において知っているように「感覚」（sens：翻訳では「覚識」と訳されている）をもたないものがたしかに存在しているが、「知覚」をもたないものはなにひとつないのだとベーコンは言う。このすべての物体がもつはずの「知覚」という概念を、ホワイトヘッドは「知覚される事物の本質的特性の影響受容」と解釈し、「感覚」を「認識」と解釈する。そして、このように「影響受容」は、つねに「本質的特性」、すなわち「物体間の（単なる論理的でない）差異」であると説明する（ホワイトヘッド 1981b, p.92）。

これとは反対に、互いのあいだに差異のない同じ事物が互いに整列してぶつかることもないような状況では、その領域の局所同士が相互に作用し合うことはない。したがって、物体や事物の単位そのものとしての局所も出現しないことになり、結果としてその局所を規定する本質なるものもあらわれない。それゆえ、なんらかの影響が受容されるということは、影響をおよぼす側とおよぼされる側のあいだにあらかじめ差異がなければならない。この差異をホワイトヘッドは時空的なひろがり、あるいはそのようなものとして理解された「出来事」によって担保する。つまり、時空的なひろがりとしての出来事があり、それがたえざる生成過程にあることによって、このような「影響受容」を可能にする差異が無限に生み出される根拠が担保される。そして、そのように生み出された差異から、すべての物体がもつはずの「影響受容」としての「知覚」が生み出される。このような「影響受容」としての「知覚」に、ホワイトヘッドは自覚的認識から区別するために、「抱握」という用語をあてる。

知覚（ないし表象）する（percieve）という言葉の中には日常の用法では、認識的把握という概念が強く貫いている。把握（apprehension）という言葉も同様であり、それには認識的（cognitive）という形容詞が付いていないときでさえそうなのである。わたくしは非認識的把握（uncognitive apprehension）に対して、抱握（prehension）という言葉を用いようと思う。この言葉でわたくしの意味することは、認識的でもあり、またそうでないこともありうる把握である（ホワイトヘッド 1981b, pp.92–3：傍点ママ）。

「把握」という概念を類として、種概念として「認識的把握」と「非認識的把握」がある。ここで注目すべきなのは、もちろん「非認識的把握」としての「抱握」のほうである。それでは、この「抱握」という用語は、さきほどのバークリの説話についてのバークリ自身の解釈のなかではどのように位置づけることができるのだろうか。

彼［バークリ］は、自然的事物の実現（realisation）を成立させるものは、統一体をなす精神の内部における知覚である、と主張している。／右の思想を言い改めて、実現は事物が相集まって抱握による統一をなすことであり、またそのさい実現されるものは抱握であってそれらの事物ではない、と考えることができる。この抱握による統一体はひとつのここ・今として限定され、集まって抱握的統一体をなす事物は他のもろもろの場所や時間と不可欠な関連をもつ。わたくしはバークリの精神の代りに抱握的統一化の過程を考える（ホワイトヘッド 1981b, p.93：傍点ママ）。

アルシフロンの「ちいさな丸い塔」も、ユーフラノの「胸壁や櫓のついた巨大な矩形の建物」も、それぞれ「抱握」のひとつであって、そのあいだには内容的な差異があるものの、形式的には同じものである。このこと自体は、バークリ自身の解釈と根本的に異なるものではない。それは知覚する精神のあいだの差異に基づく、知覚された観念のあいだの内容上の差異であり、それが知覚された観念である、つまり「視覚の正しい対象」であるという形式については同じである。ホワイトヘッドが根本的にバークリの解釈と異なっていると主張しているのは、このことではなくて、このような差異の大域的全体をどのように調和させるか、言いかえれば、「他者-構造」の喪失によって揺さぶりをかけられたアルシフロンの精神をどこへ導くのかということについてである。

バークリは、多様な知覚する「精神」のあいだの差異が引き起こす観念のあいだの不一致を、究極的には（言うまでもなく唯一である）「神の精神」（という絶対的な「他者-構造」）によってみられた観念への収束によって調和させることで、アルシフロンの動揺にたいして救済をあたえる（すくなくともホワイトヘッドはそのように解釈しているようにみえる）。このようなあらたな一致の要求は、ユーフラノがアルシフロンを導いた不一致の論駁不可能性によって、あるいはアルシフロンの「他者-構造」の動揺とその脆弱性によって要求される。このような不一致を解消するために、ユーフラノは、アルシフロンにたいして「神の精神」を受け入れさせる、というのがバークリの護教論の基本線だろう。もちろん、ここで問題にすべきは、ユーフラノによって誘われた日常的な「他者-構造」の動揺であり、そこから発する一致の要求そのもの、あるいはその一致が唯・のものであるのかどうかということである。

実際、バークリの観念論的な体系から「神の精神」による究極的な一致という目的を差し引くことによって、ホワイトヘッドが「暫定的な実在論」と呼ぶものとほとんど同じものがえられるように思われる。

バークリ自身極端な観念論的解釈を採っていることが明らかにされている。彼にとっては精神が唯一の絶対的実在であり、自然の統一は神の精神における諸観念の統一である。［中略］しかしながら、いまひとつの考え方が可能である。それによれば、われわれはとにかく暫定的な実在論の立場を採り、科学自身に有益なようにその科学的図式を拡大することができる（ホワイトヘッド 1981b, pp.91–2）。

つまりホワイトヘッドの議論にとって最大の関心は、バークリの「精神」を「抱握」という用語によって引き受けたうえで、「自然の統一」といったものをバークリのように「神の精神」による絶対的一致として認めるのではなく、恒常的に暫定的なもの、すなわち生成の過程にあるものとして、そのまま、つまり開かれた問題を絶対的な「他者－構造」によって閉じることなく、そのままで認めるということにある。ホワイトヘッドにとって「自然の統一」は、約束された調和あるいは論理的に要請された終端ではなく、創造と展開をその本質とする予見不可能な生成過程として肯定的に理解される。

われわれは、自然をもろもろの抱握的統一より成る一複合体と考える暫定的実在論に満足してよい。［中略］自然は抱握から抱握へと必然的に推移する、膨張的発展という過程である。達成されたものはそのことによって後に取り残されるが、また同時に、相次いで現れるもろもろの抱握態に自らの諸相を宿すものとして保持される。／こうして自然はもろもろの進化する過程の組織である。実在とは過程なのである（ホワイトヘッド 1981b, p.97）。

ここでの関心にとって、バークリの対話でもっとも重要なのは、「距離」であり、「距離」が生み出す差異、すなわち諸観念のあいだの不一致あるいは齟齬である。そしてこの不一致を許容する「精神」のありよう、つまりアルシフロンが「正直なところ、よくわからないな」と告白するときに、まさに「わからない」という仕方で不一致を宙吊りにするその精神のありようである。齟齬する二つのもの、つまりユーフラノが実際に近くでみて手にした観念である「胸壁や櫓のついた巨大な矩形の建物」と、アルシフロンが有している「ちいさな丸い塔」のあいだの差異が、それまでの解（つまり「他者‐構造」が機能しているまともなアルシフロンの生きていた日常世界）であった「実在のもの」によっては解消不可能な齟齬であることを理解することのできるアルシフロンの精神のありようである。対話という形式に意味があるとすれば、それは対話という形式によって、この齟齬が齟齬としてアルシフロンにもあらわれる過程が、つまり二つの精神のあいだの弁証論的な運動が明示され、それを読むものによってもその運動が共有されるためであるだろう。

これら二つの精神のあいだに差異が、齟齬があること、つまり、そこに「問題」があることは、アルシフロンの「個体化」の場を機能させていた「他者‐構造」にとって異他的なものであるユーフラノという他者によって、はじめて示される。言いかえれば、「差異」、あるいは「差異」を生み出し「差異」に覆い隠される「距離」は、「他者‐構造」の動揺によって、「実在のもの」との一致という解が無効になるときにはじめて、「齟齬」としての真の姿をあらわす、ということである。この「他者‐構造」の動揺による不一致の解放が、差異を含む精神のあいだでの問答を、あらたな解を求める運動を要請する。

すなわち、「他者－構造」を共有しない他者との対話が、解－主体を問題－主体へと引きもどすのであり、「問題」とは「他者－構造」の失調によって解放される不一致あるいは「齟齬」であり、「解」とはこの「齟齬」の解消によって生じるものである。

問題－主体の形式的な「かた」

以上の議論をまとめることで、問題－主体の形式的な「かた」を、暫定的ではあるもののとり出すことを試みてみたい。

以上で明らかになったこと、あるいは陰に陽に示されたことは、問題－主体には、すくなくともつぎの三つの要素が不可欠だということであると思われる。

1　未決定性（未規定性）
2　不一致（あるいは齟齬）
3　偏心性、あるいは不一致（齟齬）を解消しようとする傾き

1の「未決定性」（未規定性）とは、すなわち不一致を不一致として宙吊りのままに受け入れることを可能にする精神の余白、真空である。「他者－構造」が機能している主体の諸条件には、対象を原因とする欲望にしたがって、自由に意思を決定することができるという項目がしばしば含まれている。しか

し、問題‐主体においては、それとは反対に、そのような意思決定以前の状態、さらには欲望の原因となる対象が成立する以前の状態にとどまっていることが、問題‐主体であることの条件となること、このことがこの第一の「未規定性」によって示される。これまでの議論に登場した表現をもちいれば、「未決定性」とは「予見不可能性」であり、「発明」の前提条件としての「持続」である。つまりバークリが「距離」と呼び、あるいはホワイトヘッドが「自然」と呼ぶものが、過程を記述するために前提されなければならないということである。

つぎに2の不一致あるいは齟齬とは、バークリにおける「距離」を原因としながら、その「距離」を覆い隠すことになる「解」を要請するものである。つまり、ホワイトヘッドが理解する意味での「抱握」である。そして、ここで論じられている「問題」とは、まさにこの「不一致」についての認識、謂わば自覚的認識以前であり、またそれを要請する「抱握」である。言いかえれば、「問題」という語によって指し示されるのはつねにこの「不一致」であり、「問題」という形式において表現されるのは、この「不一致」の把握である。これは、「他者‐構造」をともなうまともな理性の条件とされる一致、すなわち矛盾の解消とは逆の関係にある。しかし、すでにみたように問題‐主体は「他者‐構造」をともなわないのだから、むしろ「不一致」こそが前提条件であり、問題‐主体においては矛盾の解消といった肯定的帰結そのものに至る以前の状態にとどまること、すなわち不一致を不一致として宙吊りのままに記述することこそが重要になる。したがって、『アルシフロン』の対話において重要なのは、アルシフロンが「よくわからないな」と告白するその場面にみられる彼の宙吊りにされた精神の揺らぎである。

最後に、3の偏心性、あるいは不一致を解消しようとする傾きである。これはつまり、不一致としてあたえられた「問題」を解こうとする時空的な、言いかえれば現実における活動へと向かう傾向性を意味している。この活動の結果もたらされるのがふたたび「他者‐構造」の機能する充足した世界、つまり解からなるあらたな世界である。言いかえれば、再認によって閉じられた世界、つまりすでに知られたものとしてあらたに認められた客体からなる馴染みのある世界である。バークリによる問題の解決、すなわち観念論的な解決もまた、このような意味世界の再充実化の方法のひとつであるだろう。ホワイトヘッドが指摘したもっとも重要なことは、このようなバークリの目的は共有される必要がないということである。つまり、かならずしもなんらかの最終的な一致がなければならないということはなく、むしろ「自然」とはそのような不一致の宙吊りとしてこそ理解されるということである。一致がないというわけではない。ただそれは恒常的に暫定的なものにすぎないということである。ドゥルーズがトゥルニエとともに指摘しているように、一致あるいは解という目的そのものを逸脱することこそが、「他者‐構造」をともなう解の世界と「他者なき世界」のあいだの「真の二元論」を可能にするのである。

第7章　問い、あるいは懐疑の脈

問題 - 主体とカテゴリー

前章の議論で問題 - 主体の三つの「かた」をとり出すことができたわけだが、この「かた」にしたがって、問題 - 主体のさらなる記述をおこなうまえに、もうひとつかたづけておかなければならない問題がある。それは、カテゴリーの問題である。カテゴリーは、通常の個別的な解からは区別され、そのような個別的な解を可能にするなんらかのメタ的な構造として理解される。たしかに、ある解の集まりが出現するときに、その集団が属する普遍的な類のようなものが確認される場合がある。このとき、カテゴリーを個別的な解から区別したい、そしてできればそれを主体の側に内属する特別な形式（そのほかの解とは区別され、自己意識の明証的な把握をとおして理解されるもの）としてしまいたいという欲望は、解の産出過程よりもさきに、その可能性の全体をとりおさえてしまいたいという欲望と結びついているように思われる。つまり、なんらかの上位のメタ的な真理があり、それを上空飛行的に、またそのほかの解から独立につかまえたいという欲望である。哲学あるいは形而上学は、この上空飛行的欲望を抜き去りがたくもっている。

しかし、このような形而上学的な真理もまた、ひとつの解であるかぎり、ある種の普遍性をもちながらも、問題‐解の過程のなかで特異なものとして生み出されたものであり、そして、真理の回帰的な効果である「認識論的切断」によって、それ以前に生み出されたさまざまな種類の解が、それによってあらたに構造化しなおされるのだと考えるべきではないのか。つまり、永遠の時間を遡及する真理の回帰的な効果によって、カテゴリーはあたかも存在の起源より、存在の骨子としてあり続けたかのようにみせかけながら、実のところそのカテゴリーと呼ばれる普遍的な解自体があらたに生み出す問題によって、あらたなカテゴリーが生み出され、あるいはまたこれまでのカテゴリー的な解が更新されるのではないか。カテゴリー的な真理もまた生成において、つまり解として理解することが可能であり、またそうすべきではないのか。

このことをみることが問題‐主体の議論において必要なのは、通常の意味で理解された主体が認識する世界から独立したものであると考えるための根拠を、カテゴリーがあたえているからである。つまり、問題‐主体がそういう意味での認識主体とはまったく異なるものであることを言うためには、最終的にはカテゴリーと呼ばれる真理それ自体の生成を明らかにする必要がある。

そして、あとでみることになるが、このようなカテゴリー的真理それ自体を生成において理解するということは、カヴァイエスが試みたような数学の生成の記述を、むしろ（カヴァイエスが暗に意図していたとおりに）カテゴリー生成の記述として理解することを可能にしてくれるのである。このことは、カテゴリーを生成において理解するだけでなく、なにゆえカヴァイエスやバシュラールが、科学的概念の歴史的生成のなかに哲学的問題の解決を求めたのかという疑問にたいする一定の答えをもあたえてくれるだろう。まずは、カテゴリーを主体の普遍的な形式であると考えたくなるその理由を、アリストテレスにおける文法とカテゴリーの関係のなかにみたうえで、数学において思考可能になるカテゴリーの別様の姿を検討することにしたい。

カテゴリーの再定義

アリストテレスは『カテゴリー論』のなかで、カテゴリーを「どんな結合にもよらないで言われるものどものそれぞれが意味するもの」（アリストテレス 1971, p.6）と定義している。「どんな結合にもよらないで言われるものども」とは、結合によって言われる「命題」を前提すると考えるならば、その命題の名辞、すなわち「項」として理解することができる。[*1] たとえば、「人間」、「牛」、「走る」、「勝つ」などがこの「項」の例として挙げられている（アリストテレス 1971, p.4）。

そして、この「項」は、「有るものども」（アリストテレス 1971, p.4）との関係で、まずは理解される。「基体」とは、なんらかの仕方で述語づけられるものであるのだが（アリストテレス 1971, p.9）、この「有るものども」は、「基体としての或るもののうちにある」（たとえば、基体であるようななにかの性質であるもの）か否か、および「基体としての或るものについて言われる」（基体であるようななにかについて述語される）か否かという二つの観点から、四つのクラスに分類される（アリストテレス 1971, pp.9–10：図表7－1）。

	個	種あるいは類
実体のカテゴリー	例：ソクラテス	例：人間、動物
実体以外のカテゴリー	例：特定の文法的知識	例：知識

図表７－１　「有るものども」の分類

1　基体としての或るもののうちにもなく、基体としての或るものについて言われもしないもの（第一実体）。

2　基体としての或るもののうちにはないが、基体としての或るものについて言われるもの（第二実体）。

3　基体としての或るもののうちにあり、基体としての或るものについていわれないもの（ある特定の文法的知識）。

4　基体としての或るもののうちにあり、基体としての或るものについて言われるもの（「物体」について言われる「白い」のような性質、「知識」のような3の述語になるもの）。

「うちにある」ということは、その基体の部分としてあるのではないが、しかしその「基体」なしにはあることのできないものとされる。たとえば「ある特定の文法的知識」のように、「性質」のカテゴリーに属しており、実体としての「霊魂のうちにある」（アリストテレス 1971, p.4）ものや、「白い」のように「物体」という基体について言われるが、第二実体と異なり、その基体の上位種についてはかならずしも言えるとはかぎらないものがそれである。これが表における行にかんする分類である。

そして「基体としての或るものについて言われる」ものというのは、いわゆる述語になる項（たとえば「ソクラテスは人間である」の場合。述語となる項「人間」は、第一実体であるソクラテスという基体にたいする種である。また「人間は動物である」とするならば、述語となる項「動物」は、基体となる種「人間」の類である）のことであり、その場合、「基体としての或るもの」（基体であるようななにか）は主語となる項を意味する。これが表における列にかんする分類である。したがって、「文法的知識」は「性質」のカテゴリーに属するので、「文法的知識は、知識である」という文の場合、述語となる項「知識」は、主語となる項「文法的知識」「について言われるもの」であり、この場合は項「（特定の）文法的知識」の種を意味する。

このクラス分けの重要性は、「項」の存在論的な基礎を明らかにすることにある。いわく、「他のすべてのものは基体としての第一実体について言われる、あるいは基体としてのそれのうちにある。だから第一実体が存しないならば、その他のものどものなにひとつとして存することをえないということになる」（アリストテレス 1971, p.8）。つまり、「項」は、第一実体および、「〜について言われる」と「〜のうちにある」によって階層的に秩序づけられているということである。

これら「項」は、結合なしに言われる場合、真も偽もなしに言われるのであり、逆に真か偽が言われるのは、それらが適切に主語と動詞の組合せにしたがって結合することで文をなした場合のみである（アリストテレス 1971, p.6）。したがって、ここで言われる「項」は、これまで考察してきた「概念」と、実際のところ近い規定をもつことになる。

さきほどのカテゴリーの定義である、「どんな結合にもよらないで言われるものどものそれぞれが意味するもの」という規定を解釈してみよう。「どんな結合にもよらないで言われるものども」とは、以上のような「有るもの」に基づく階層的秩序をともなう「項」であり、「〜のそれぞれが意味するもの」とは、そのような「項」の分類と解釈することができる。したがって、「項」と「概念」の類比が正しいとすれば、カテゴリーは、「概念」の分類の枠組みをあたえるものであるということになる。

それでは、このような「項」の分類はアリストテレスによってどのようになされるのか。アリストテレスは、実際「カテゴリー論」の第四章で以下の一〇個のカテゴリーを列挙している。

1　実体（例：ソクラテス、人間、馬）
2　量（例：二ペーキュス、三ペーキュス）
3　性質（例：白い、文法的）
4　関係（例：二倍、半分、よりおおきい）
5　場所（例：リュケイオンにおいて、市場において）
6　時（例：昨日、昨年）
7　体位（例：横たわっている、座している）
8　所持（例：靴を履いている）
9　能動（例：切る、焼く）
10　受動（例：切られる、焼かれる）

アリストテレスは、この分類を示したあとに、それぞれのカテゴリーについて詳細な検討を加えていくことになるのだが、ここではこのアリストテレスのカテゴリーの内実を詳細に検討することが目的ではない。このようなアリストテレスのカテゴリーの分類にたいしては、二つの異なる態度をとることができる。ひとつの態度は、学問的認識の基礎たる文（ロゴス）あるいは命題とは、文法的な特徴と分かちがたく結びついており、したがってアリストテレスが試みるような文法的知識の分析と論理学の分析に基づいたカテゴリーの分類には、形而上学的な根拠があると仮定するものである。実際この態度は、古代以来、哲学の歴史的伝統に深く浸透しており、現在にまで脈々と受け継がれている考え方のひとつとも言える。しかし、文法形式をモデルに論理学を形成することが可能であるというのは、歴史的にみて事実であるにしても、そうしなければ論理学を形成することが不可能だということはそれほど自明ではないように思われる。むしろ文法形式のほうが、論理学のようなものによって表現されうるものの部分的実現であるという可能性を否定しきれないのではないか。[*2]

論理学のモデルを文法形式に求めることには、哲学の観点からは明らかな目的があるように思われる。その目的とは、そうすることによって、それ以上分析することのできない文法的要素といったものを早々に規定することを可能にすることである。なぜなら、それらの文法的要素は、互いに互いの意味を規定しあいながら、文法の形式的な可能性の全体を確定することで、遡及的にそれらの文法的要素のさらなる分析の不可能性を結論づけるからである。たとえば、「ソクラテスは、明日、リュケイオンにくる」という文があたえられた場合、この文の項である「ソクラテスは」、「明日」、「リュケイオンに」、「くる」という四つの項のそれぞれが分類されるところのもの、すなわち実体、時間、場所、能動という四つのカテゴリーがえられる。これらがこれ以上分析されないのは、すべての文の「項」が、それが文法にしたがっているかぎり、かならずこれら一〇個のいずれかのカテゴリーに最後には分類されることになるからである。つまり、問題は、メタ文の位置にある文法的知識が、文の項によって表現されるもの（「有るものども」、つまり存在）の構造を適切に表現しているのかどうかということである。

アリストテレスが提示する一〇個のカテゴリーは、文法的知識と一致しているがゆえに、任意の文の任意の項の最終的な述語、最高類となる。しかし、これらが最高類であり、これ以上の分類が実際に必要とされないのは、それがあくまでも文の文法的分析というゲームの枠内にとどまっているからではないのか。すなわち、文法というメタ文的な知識によって文の可能性の全体を確定すること以上の内容をカテゴリーと呼ばれる要素がもっていないからではないのか。文の文法的分析は、カテゴリーの分類という問題にたいして、一意的な解を可能にする有力な方法ではあるだろう。しかし、この方法がこの問題にとってまったく充分なものであるという保証は、それが実際にある程度うまくいっているということ以外には、実のところ存在しないのではないか。[*3]

もうひとつの態度は、アリストテレスがカテゴリーを論じたその心を汲んだうえで、解をえるための方法を最初から作りなおすというものである。アリストテレスがカテゴリーを論じたその理由のひとつには、『分析論後書』において本格的に展開される証明の理論としての学問論を展開するうえで、さまざまな学問的命題や道徳的命題のもとになる「項」の分類をなすことが不可欠と思われたからということが考えられるだろう。証明の理論とは、謂わば、現実的な解の領域の多様性を横断することのできる普遍的概念にかんする知識である。

しかし、アリストテレスの学問的関心における言語への偏りは、この証明の理論においても明らかにあらわれている。たとえば、文あるいは命題の文法的な分析には注力しているものの、ピタゴラス派をとおして当時知られていたはずの数学的なものがもつ証明への寄与についてはまったくと言ってよいほどに触れられていない。このことは、カテゴリーの分類が、文の文法的な分析に基づいていることとも一致している。ところが、このような証明の理論を言語に還元し尽くすことが不可能であるということは現代のさまざまな議論が明らかにしていることであり、したがってアリストテレスのこの問題提起そのものを引き受けるとしても、それの解をえる方法（すなわち証明の理論を言語の分析に還元するという方法）をあらためて踏襲しなおさなければならないことにはならないのではないか。そして、アリストテレスのカテゴリーの分類が、彼の解の提示の方法と不可分に結びついていたと考えるのであれば、彼のカテゴリーの分類そのものを部分的な事例として解釈することの可能な、よりひろいカテゴリーの定義を提示することは、それほど不当なことではないのではないか。もちろん、そのさいにあらたに提示される解決の方法がひととおりであるとはかぎらない。

分析の終端、すなわち最高類としてのカテゴリーとはなんなのか。それは実のところ、つぎのようにも定義することができるものではないか。すなわち、任意の類を横断する抽象的な基体を名指す概念である、と。

アリストテレスの学問論の観点からすると、どの学問も、それが学問であるかぎりかならず「固有の原理」を必要とする。「固有の原理」とは、その学問がそれについて探求する「有るものども」の類を肯定し、承認するものである。*4 学問について議論する場合、この「固有の原理」が議論するもののあいだで承認されなければならず、それが規定する類をはずれたものに基づく議論は意味をなさないものとして退けられる。すなわち、学問的判断の一部をなす項は、かならずひとつの特定の類に割り振られていなければならない。たとえば、算術における「有るものども」である「ひとつ」も、幾何学において「有るものども」である「おおきさ」も、ともに異なる存在の類に帰属するものであり、それらは互いに交わらない。*5 したがって、「ひとつ」も「おおきさ」も、いずれも最高類であるとは言われえないし（なぜなら、最高類とは、そのような類のあいだの差異を最終的に超えるものと定義されるから）、そもそも最高類はその規定上、学問的判断の対象となることはできない（なぜなら学問的判断は特定の類に基づかなければならないから）。

ところで、「実体」や「性質」という述語がたんなる述語（種あるいは類）ではなくカテゴリーであるのは、それによって述語づけられる項がそれ以前の段階でいかなる類へと分類されていたとしても、その分類を横断して最終項としての「性質」や「実体」へと帰着するからではないのか。すなわち、通常の学問的判断は、かならず特定の類という存在論的な領域性をもつのにたいし、カテゴリーは、そのような特定の存在論的な領域性をもたないような述語あるいは概念のことであると定義できるのではないか。つまり、このカテゴリーの定義を前景化することで、それと直接かかわらない言語–文法的な規定をその定義から退けようということである。そうすることで、アリストテレスのカテゴリーの定義を踏襲しつつ、それを修正、拡大することができるのではないか。

要約すると、アリストテレスの学問論にたいして求める変更点は以下のものである。

1　異なる類を横断してなりたつ類は、最高類ではなく（なぜなら最高類は存在論的な領域性を特定しないから）、それ自身が特定の存在論的領域性にしばられない抽象的な（あるいは「潜在的な」）[*6]基体である。

2　論理学だけでなく数学もまた、このような抽象的な基体からなる。

3　このような抽象的な基体についての認識もまた学問的認識の一部であり、それ自身もまた学問的探求の対象である。そしてその成果が数学あるいは論理学と呼ばれる。

このような数学的な基体を、領域横断的なものとみなすという発想の起源は、数と幾何の類的差異を横断することを可能にした、デカルトの代数幾何学の発想に起源を見出すことができるように思われる。デカルトは、この代数幾何学のうえに、物理学などの認識論的な基礎をおくことを提唱したが、この理想は、そのあとの数学的認識それ自体の歴史的な深化によって、細かい部分で修正されながらも、実際に多様な領域において実現されていくことになる。このような発想は、デカルト以来の数理物理学の歴史的展開を踏まえるフッサールの議論のなかにも見出すことができる、ということをカヴァイエスは指摘した。フッサールは、通常の学問的判断がかかわる「領域存在論」と、このような領域性をもたない存在者についての判断がかかわる「形式存在論」とをはっきりと区別した。ここで言う「形式存在論」とは、フッサール自身がはっきりと述べているように、ライプニッツ（そしてデカルト）の伝統を引き継ぐ普遍数学をフッサールが解釈しなおしたものである。

普遍数学とカテゴリー的基体

しかしフッサール自身が、この「形式存在論」としての数学をどのように位置づけたのかということについてはここで詳細に論じないでおこう。[*7] いまはただ、フッサールの議論において、最終的には、「形式存在論」と論理的文法の分析である「形式命題論」との一致が要請（結論）され、またそれぞれの分析は、数学の歴史的な展開によってではなく、超越論的現象学による「超越論的主観性」の分析によって進展することが主張されていたことを述べるにとどめておく。このようなフッサールの解の提示の方向性もまた、アリストテレスと同様に、言語の文法的分析との一致を規範とした証明の理論を展開することで、最終的な解決があたえられなければならないという前提に基づくものではないだろうか。むしろ必要なことは、「形式存在論」を「命題論」あるいは「判断論」といった言語の文法的分析の下位構造として位置づけることではなく、「形式存在論」を日常言語の文法構造から独立させ、反対に論理的なものを普遍数学のたんなる一部として組み込むことではないのか。[*8] この点について、カヴァイエスの「カテゴリー的基体」の理解が非常に示唆的であるように思われる。

数にせよ高度な操作にせよ、それらを重ね合わせるにはあまりに複雑であるとはいえ、それらが任意の対象の出現様態を必然的に規制する規定でないのだとしたら、すなわちそれを数学的展開の必然性そのものと一体となっている必然性によって規制する規定でないのだとしたら、実際のところ、それらはいったいなんであるというのか？　数学者とは、あらゆる対象にかかわるものを、すなわち多様体の抽象的要素を記述し、固定するものでないのだとしたら、彼はいったいなにをしているというのか？〔中略〕他方では、このようにして到達される対象は、還元不可能な仕方で分割不可能な物理的世界の個体を表象するのであろう、一切の特定の形容体のとりのぞかれた不定元X〔未規定なものX〕ではない。そうではなくて、そこでの対象は、フッサールが「カテゴリー的基体」と呼んだものであり、その複雑さの高度なものが、変項、関数、集合、操作などになるのである。しかしながら、さまざまな平面の重ね合わせを経ながらも、「派生形態」をともなった「《対象》一般、あるいは《任意の事物》一般という空虚な普遍的なもの」〔Husserl 1929, p.68〕への参照がつねに存在している（Cavaillès 1947, pp.48–49）。

カテゴリーを、任意の存在論的領域を横断する基体について言われるものどもと定義するとしよう。その場合、ヒルベルトの公理的方法が開いた数学の現代的な見方を採用するならば、[*9] 数学と論理学のさまざまな基礎概念（集合、群、位相、圏……）は、それが公理的体裁によって記述されるかぎりにおいて、このような「カテゴリー的基体」（entité catégorielle）であることになる。

「カテゴリー的基体」ということで特別に理解することが必要なのは、それが固有の存在領域を横断するということ、そしてそれ自身が存在論的領域性の規定をもたないことである。したがって、この「カテゴリー的基体」は、固有の存在領域をもつ各学問に共通する魂としての証明の理論、すなわち学問論の対象となるということである。

存在論的領域性という限定をもたないことにはきわめて重要な意義がある。この「カテゴリー的基体」は、それ自身の存在論的領域性の限定をもたないことで、その発生（生成）が可能になる。すなわち、「カテゴリー的基体」は、「主題化」をとおしてそれがふたたび述語づけされる可能性に、つまりあらたに分析が展開される可能性に開かれているということである。たとえば、あとでみるような「濃度」という「カテゴリー的基体」は、従来の「量」という「カテゴリー的基体」に最初から含まれていたわけではない。むしろそれを拡張する概念として、従来の「量」概念を再分類、再定義するものとして発生する（しかし、「同じ濃度である」という述語は、たんに言語的に発生したものではなく、量の概念がよってたつ操作体系が「濃度」の概念を可能にするほど延長されることによって導かれたものである）。そしてさらに、それはあたらしい「量」にかんするカテゴリー的分類である可算無限／非可算無限をも可能にする。

そして、このような「カテゴリー的基体」の生成によって、わたしたちはあらたな存在者を、学問的認識をとおして（遡及効果的に）「発見」することが可能になる。なぜなら認識とはそれが真に学問的認識であるならば、「カテゴリー的基体」からなる証明構造を介する以外には実現されえないからである。

このようにカテゴリーという語を解釈し、定義しなおすのであれば、カテゴリーの生成を問うという問題が、たんなる哲学的伝統に基づく諸カテゴリー（実体、量、性質、関係……）の再構成をその唯一の解とする必要はなくなる。また言語の論理‐文法的分析を証明の理論のモデルとしなくなることで、カテゴリーをなんらかの時点で完全に列挙し尽くすことは、必要でなくなると同時に現実的に不可能にもなる。「カテゴリー的基体」が飽和する、あるいは分析の最終項になるということは、現実の学問においては想定することができない。むしろ、その時点の学問の可能的な証明能力は、「カテゴリー的基体」

の充実度に依存すると考えられるので、学問の現実的な進展のためには、あたらしい「カテゴリー的基体」の生成が不可欠であり、またそれを要請するとさえ言えるだろう。そしてそれを促すのは、本来の学問論の務めであり、ひいては哲学の役割のはずである。

証明の現実のあり方：カントール－デーデキント往復書簡の分析

証明の理論を言語の論理－文法的分析に還元できるという発想をひとが無前提に採用している場合、証明を完成されたものとしてしかみないという危険をおかしていることに当人が気づいていないおそれがある。アリストテレスにおいても弁証論ということで、数学者同士の議論のあり方が記述されるが、その様子は、あたかも学校の生徒が教師にたいしておこなう質問にたいして、教師が理路整然と答えるさまを想起させるものでしかない。

そもそも、なぜ問いが発せられるのかということが重要であるし、またその問いが正当であるとみなされるのかどうか（たとえ類として存在論的領域に含まれていることが自明であるにしても）ということも重要であるし、その問題にたいして解としての証明が提示されたときに、それが証明であることがどのように判定されるのかということもまた重要である。証明の理論を、ア・プリオリに完成された型としてではなく、現実の歴史のなかであらたな「カテゴリー的基体」を生み出しながら自己超克的に進展する証明構造として理解するのであれば（まさにカヴァイエスがそうしているように）、こういった些細なことを丁寧に分析することが非常に重要な意味をもつことになる。そしてそれこそが、問題－主体という過程の三

日付	差出人	主な内容
6月20日	カントール	• 問題提起「ρ次元の多様な連続多様体さえ、連続曲線と一対一対応におくことができるということの証明」 • 証明1
6月22日	デーデキント	• 証明1が含む欠陥の指摘
6月22日	カントール	• 指摘された欠陥をすぐに埋めることができるという予想
6月25日	カントール	• 予想に反して欠陥が深刻なものであり、証明全体を書きなおす必要があったこと • 証明2 • これまでの常識との不一致 • 問題の背後にある多様体の次元についての根本的な疑問の重要さについて
6月29日	カントール	• 証明2の結果にたいする不信感 • 「わたしはみる。しかしそれを信じない」 • 証明2の一部についての別解
7月2日	デーデキント	• 証明の厳密さにたいする同意 • 証明の結果が導くとカントールが述べる解釈（次元概念の不確実性）にたいする不同意
7月2日（消印）	カントール	• 返信の催促（この手紙を出した時点ではデーデキントからの手紙はまだ受けとっていない）
7月4日	デーデキント	• 自分の解釈についての釈明 • 次元概念が問題であるという主張の繰り返し

図表7－2　カントールとデーデキントの往復書簡（1877年）

つの「かた」（前章で提示した、不一致、未規定性、偏心性）についてより具体的に検討することを可能にしてくれるはずでもある。

そのような検討のためにここでとりあげるのは、一八七七年六月二二日から同年七月四日の期間に交わされたカントールとデーデキントのあいだの往復書簡である（図表7－2）。これはカヴァイエスが、ドイツの数学者エミー・ネーターとともに編纂し、一九三七年にフランスの出版社からドイツ語の本文にカヴァイエスによるフランス語の序文をつけて出版されたもののなかの一部である。この一連の手紙のやりとりは、ひとつの問題をめぐって交わされたものであり、生まれたばかりの「濃度」という概念がその本領を発揮し始める場面でもある。また、カントールの名言のひとつである「わたしはみる。しかしそれを信じない」（Je le vois, mais je ne le crois pas）というセリフが登場するのも、この一連の手紙のなか（六月二九日付の手紙）である。手紙全文を引用するのはふさわしくないので、日付を追いながら、やりとりの概要を把握することから始めよう。

まずカントールは、比較的一般的な形式でみずからの提起する問題を述べる。しかし、なぜそれを問題として考えなければならないのかということについてははっきりと述べられない。ただ、カントールとデーデキントのあいだには、カントールの目からみて「理論的な関心」による結びつきがあり、また「わたしが応用した証明の方法が算術的に厳密なものとあなたがみなされるかどうかをわたしは知りたいと思っています」（Cavaillès 1994, p.399）とだけ述べ添えられている。その問題は以下のようなものである。

肝心なのは、面、立体、そしてρ次元の多様な連続多様体［selbst stetige Gebild von ρ Dimension］さえ、連続な線［stetigen Linien］と一対一対応におくことができる、つまり、たった一次元の多様体［Gebilden von nur einer Dimension］と一対一対応におくことができるということを証明することです（Cavaillès 1994, p.399/1937, p.25）。

このような文言の形式では、たしかに問題の概念的な意味としては明確であるかもしれないが、数学の問題としての具体性としては充分ではない。そのためカントールはこの一般的な問題文をより数学的操作を受け入れることの可能な問題文（カントールはこれを「純粋に算術的な形式におけるより一般的な問題［jene allgemeineren Fragen in folgende rein arithmetische Form］」（Cavaillès 1994, p.399/1937, p.25）と表現している）に翻訳しなおす。

$x_1, x_2, \ldots, x_\rho$：ρは実数値独立変数である。したがって、それぞれは、$0 \leqq x_\rho \leqq 1$である。yを、ρ＋1番目の実変数で、同じ変異領域をもつものとする（$0 \leqq y \leqq 1$）。／そのとき、ρ個の量である$x_1, x_2, \ldots, x_\rho$を、特定された値の体系$x_1, x_2, \ldots, x_\rho$のそれぞれの値がyの唯一の値に対応づけられるような仕方で唯一の量であるyに対応づけることができるか？　また反対に、yのそれぞれの値は、唯一のそして特定された値の体系$x_1, x_2, \ldots, x_\rho$と対応づけることはできるか？（Cavaillès 1994, p.399/1937, p.25）

カントールはこのような問題自体が、常識に一致していないし、実際カントール自身も「長年のあいだ、これと反対のことを支持してきた」（Cavaillès 1994, p.399/1937, p.26）と述べている。なぜなら、もしこの問題が肯定的に解かれたとすれば、すなわちρ次元の多様体と一次元の多様体[*10]のあいだに一対一対応（これは現在の用語法で言えば「全単射対応」[*11]ということになる）が存在することになるが、このことは一次元も二次元も三次元も同じ「濃度」をもつということを意味するからである。そして、カントールはこの時点では、このことが多様体の次元の数的区別そのものを無効にしかねない、すくなくともその数的区別の自明性にたいする疑いを示すものであるように思われたのである。だからこそ、カントールは長年のあいだ、それらは同じ「濃度」ではないと信じてきたのだ。

このことは、現在の公理的集合論の観点からすれば、非常に初歩的な議論をおこなっていることになり、カントールのような「純粋に算術的な形式におけるより一般的な問題」についての証明など必要ないと思われるかもしれない。実際、集合と写像を抽象的に定義し、集合のうえでの全単射を定義すれば、これらn次元の集合が一次元の集合と濃度が等しいということを容易に証明することができる。しかし問題はそういうことではない。むしろ関心が向けられているのは、抽象的な集合そのものではなく、この時点では具体的な連続体がもつ次元数の本性についてなのである。さらに言えば、そのような証明で事足りるという判断自体が、彼らの努力のあとにはじめて可能になったのであり、その発生の最中にあってそれを求めることは不条理である。

また、次元数そのものを問わなければならないということ自体が、当時とすればきわめて驚異的なことであったということもあわせて理解する必要がある。このあとの議論でもすこし触れるが、最終的に次元数は、二〇世紀に入ってから「両連続写像」による「同相」の定義が定まるまで、その基礎が明らかになることはない。カントールの最大の発見は、異なる次元の多様体のあいだに濃度の等しさがなりたつことではなく、むしろ次元数自体が問題を内包していることを示したことにあると解さなければならない。彼らの手紙のやりとりは、本質的にはまさにこの一点をめぐってとり交わされることになるのである。しかし、このことが本質的に問題であるということが実際にカントールの手紙で明らかにされるのは、証明の厳密さについて両者のあいだに同意がえられたあとである。この手紙の目的は、この議論に入る前段階として、デーデキントの目によってカントールの証明に厳密さのしるしを見出すことができるかどうかを確認し、それをもってデーデキントの関心をカントールが抱く懐疑へと差し向けることにあった。

　この手紙でカントールは、まずひとつめの証明によってこの問題にたいして肯定的に答える。テクニカルな議論は省略するが、概略は以下のようなものである。無限小数展開によって0以上1以下のどの数も$x=\alpha_1\frac{1}{10}+\alpha_2\frac{1}{10^2}+\cdots+\alpha_\gamma\frac{1}{10^\gamma}+\cdots$の形式で書き下すことができるので、$\rho$次元の多様体にかんして、各座標軸上の数 x_ρ をこのα_γの列でおきかえることができる。そしてこの各座標軸上の点を表すα_γの行列をうまく並べることでそれを一次元の列におきかえ線形化する。そして、最後に、このおきかえられた一次元の列をその各α_γとしてもつようなあらたな無限小数展開列をえる。これは一次元の多様体上のひとつの点であるが、同時にρ次元の多様体の点としての情報をも含んでいるので（つまり、一次元の多様体とρ次元の多様体の要素のあいだに一対一の対応がとれたので）、ここでの問題について解かれたことになる（あとでみるように、実際にはまだ解かれていないが）。

この手紙を受けとったデーデキントは、慎重にも（明らかにデーデキントとカントールの性格は対照的である）カントールが欲する議論には入らず、もっぱらテクニカルな点にのみ答える。カントールの議論の場合、有限小数の事例が排除され、無限小数のみが考慮されている。そうすることで、小数の二重表示の問題は回避されているように思われるが、しかしその場合そのように排除するという規約のために、ρ次元の多様体上の点の情報から作られたあらたな一次元多様体上には存在するのに、ρ次元の多様体上の点としては存在しないような点を実際に構成することができてしまう。したがって、カントールが意図したような一対一対応にはなっていない、というものである。

デーデキントはこのことによってただちにカントールの主張そのものを否定することはない。彼は丁寧にも「わたしの反論が、あなたのアイデアにとって本質的に重要であるかどうかはわかりません。なにしろわたしはあなたのアイデアを押しとどめるつもりなどないのですから」（Cavaillès 1994, p.402/1937, p.28）とさえ、手紙の最後につけ加える。

この反論を手紙で受けとったその日のうちに、カントールはすぐさま「幸運であったのは、この反論は証明を傷つけるだけであって、ことがらそのものは傷つけていないことです。実際、わたしが望んでいたよりもより確実なやり方で、わたしは証明します」（Cavaillès 1994, pp.402–3/1937, p.28）と返事を書く。デーデキントの反論は、カントールの証明手続では証明できないことを示すだけであって、反対命題についての証明が提示されたわけではない。したがって、証明は未完であり問題はいまだ未規定のままである。

しかしながらカントールの楽観的な予想は裏切られ、実際には証明のアイデアそのものを修正することが要請される。そのためカントールは、連続多様体上の点を無限小数展開によって表示するのをあきらめ、連分数によってそれを表示する方法へと切り替えることで、あらたな第二の証明（しかしこの証明は、第一の証明に比べるとかなり複雑なものになっている。もちろんそのぶん証明の厳密性は格段に向上している）を手にする。そして、その証明を六月二五日付の手紙でデーデキントにすぐさま送るのである。それはたんに証明の完成を示すためのものではなく、デーデキントの目でみてそれが厳密であるということの確認をえたいためと、さらにもしそうであるならば開かれるはずの問いについてデーデキントの意見を聞くためであったように思われる。

カントールは「なによりもさきに、わたしの定理の厳密さをあなたに納得してもらいたいと思うのです」（Cavaillès 1994, p.403/1937, p.29）と述べる。これにはカントールの相反する心情があらわれているように思われる。カントールは、この手紙でやりなおされた証明によって決着がついたことを一方では確信している（実際、この手紙のやりとりのあとに出版される論文では、この手紙の内容がほとんどそのままで登場することになる）。だからこそ、この手紙の証明のあとに、彼はなにが本質的な問題なのかという、最初からデーデキントと議論したかったであろう内容についてはじめて語り始めるのである。しかし、その一方で彼は自分の証明を心の底からは信じられていない。だからこそ、当時のカントールにとってもっとも信頼できるデーデキントの目からみて、彼の証明が厳密であることの確認がどうしても欲しかったのである。このどうしても欲しかったというカントールの心情は、この手紙の四日後に、デーデキントからの返信をまちきれずに書いた、返信を催促する短い手紙のなかにはっきりとあらわれている。

わたしがここ最近あなたにお伝えしたことは、わたしにとってもあまりに思いがけないものであり、また非常にあたらしいので、それの確実性について、非常に誉れ高い友人であるあなたの判断をいただくまでは、いわゆるある種の精神の平安をえることができないでしょう。あなたはお信じにならないかもしれませんが、わたしはみる。しかしそれを信じない、としかわたしには言いえないのです（Cavaillès 1994, p.409/1937, p.34：傍点はドイツ語原文のなかでの意図的なフランス語表現による強調）。

カントールをここまで悩ませるのは、証明の文字どおりの内容のせいではない。最初に述べたように、この問題の肯定的な解が、非常に重大な問いを、つまり多様体の次元数の基礎についての懐疑を強化するものだからである。そして、その懐疑が非常にだいそれたものであるがゆえに、カントールは、みずからのなした証明にたいしてこれほどまで悩まなければならなかったのだろう。

カントールはみずからの問題提起の背景にある問いあるいは懐疑について、つぎのように述べる。

わたしはなん年もまえから、ガウス、リーマン、ヘルムホルツやほかのひとたちに続いて、幾何学の第一仮説に触れる問題を明晰にすることに向けられてきた努力に関心をもってとり組んできました。［中略］この非ユークリッド幾何学の仮説は、わたしには、即時的になりたっているもののようにはみえず、むしろ基礎づけられるべきものであるように思われます。わたしは、ρ次元の連続多様体が、それらの相互独立なρ個の実軸上の要素を規定するためには、ひとつの同じ多様体にたい

> して増やすことも減らすこともできない座標軸の数が要求されているという仮説について議論したいのです。／［中略］わたしはこの仮説を、より高い観点からの証明を必要としている定理であるとみなしており、またわたしは自分の観点を、何人かの同僚と同意した問題の形式で、またとくにゲッティンゲンでのガウス記念祭の機会に提出した問題の形式で厳密なものにしてきました……。その問題とは以下のものです。／「ρ次元（ρは1よりも大）の連続体［stetiges Gebilde von ρ Dimensionen］は、一次元の連続体［ein stetiges Gebilde von einer Dimension］と、一方の一点を他方の唯一の一点と対応づけるような仕方で、一義的な関係におかれうるか」。／この問題を提示されたおおくのひとは、わたしがそんな問題を提起できるということのほうに驚いていました。というのも、ρ次元の延長体［Ausgedehntheit von ρ dimensionen］のなかで、ある一点を規定するためには、つねにρ個の独立座標をもちいることが必要とされているからです。しかしながら、問題の意味を理解したひとは、すくなくとも、なぜその答えが「明示的に」いいえ（否定）ではないのかということを示すことが必要であることを理解することと思います。ある瞬間までは、わたしも答えは否定であることがもっともらしいと主張する彼らの側にくみしていたのです（Cavaillès 1994, p.408/1937, p.33：傍点は引用者による）。

ここでカントールが明らかに述べているのは、ここでの証明が、連続多様体のもつ次元数は独立座標の数と同じであるという自明の前提が、実はまったく自明のものではなく、なんらかの条件のもとではじめて言われうるものなのではないかという懐疑である。

冷静に考えれば（そして実際にデーデキントはそのように指摘することになるのだが）、ρ次元の多様体と一次元の多様体のあいだに一対一の対応がなりたつからといって、即座に次元数と独立座標の数が一致しないということにはならない。一対一対応以外の条件において、そのような一致がなりたつのかもしれないし、そうでないのかもしれない（そして実際にはなりたつ）。すくなくとも、このカントールの証明によって、即座に次元数の概念が幻のごとく消えてなくなるということはない。だがしかし、その概念は前提されるべきことがら、たとえば単純観念のような不動のカテゴリーではなく、問題として問われなければならないものであるということ、つまりそれは実のところ未規定な部分を内包するということにかんしては、このカントールの証明をとおしてひとに気づかせることができる。カントールの主眼はまさにそこにあったのではないか。そしてこの懐疑こそが、カントールがはじめから、つまり彼がリーマンやガウスの影響のもとで数学の、とくに多様体の研究をするようになってから、ずっと抱いてきた、そして年々深めていった懐疑だったのではないか。そうだとすれば、この懐疑が一般の常識とまったく一致していないがゆえに、カントールは悩み、これほどまでに切実にデーデキントによる助言を必要としたのではないか。

これにたいしてデーデキントは、まず第二の証明の手続きの厳密さについて認め、カントールを称賛する。その一方で、それが導く解釈について、カントールにたいして反論を述べる。ただし、デーデキントはカントールがもっぱら次元数の概念を否定しているものと理解しており、その点で両者の理解には若干のすれ違いがある。

デーデキントの反論は、カントールの証明はまったく厳密なものではあるが、それでも既存の次元数の概念は肯定的なものである、というものだった。なぜなら、カントールの一対一対応の場合、写像の連続性は維持されておらず、至るところで不連続だからである。むしろ「あたらしい座標によって連続的多様体［stetigen Mannigfaltigkeit］の点をあらたに規定するためには、このあたらしい座標は、（一般に）以前の座標からの連続関数［stetige Functionen］でもあるべき」（Cavaillès 1994, p.413/1937, p.38）であり、その場合にはじめて次元数の概念は不変なものであることが証明されるはずだとデーデキントは主張する。さきにもすこし述べたように、このデーデキントの反論は、なかば正しいが、いまだ不充分なものでもある。証明が実際になされていないという不充分さはもちろんあるが、それ以上に、次元数を不変にするためには連続関数ではなく、両連続関数でなければならないという決定的な不充分さがある。二つの多様体は両連続関数によって対応づけられるときに、「同相」と呼ばれるのであり、この「同相」という概念は位相幾何の基礎的な概念となる。つまり、「濃度が等しい」ことと「同相」であるということのあいだには、決定的な乖離（つまり「両連続」という特徴をその写像が充たすかどうか）が存在しているということが、あとになってわかるということである。

このような解釈上の反論を受けて、カントールは、デーデキントの返信におおむね満足し、またカントール自身も次元数の概念を否定するつもりはなく、ただそれがもっぱら証明を必要としており、未規定な、疑わしい内容を含んでいることを主張したいだけなのだと返信している。そして、この点にかんしては、カントールの目からは、デーデキントも同意しているものと映っていたようである。実際に、すでにみたように、デーデキントもまた次元数の不変性が証明可能であると考えているという点では、カントールと一致していたのである。

不一致、未規定性、偏心性：懐疑の脈

さて、以上の事例において問題－主体はどのように記述されうるのか。前章で議論した「不一致」、「未規定性」、「偏心性」という「かた」にしたがってみていこう（図表7－3）。

「不一致」はすくなくとも三つの水準で確認することができる。まず、常識との不一致あるいは「問題」の共有にかんする不一致がある。「問題」は、それが本質的なものである場合、しばしば常識とされているものと一致しない。そして、通常は常識に基づいて「問題」を設定すると考えられるので、常識と一致しない「問題」については、それが「問題」として価値のあるものであるということ自体が共有されにくい。カントールのここでの「問題」、すなわちρ次元の多様体が一次元の多様体と一対一対応のもとにおかれるか否かという「問題」は、まさにそのようなタイプの「問題」である。彼の場合、通常の「解」（一致のもとにおかれない）が自明の前提であるがゆえに、それが「問題」であるということがうまく理解されなかった。

第二に、証明にかんする「不一致」がある。ある証明が、ある「問題」の証明として提示された場合でも、それが実際には証明になっていない場合がある。ここでのカントールの第一の証明の例がそれである。ただし、証明が頓挫したことが「問題」、あるいはそこから導かれるはずの主張そのものの棄却にはならないことには注意しなければならない。あくまで証明が頓挫したということは、その主張についていて肯定も否定もされない状態にもどった、つまり「問題」にたいして証明が未規定なままであるとい

	第１	第２	第３
不一致	常識との不一致：問題の共有にかんする不一致	証明にかんする不一致	懐疑にかんする不一致
未規定性	問題の未規性	証明の未規定性	解（証明）のあとに残る概念の未規定性（懐疑）
偏心性	他者と問題を共有しようとする欲望	問題にたいして解（証明）をあたえようとする欲望	目的の逸脱へと向かう欲望
他者－構造	他者－構造の揺らぎによる不安	他者－構造の再建が含む逸脱の可能性による不安	他者－構造の喪失の肯定

図表７－３　不一致、未規定性、偏心性（および「他者－構造」）の３つの水準

うことを意味する。したがって、そのあとに別の証明によって肯定的な答えをえるか、あるいは反証によって否定的な証明をえるか、あるいはなんらかの別の証明（たとえばある条件下においては証明も反証も不可能であるとか）をえるまで、問題は未規定なままとどまり続ける。重要なことは、現実の証明においては、このような「不一致」の生じる可能性がつねにあるということだ。提出されたばかりの証明から、不動のごとく完成された証明に至るまでのあいだには、ひとが想像する以上に程度の差異がひろがっている。そして、証明の現実のあり方をみるのであれば、そのひろがりのなかで展開される証明の運動こそとらえる必要があるのではないか。そうであれば、やはり証明が言語の論理－文法的な形式に完全に収まるのは、完成した証明だけであって、それ以前の確実さへと進んでいく運動そのものは言語の論理－文法的な形式によってはうまくとらえられないのではないか。しかし、証明とはまさにこの確実さへの運動そのものなのだから、ここをみないということは、証明の理論としては、まったく不充分だということにはならないだろうか。

最後に、「問題」そのものをカントールに提起させた懐疑についての「不一致」がある。デーデキントは、カントールの「問題」を

理解し、その証明の確実性を承認したあともなお、その証明が遡及的に効果をおよぼすはずであるとカントールが解釈した次元数にたいする懐疑については、完全には同意していない。もちろん、それはデーデキントにとって次元数の不変性が連続関数によって証明できるだろうというみとおしもあったのだろうが、むしろその証明を忙しいことを理由に積極的に研究しようとしない点に、その不一致はあらわれている。この不一致は、懐疑があくまで主観性の領域と結びついていることを示すものでもある。しかしながら、次元数にたいするカントールの懐疑は、このあと、彼が出版した論文をきっかけに、おくのあたらしい世代の関心を引きつけることになり、二〇世紀のトポロジーの発展を導く重要なきっかけとなったということを忘れてはならない。

これらの「不一致」の三つのレベルは、それぞれ三つのレベルの「未規定性」に対応しているように思われる。ひとつめの「未規定性」は、漠然とした問題意識が、数学的にとりあつかい可能な、つまり証明可能な形式の「問題」となる以前の状態、つまり「ρ次元の多様体と一次元の多様体が一対一対応におかれるか否か」という漠然とした「問題」の状態である。これは謂わば、「問題」が「問題」として規定され、共有される以前の状態と言うべきものである。しかしながらこの未規定な状態の「問題」は、そのような「問題」を惹起する根本的な懐疑との紐帯を、実際に形式的に表現されることで規定された「問題」以上にはっきりと残したものでもあり、その点で重要な対象であると言える。

第二の「未規定性」のレベルは、「問題」が「問題」として規定され共有されたあとで、その証明も反証も充分に確立されず、証明にギャップが指摘されたままになっているような状態である。この状態においては、その解となる命題の肯定とその否定は、真偽が宙吊りにされたまま共立している状態にある。

第三の「未規定性」のレベルは、規定された「問題」が規定された「証明」をともなった「解」をえたあとで、なお残る根本的な「未規定性」である。すなわち、この場合で言えば、次元数の概念が内包する懐疑にかんする「未規定性」である。カントールの提出した証明において、次元数の概念がそれほど自明なものではなく、なんらかの証明の必要なものなのではないかという懐疑が、カントール以外の読者にも開かれるのだが、同時にそれはカントールの証明は、そのための必要な証明にはなっていないということでもある。第三の「未規定性」が根本的なものだと考えられる理由は、この懐疑が要求する「問題」を解くことによって、それが解消されるどころかむしろより深まっていくという性質があるからである。次元数の概念についての懐疑は深まっていくにつれて、またあらたに要求される「問題」を解決していくなかで生み出されていくさまざまな証明方法が拡大していくにつれて、徐々に「問題」として定式化することが可能になっていく。そして、「問題」として定式化されたとき、その懐疑ははじめてなんらかの仕方で解くことが可能になる。

それでは、懐疑が「問題」へと解消されることによって、懐疑は終わりになるのかと言えばそうはならない。そもそも懐疑とは、それ以前のある種の概念的拡張によって引き起こされるものである。たとえば、カントールが手紙のなかで述べているように、彼の懐疑は、非ユークリッド幾何学の仮説であるρ次元の連続多様体として解析学と幾何学の統一的な領域を考察するというガウス、リーマン以来の一九世紀のあたらしい立場にたって数学を考えるということに由来している。このような立場の原理化がなければ、そもそもカントールのような懐疑が生じる余地はない。だからこそ、彼の最初の問題はおおくの場合、他の同僚などに理解されなかった。

カントールの証明は、言い方をかえれば、このようなあたらしい立場にたって数学をみることの必要性と有効性を訴えるものであるとも言える。この立場にたたないことには、そもそも彼の提出した証明が導く根本的な懐疑を共有することはできない。そして、このカントールの証明が喚起するあたらしい数学の見方は、さまざまな「問題」を要求しながら「濃度」、「非可算無限」、「超限順序」などのあたらしい「カテゴリー的基体」を生み出していく。そしてそれらを前提するような数学の見方は、それらを生み出した数学の見方ともまた異なる観点（しかしそのあいだには懐疑の脈が一貫して流れているのだが）をあらたな数学の見方として生み出すことになる。たとえば二〇世紀前半を支配した集合論によって数学をみるという方法もそのようなもののひとつだろう。それによって、かつての見方ではまったく問われることのなかった多様な問題が提起可能になり、また同時にその解決とともにかつてとは異なる懐疑の脈があらたに浮かびあがってくる。

このことは、微積分学と幾何学の統一的な領域を多様体として考えるという発想が、それ以前の「単位」と「量」の不一致を、微分学で乗り越えるという一八世紀的な見方（この見方は、デカルトの代数幾何学的な見方に由来する）とともに浮かびあがる懐疑と結びついていたことを考えれば、そこに見出されるのは、まさに複雑につながりあった懐疑の脈の流れ、懐疑の分岐的なカスケードである。この懐疑の脈は、その本性上、客観性の次元には入りきらない。なぜなら、客観性とは、まさに証明の完成のしるしであり、主観性とは証明の未規定性のしるしだからである。そして、それはつねに真でも偽でもありえないのだから（「問題」として解かれるものは「懐疑」ではないから）、ますます客観性とは根本的に相容れない。それにもかかわらず、客観性とはまさにこのような懐疑の脈のうえに積みあげられた巨大な構造物のようなものであって、そしてまさにその客観性の非自覚的な目的（自覚的な目的は、「問題」を解き主－客を再分離することである）こそ、この懐疑の脈の延長なのである。

最後に「偏心性」である。これは第一には他人に向けられた欲望としてあらわれる。すなわち、他人に「問題」を理解してもらい、他人に証明の確実性を理解してもらわなければならないという欲望である。「問題」はそれが根本的な懐疑と結びついているかぎりにおいて、自分の意見や常識といったものはまったくあてにならない。根本的な懐疑のなかに沈みきるまえに、「問題」としての形式を整え、他人と共有することが、根本的な懐疑から身を守るための唯一の方法である。証明にかんしても、自分の正しさにたいする直観は、この根本的な懐疑によって曲げられているので機能しない。だから証明の厳密性について他人と共有することが不可欠である。そして、これらはいずれも、根本的懐疑を他人と共有したいという欲望に裏打ちされている。

なぜ、根本的懐疑を他人と共有することをひとは望むのか。それは、その懐疑が自分自身を原因として、つまり自分の自由になるものとしてみずからの思惟のうちにあるのではなく、まさに自己のそとから侵入し、自己に憑りつく悪霊（常識と良識を狂わせるという意味で、つまり日常を可能にする「他者－構造」を揺るがせるという意味で）だからである。それは自己の裁量権の範囲のそとにありながら、自己の思惟をのっとり、それを方向づける。そのなかにあって、自己を自己として保つためには、ひとはその懐疑を他人と共有し、それについて考えることを正当化しようと欲し、そして可能であれば、それにたいする解によって、この懐疑に憑りつかれた状態から逃れようとするのである。

そして「偏心性」の本来的なレベルは、この懐疑の脈に巻き込まれ、それに憑りつかれた自己の「偏心性」であり、そのような状態の自己がもつべき（しかし、人間を横断する普遍性、あるいはアガンベン的な「多数者」（multitudo）の観点からは喜ばしき）宿命性である。ドゥルーズとトゥルニエの表現にしたがえば、それは「他者－構造」の喪失のあとではじめて可能になる「目的の逸脱」であり、倒錯した倒錯性へと向かう「目的の逸脱」である。

したがって、問題－主体という過程を記述するということは、このような主観性の極限であって、そのそとにある懐疑の脈を含めて、そこから派生する「問題」と証明の現実化する過程の全体を記述するということであるだろう。*12 そのとき重要なのは、ここで懐疑の脈と呼んでいるものを、まさに記述によって浮かびあがらせることである。これこそが、真理の生成における命脈、つまり学問の生命をなしていると考えるべきではないだろうか。

第8章
真理の生成の超越論的条件としての記号的宇宙

知性の働きを条件づけるもの

議論が錯綜してきたので一度これまでの議論を整理しておこう。この本の最初の目的は、わたしがなにをなしているのかということを知ることだった。すなわち、知性をもった人間と呼ばれているらしいわたしが、この世界にあって生きていることとはどういうことなのかを知りたいということである。そのためにわたしは、知性の創造的で産出的な性質について考えなければならないという問いを設定し、これが哲学において重要かつ現代的な問いであるということを示そうとした。そして、その問いに答えるためには、科学と文化、客体と主体、形式と内容、モノとココロといった一九世紀から二〇世紀の学問を規定し続けてきた排他的かつ相補的なカテゴリーを問いなおし、これら排他的カテゴリーを綜合するようなあらたな次元で諸概念を鍛えなおす必要があると述べた。そして、その開始地点として真理という概念を選び、それを生成と矛盾することのない概念として再設定するために、形式‐内容の四肢構造からなるものとして真理の概念を規定しなおしたのだった。この四肢構造として理解しなおされた真理の概念は、形式としての真理と内容としての真理におおきく分けられ、それぞれにおいてさらに形式の形式としての真理条件と形式の内容としての真であるといわれる潜在的全体、そして内容の形式としての諸概念と内容の内容としての経験あるいは振る舞いが割り振られ、この四肢構造全体において真理と矛盾しない生成が考えられるということだった。

第I部までの議論では、この四肢構造のうち主に真理の内容的側面である内容の形式（概念）と内容の内容（振る舞い）のあいだの一致が、あるいはそれぞれの産出が現実においてどのようにして可能になるのかということを、とくに数学的経験という事例を手がかりにしながら考えていった。そこで明らかになったのは、真理の内容的側面において理解される真理とは、つねになんらかの概念的経験の過程の収束した結果であるということ、そしてそのような収束の結果、生み出された真理あるいは概念は、それ自体のうえでのあらたな経験あるいは振る舞いを可能にするようなものだったということである。概念は、振る舞いの規則を大域的に把握するものであり、その点で振る舞いのそのつど的、構成的な特徴とトレードオフの関係にある。概念と振る舞いは、このトレードオフの関係と、概念が振る舞いを可能にするという反転的関係によって、つねに産出過程のただなかにあるものとしてとらえることができる。またそれと同時に、そのような閉じた自律的系をなす過程として理解することができる。すなわち、この概念と振る舞いを基体とすることで、「第三世界」と言われるような固有な対象をなすものとして、知の運動をとらえるということである。

ところで、このような概念についての考え方を追求していくと、概念というものがたんにわかったこととしての知識という側面だけでなく、むしろわからないこととしての問題という側面とも強く結びついていることが浮びあがってくる。これによって、これまではっきりと知るとか、わかるということを基本モデルとして、概念や経験、あるいは真理といった言葉について考えてきたこと自体が問いにふされることになる。知が自律的系をなす過程でありうるのは、概念が問題という次元と結びついていたからではないのか。しかし、そもそも問題とはなんなのか。

この問いが第5章からはじまる第Ⅱ部での基本モチーフをなすことになった。肝心なのは、概念と振る舞いという対、あるいは真理の内容的側面と形式的側面という対のあいだで、その対を成立させるために前提されつつも無視ないし忘却されざるをえなかった問題の過程というものをどのように主題化するのかということである。

この議論においてもまた、従来の主体と客体という排他的カテゴリーが誤った道筋を示すことになるので、その危険を退けながら、あらたな問題－主体という概念を措定する必要があった。従来の主体－客体カテゴリーにしたがえば、問題とは客観的なもの、すなわち解としての真理の否定であるがゆえに、主観的なものでしかありえない。また同時に、問うことは主体的な行為として想定されるので、その点においても二重に、問題は主体のカテゴリーに属するものとみなされることになる。

しかし、考えなければならないのは、たしかに問題にかかわることがらが、客観性と呼ばれるものの十全な身分保証をもっていないとしても、その問題とかかわる主体を、なにか既知のものとしての自己意識や、自由意志と結びつく意識主体としての自己といったものと安易に結びつけて考えてもよいのかということである。それを安易に結びつけて考えるのであれば、知の生成を駆動する問題の次元は、個人の意識表象の内部の、とくに自由意志と密接に結びつくなにかとして思考されざるをえない。たしかに現代の知についての一般的な表象は、むしろこのような描像のほうが近いのかもしれない（そして、このような考え方は、仮説－演繹体系としての科学理論という表象によっても強化される）。しかしながら、ラカンやアルチュセールの議論に依拠するならば、そのような自己意識としての主体は明らかに虚偽意識ないしイデオロギーにすぎないということになりはしないか。つまり、科学や学問を可能にする真理の主体としてそのような自己意識としての主体を措定することは、客体の次元から主体の次元への反転が極端であるために、一種のレトリカルな（あるいは神秘主義的で調和主義的な）説得性をもつのだが、実のところ、客体と主体を相補的で排他的なカテゴリーとして理解する旧来の図式を確認しているだけにすぎないのではないか。重要なのは、大がかりで劇的な反転ではなく、もっと微妙でミクロなずれ、謂わば主体から漏れ出るものと客体から漏れ出るものとが混ざりあい反転する場所をとりおさえることではないのか。

したがって、肝心なのは、問題を客体以下かつ主体以上のものとして記述する方法を確立することであり、これをわたしは「問題－主体という過程の記述」と呼んだのだった。つまり、問題が提起され、それが解かれる過程のマイナー記述である。この記述には固有の困難がいくつかあるのだが（とくにそれは記述されるものと記述するものとの不可分さと密接に結びつく）、その困難を軽減させるために、この記述が充たすべき三つの「かた」とわたしが呼ぶものを、過程の記述にかんするいくつかの哲学的考察を引きながら特定した。それが「不一致」、「未規定性」、「偏心性」であった。

そして、概念－振る舞いという対が、すべてこの問題－主体が生きる過程において歴史的に産出されてきたものであるならば、哲学がしばしば問題にする学問の基礎たるカテゴリーなるもの、すなわち最高類として、ア・プリオリな分析性の根拠を規定するカテゴリーなるものもまた、このような過程において産出されるだけでなく、され続けるものでなければならない。これがカテゴリーをめぐる前章の議論を要請した問いであり、この問いに答えるなかでカテゴリーという語自体の再定義が試みられたのだった。すなわち、カテゴリーとは、それが学問を可能にする証明の理論の要素であるかぎりにおいて、数学および論理学によって探求され続ける「抽象的な基体」を表現する諸概念である。これによって、本書の最初から議論されてきた数学の事例の特権性の本来の意味が明らかにされただけでなく、数学的経験というある意味では主観的でしかないものが、なにゆえ普遍的かつ学問論的な射程をもつのかということが明らかにされた。*1

そして、あらたな「抽象的な基体」としての「次元」概念が生み出されていく問題－主体の過程を記述することで、この過程のもっとも深いところに、一切の解に還元できず、また一切の問題においても汲み尽くされず、むしろ問題と解の産出によって再帰的に触発されながら変容し、つねにあらたな問題－主体へと解－主体（解－主体とは、客体としての解を前提にしつつそれに依拠しながら表象を組織化する自己意識の中心としての主体である。旧来の主体のカテゴリーはここに位置づけられる）を誘い続ける「偏心性」の始原としての「懐疑の脈」というものをとり出すことができた。つまり、「懐疑の脈」は、あらゆる解－主体において、それを固定しようとする「他者－構造」に揺さぶりをかけ、解－主体をそこに潜在する問題－主体のほうへと逸脱させる誘惑者である。この誘惑者は、ユーフラノやカントールのようなさまざまな仮面をかぶって登場するが、肝心なのは、その誘惑者を誘惑者たらしめている「懐疑の脈」そのものである。この「懐疑の脈」は、もはや主体の主体性のそとにあり、主体はそれに巻き込まれ応えることによってあらたな問題－主体の形成が駆動されるという意味で、問題－主体の極限、ないし果てにあると考えることができる。つまりこの「懐疑の脈」は、解－主体、問題－主体の可能性をそれらのそとから条件づけるものである。

「懐疑の脈」が主体のそとにあるのだとすれば、問わなければならないのは、この「懐疑の脈」とわたしが呼んでいるものの質料性、あるいはそれ自体の実現を条件づけているものがなんなのかということである。主体のそとにある知性の質料性とはなにか。そして、これを明らかにすることは、これまで内容的観点からのみ真理について考えてきたフェーズから、あらたに形式的観点からみた真理について考えるフェーズへと移行するためにも、そのステップボードとしてぜひとも必要なことである。

計算機と知性

議論が脱線するようにみえるかもしれないが、ここで計算機についてすこし考えておこう。二〇一二年に理化学研究所などが共同開発し完成したスーパーコンピュータ「京《けい》」や、ＩＢＭが開発した「Watson」など、計算機をめぐる状況がここ数年で加速度的に変化しているようにみえる。これによって、これまではある意味で人間的な勘や経験、思いつきや直観といったものに頼らざるをえなかった学問的探求の部分が、大幅に計算機上での確実な計算に置換されるようになると言われている。計算機の小型化が進んだ一九八〇年代から徐々に進展していったシミュレーション科学の方法論が、ここにきてようやく学問的探求の手法として実用段階に到達したと言ってもよいのかもしれない。これまでは集めても人間的な記憶媒体（脳、紙、棚、部屋など）では処理しきれなかった膨大なデータが、これによって処理可能になり、そのデータのなかに求めるべきもの（データ間の相関やそれらの組み合わせ）を見出すことができるようになる。さらにシミュレーション科学の本領たるデータ処理による高度に複雑なシミュレーションモデルの実現が可能になる。それによってとくに一般法則に還元して考えることのできないような再帰的な複雑システムをなすものを対象とする地学、医学、生物学（そしておそらくは経済学、社会学、認知科学）などの領域に多大な貢献をもたらすことになるだろう。もちろん、これまでの大型計算機でもこういったことは試みられてきたわけだが、結局のところ膨大な計算量のために実現できず、データを縮小した近似バージョンに頼らざるをえないということがしばしば起こってきた。その近似バージョンを作るさいに、どうしても人間的な直観が入り込むわけだが、スーパーコンピュータの計算性能が示しているのはそういったことがもはや必要なくなる可能性があるということである。この方向性のさきにあるのは、むしろデータの量的不足を解消するための試みであり、いかに事象を微細にデータ化するかという技術のほうだろう。

このような出来事は学問論にたいしてどのような影響を及ぼすことになるのか。プラトンより現代まで、人間の本質はその知性的な働きにあると考えられてきた。もちろんこの知性的な働きの中心を自由意志ないし善悪の判断とみるか、ものごとの本質を観取する知解作用とみるかという伝統的な対立がそのうちに内蔵されてきたということはあるものの、知性こそが人間を動物から分かち、その崩壊した自然本能の代替物として作用するのだとみなされてきたことにはかわりない。現代の計算機がジョン・フォン・ノイマンによって設計、提案されてから繰り返し議論されてきたのは、このような人間の本質をなすとみなされてきた知性が、計算機によって代替できるのか否か（計算機上で人間の知性と同等のものを実現できるかどうか）、という問題だったと言える。戦後の認知科学、ロボット工学の発展の一端は、明らかにこの問題によって駆動されてきたように思われる。

しかし、このような議論においてつねに前提にされつつ、同時に疑われているのは、人間の本質たる知性の主要な部分は、人間の身体部位（つまり脳）に内在している（のか）という命題（問題）であるように思われる。知性なるものが、人間の脳をその媒体として現実に利用しているということが疑いえない事実であるにしても、脳が本当に知性の不可欠な一部をなしているのか、あるいはそれがいかなる意味でその不可欠な一部をなしていると言えるのか、ということはそれほど明らかではない。言い方を変えよう。要は、学問的活動あるいは知性なるものの構成要素として、人間に内在する諸能力（記憶力、表象力、想像力、判断力）を数え入れるだけでは不充分ではないのか。それを構成する諸要素のメンバーのなかには、人間の諸能力のそとにあるもの（たとえば技術的存在者や制度的存在者）をも含め入れることが（ことがらの本質として）必要なのではないのか。そして、そういったものの全体を指して「知性」という名で呼ぶ必要があるのではないか。こういったことが問われてきたのである。

そもそも人間の諸能力によって学問的活動ないし知性の全体を根拠づけるという発想自体が、グランジェ（Granger 1920）の考えにしたがえば、人間（しかも個人）の日常的な知覚経験と学問的活動とを連続的に理解しようとする特定の哲学的企図に動機づけられたものにすぎない（cf. Granger 1967, pp.8–13）。日常的な知覚経験が学問的活動ないし知性の働きと連続しているということは、まったく自明ではなく特別な論証を必要とするものである。個人の信念ないし表象形成を社会ないし制度を方向づけることによって、集団的ないし支配的な学説が形成されるという考え方（かならずしも実像と一致しておらず、むしろこれとは逆のことが実際には述べられているように思われるが、トマス・クーンの学説についての戯画化された、あるいは科学社会学化されたイメージはおおよそこのようなものであるだろう）の背後にも、このような日常生活と知性とのあいだの連続性が暗に前提されていることをみてとることはたやすい。

表象主義的知性観の限界

人間の働きなしにわたしたちが知性と呼ぶものの活動がありうるということを、拙速にもここで結論づけたいわけではない。すくなくともわたしたちが知性と呼ぶものの活動において、その活動が知性の本質と完全に一致するかどうかは別にして、人間の働きが不可分に関与していることは、以上の言葉のまともな意味のうえでは自明である。そうではなくて、わたしたちが知識と知性の働きの両方を、真の意味で所有することができないということをここでは述べたいだけである。表象主義的な知性観、すなわち知識と知性の働きはともに、人間個人に内蔵された（たとえば脳神経系という臓器の一種に位置づけられた）表象能力の産物であり、それに尽きるという考え方は、現在の計算機を前提とした学問的活動においては、もはや維持することができないように思われる。

わたしたちはたしかに、知識を所有することができるように感じている。その場合、知識を所有するとは、なにかしらの記憶術によってなんらかの観念間の結合を、おおくの場合、命題という言語形式で随意に想起することができる状態を指しているだろう。しかし、その場合、そのような知識を保存しているものにアクセス可能な機器（ノート、本、タブレット）をもち歩くことで、つねにその知識を想起できる状態にあることとほとんど区別ができない。[*2] 区別がつけられるとすれば、個人的記憶のほうが情報の一貫性と整合性、またその呼び出し速度と検索能力の直観性などで勝っているように思われるという特徴によってかもしれない。しかし、まさにそういったことは、昨今のスーパーコンピュータもなすところなのである。また、もしそうであるならば、いまは膨大な数にのぼる動植物分類や、薬品分類の全体のすべて（しかもそれは常時増え続ける）を、つねに最新の状態で記憶しているひとがいないとすれば、誰も真の意味で動物分類や薬品分類について知らないということになりかねない。しかしそれは「知らない」ということの本来の意味からもはやはずれているのではないか。

もうひとつの知識の所有のイメージは、いわゆる知的所有権という考え方に基づくもので、この知的所有権は、その知識を独力で発明した個人（ないしその集まり）にたいして認められるものとされる。こちらのほうは、知性の働きの結果としての、つまり解としての知識ではなく、知識を生み出す知性の働きのほうに着目しているところが、さきほどの例との重要な違いである。しかし、この場合でもやはり、新奇な知識を生み出した知性の働きが個人の肉体の一部に宿っていることが、その働き（この場合はむしろ知識労働）の結果を、その働きの主体と同一の個人が所有する権利（つまりその自由な処分の権利と発生する利益を占有する権利）をもつことの正当性を基礎づけているように思われる。たしかに企業間の開発競争や、発明者を社会的に評価するような場面において、こういった知的所有権が開発投資にかけた資本を回収するうえで不可欠な要素をなし、またさまざまな評価の正当性の基礎をなしているという事情はよく理解できる。ただそのうえで、あえて言ってしまえば、そういった知的所有権は、知性そのものの考察から導かれる要請というよりも、むしろ経済的、社会的、政治的なものなのであって、知性の本質にかかわる問題を、それとの類比で考えることは間違いではないのか。

知性の本質から知的所有にかんする自然権のようなものをもしかりに考えることができたとすれば、そこでありうるのは任意の知識の自由な共有の原則以外にはないだろう。なぜなら、知識はそれが客観的なものであるのならば、それを生み出した人間が誰であれ、同じものであるはずだからである。そしてそれを生み出すことができた個人は、偶然の結果として、その知識を生み出すことのできる歴史的な場面に居合わせることができたにすぎないのであり、そこになにがしかの個人的労力が含まれていたとしても、それは知識を生み出すことになる膨大な原因のなかのごくかぎられた一部をなすにすぎないからである。そして、その知識を生み出すことを可能にしたのは、過去の知識の歴史的な蓄積や、またその知識を利用可能な状態にする伝承、本、技術、機械、ネットワーク、さらにはそれらを物質的に維持する経済活動を含むさまざまな有形、無形のものとそのつながりである。したがって、もしかりにその発明者と特定される人間にたいしてその知識の所有権が認められるとしても、そのような全体のなかの一部として限定されなければならない。[*3] このことは技術にかんしても同様で、もしかりに技術を人間の作為ではなく、自然の技の延長であると考えるなら、原則的に人間だけがそれを占有する自然な権利を認めることはできないだろう。ただそれはもっぱら、人間による技術の占有を、人間的な観念と制度によって人間自身が作為的に作り出しているだけにすぎない。

知性とは、たんに知識の集積でも、また知識の形成方法の総体でもなく、むしろそれの解としての知識に還元されない「懐疑の脈」を不可欠な部分として含む生体‐技術的なネットワークの全体であると考えるならば、それは、わたしたちがそのなかを生きるものであって、それを所有したり内蔵したりできるようなものではない、ということになるだろう。「懐疑の脈」によって誘われた「問題－主体」は、知性を生きるわたしたちがとおりすぎる主体のひとつの様態であり、わたしたちのなかに（なんらかの能力モジュールのように）それ自体があらかじめ内蔵されているわけではまったくない。そう考えるのであれば、スーパーコンピュータのような技術的個体によって人間の知性の本質が疑われるなどということもありえないことがわかる。そもそも知性とは、これまでもそういった生体的なものだけでなく、技術的なものもその一部として含んできたと同時に、それらに還元されえない側面、つまり解によって失われない懐疑の脈をも含むものである。

また知性の働きが、ここまで論じてきたように、その力の増大を結果するような循環的かつ自律的な産出運動をなすものであるとすれば、そのような知性の威力の増大が、まさにその増大によって実現されたスーパーコンピュータという技術で再帰的にもたらされることは、その本質となんら矛盾しない。そして、そのような再帰的な増大は、つねに「懐疑の脈」に貫かれたさまざまな問題の提起をその原因として含むかぎりにおいて、スーパーコンピュータという技術が可能にする問題を解く能力の増大は、これまで提起することも不可能であった問題をあらたに提起する契機にこそなれ、提起されるべき問題そのもの、さらにはそれらの問題において反復される懐疑の脈にとってかわることなどできようはずがない。それはあらたな学問的活動の可能性を開くものでありこそすれ、人間の本質とみなされてきた知性を貶めるようなものではない。

ただし、このような知性観は、表象主義的な知性観と相容れることは決してないだろう。したがって、計算機が知性の重要な一部を占めることになるこれからにとって重要なことは、人間と知性の働きのあいだの関係を、表象主義とは別の仕方でとらえなおすことなのではないか。

記号的宇宙という大域的観点の導入

学問的営みにおける言語あるいは記号的なものの本質的な介入について、正統な学問論の水準で正面からそれにとり組んだ哲学というのは、実はそれほどおおくない。ハッキングの試みやヒラリー・パットナムの試みが想起されるかもしれないが、それらはあくまで言語の問題にとどまるのであって、科学的認識の産出的な基体としての記号というものそれ自体が考慮されているわけではないように思われる。フーコーは、たしかに『知の考古学』においてそのような記号的なものの本質的な働きに気がついてはいたようにみえるが、彼の分析の目的のために、学問全体の可能性の条件としてそれを体系的に考察するようには導かれなかった。

したがって、その点でグランジェのなした仕事は歴史的にみて特異な位置づけをもつことになる。彼はまさに、学問的な働きの全体を基礎づけるものとしての記号的なものの位置づけを吟味し（しかし、記号的なものの働きの細部は、数学および論理学、物理学などの自然科学、人間の経験をあつかう人間科学でそれぞれ異なるものであるが）、それをカントの学問論、論理実証主義の学問論、現象学の学問論、構造主義の学問論などを批判しながら体系的に展開するという仕事をなしたからである。[*4] このグランジェの哲学を適切にまとめた次の文章を引用しておこう。

科学的知識の形式（形態）は、感覚内容に直接的に関わるというよりは、むしろ言語に関わるのであり、知覚と科学の乖離は、本質的に「言語の介在」に起因するのである［Granger 1967, pp.12–13］「言語的活動」がそのあらゆる面で「カントの知覚」にとって変えられねばならず、「言語は思考の単なる衣であるどころか、あらゆる客観的知識を条件づける根本的な活動」なのである［Granger 1968, p.113］。グランジェによれば、カントの「超越論的感性論」は「超越論的記号論（sémiotique transcendentale）」として再解釈されねばならないのである［Granger 1994a, p.35］。このように、カヴァイエスや彼を踏襲するグランジェは、カント主義において感性や直観や意識が固定的に原初的なものと理解されている点を批判し、それを「概念」や「記号言語」で取って代え、概念や記号言語がそれ自体でもつ自律性や生産性を強調するのである（小林 2000, p.74：引用の書式のみ引用者が変更した）。

わたしがここで表象主義として批判した知性観を、グランジェはカントの認識論のなかに見出している。その重要な指標は、すでに述べたように、日常的知覚経験と学問的認識のあいだの連続性である。

しかし、グランジェによれば、カントの認識論には致命的な限界がある。それは、「純粋理性批判」の企画全体が、人間の知覚の形式と科学的知識の形式の間の根本的な同質性を前提にしており、そこで、知覚の不変な様式が科学的認識の唯一決定的な枠組みを構成すると考えられている、ということである（小林 2000, p.73：傍点ママ）。

それではいったん、科学的認識と日常的な知覚経験が記号言語の介入によって乖離しているということのグランジェの主張が受け入れられたとしよう。しかしそこで言われる記号言語とは、あるいは「超越論的記号論」と呼ばれるものとはなんなのか。それは結局のところ、論理実証主義や経験論の哲学が目指したような、意味を欠いたたんなる計算としての構文論的記号系となにが異なるのか。

この問いに答えることはグランジェの議論を理解するために、本質的に重要である。なぜなら、普通、ひとが記号言語ということで想起するのは、ここで最初にとりあげたようなコンピュータを代表的イメージとする構文論的で無意味な記号の規則的な変換のことだからである。グランジェの「超越論的記号論」の試みが、このような皮相な記号観と混同される可能性のあることは明らかである。なぜなら、レヴィ＝ストロースにせよ、ジュリア・クリステヴァにせよ、構造主義と呼ばれた思想家のおおくがこのような構文論的なあるいは形式主義的な記号観を提示しており（しかし、彼らにとってその構造は、認識のためのひとつの戦略というよりももっと形而上学的な、あるいは存在論的ななにかであったように思われるが）、またそのことは、まったくそれと似ていない論理実証主義の記号観（構造主義とは反対に、記号的なものにたいする一切の形而上学を排除することを前提している）とも一致しているからである。つまり、知性の問題にかんして記号がとりあげられるさいに、このような皮相的で構文論的な記号観以外のものが呼び出され、まじめに検討されることなど、ほとんどなかったと言ってよいように思われるのである。[*5]

操作－対象の「双対性」

グランジェは記号系の本質を、たんに構文論的な構造だけでなく、構文論的なものと意味論的なもの、すなわち操作と対象のあいだの、あるいは「形式」と「内容」のあいだの「双対性」に見出す。*6「双対性」という語は、数学における双対という概念からとられているが、グランジェのこの語の使用とのあいだには厳密な一致はないように思われる。*7 重要なことは、記号系においては、形式的な側面と内容的な側面が互いに還元不可能な仕方で不可避的に介入するということ、そして、その側面は実在的な区別によるものではなく、つねに視点の問題を含んだ、つまり依拠する記号系の次元という問題を含んだ仕方でそのつど区別されるものでしかないということである。グランジェが述べていることを引用してみよう。

> もっとも広い意味で理解された形式と内容の対立は、明らかに、記号的思考にとって本質的である。より厳密な仕方で言えば、記号的思考を定義したような双対性のカテゴリーは、記号論［symbol-isme］の根本的可能性の条件である。双対性原理の行使によって、現象の知覚的な把握は、対象措定の働きと、暗に――そしておそらくは隠伏的に――確立される操作体系とによって二重化される（その対象は、――未規定なものであるかぎりでは――支持体であると同時に――経験の規定作用であるかぎりは――産出物でもある）。対象的契機と操作的契機のこの双対的二重化こそが、経験の断片にたいして、意味するものという位階をあたえるのである（Granger 1994b, p.57：強調ママ）。

考えられていることは、「このわたし」と呼ばれるものの日常的な知覚経験ではなく、なんらかの学問的な認識である。それが可能であるためには、わたしたちの経験は、言語に代表されるようななんらかの記号系によって「切断」される必要がある。謂わば、記号系によって、経験されていることがらをモデル化するということが学問的な認識が発生するうえで不可欠だということである。そして、学問的な認識があつかうのは、わたしたちが直接経験するなにかではなく、その経験を記号系に移すことで切りとられたその小宇宙である。そこであつかわれる記号は、生きられた経験を模した小宇宙を構成する対象であると同時に、その対象の操作を規則化するものでもある。たとえば、命題論理は、対象の観点からみれば、真偽からなる真理値によって理解される。

> 命題論理は、実際、対象の思考を定義するもっとも一般的な規則を提示している。その記号は、「真」あるいは「偽」としてのみ区別される命題を指示するものとして、また同時に、それが実際に充たされているかあるいは空虚であるかによってのみ区別される任意の対象の集合として解釈することができることが知られている。重要なのは、これら二つの観点において、命題一般がいかなる種別化もなしに、たんにそれが措定されているかいないかということだけが考察されているということである。［中略］ほかのすべての形式的と言われる論理学の部門も、対象の種別化とそれが論じる文と相関した種別化に基づいている。述語論理でさえすでに、個物とその性質とが、あるいはお好みであれば、要素とクラスとが区別される限定された世界を、わたしたちに開示するのである。ただ命題論理だけが、唯一、対象一般を、あるいはむしろ対象の潜在性をあつかうのであり、その

宇宙においてのみ形式と内容は決定的に区別不可能なのである（Granger 1994a, p.41)。

命題論理とは、真理値の可能な組み合わせのパターンである。反対に操作の観点からみれば、命題論理とは、いくつかの論理定項（「〜でない」、「かつ」、「または」、「ならば」、など）と変項との規則的な結びつきを規制する変換規則である（AかつBをAに変換する、など)。これらは通常、命題論理の意味論と構文論と呼ばれる。それにたいして述語論理とは、A（α）のように、個体を意味する項αにたいして性質をあらわす述語Aが結合されることでひとつの文の単位を形成すると考える論理形式である。述語論理の特徴は、性質と個体という対象領域の区別と、それに基づく量化子という命題論理では表現不可能なものの形式化だろう。述語論理の記号系の操作は、その操作を支持する対象系としての個体と性質という区別がなければなりたたない。[*8] 命題論理においては、このような個体と性質という区別さえもたない真偽それ自体が対象となる。そこでは、あらゆる対象の可能性が尽くされるのであり、それゆえ操作と対象のあいだの、形式と内容のあいだの双対性は完全なものとしてあらわれるとグランジェは言うのである。[*9]

命題論理の例は、対象と操作の双対性がまさに完全であり、その区別ができないということの例であった。しかし、そこにおいてもすでに、対象の可能性を尽くす真偽という対象一般とそれの可能な結合をあつかう操作としての論理定項（「かつ」や「ならば」）という対がみてとられた。グランジェの議論において重要なのは、記号系の設定において、操作の形式が措定される対象系と相関的に規定しあっているということである。

しかし、すでに述べたように形式と内容の「双対性」は、このような相互規定的な相関性という特徴だけをもつのではない。もうひとつの重要な特徴として、形式と内容の区別の相対性（視点の変更可能性）というものがある。グランジェはこの相対性の例として群論の歴史を参照しているのでそれをみておこう。

たとえば、群という語は、最初は、数的対象――つまり代数方程式の根――に働きかける合成可能で可逆な置換システムとして出現した。そのときには、［根のあいだでの置換という］操作を支配している諸規則のゲームこそが際だたせられており、それをもちいることで、ガロワとラグランジュの理論のなかで、諸対象を規定することができるのである。これに続いて、抽象群という用語がケーリーによって明示的に解き放たれる（一八五四年）。そこにおいて今度は、合成法則を具えた任意の対象系が考察される。この双対的な観点によって照らされることで開かれた概念的な拡張が、観念と先行する結果の綜合を可能にしたのであり、それが「現代代数学」を構築することになるのである（Granger 1994a, p.39）。

この群論の歴史において、形式と内容は、明らかに相対的にあらわれている。ガロワやラグランジュの理論においては、方程式の根という対象系にたいして実行される置換という操作系として明示的にあらわれていた群というひとつの構造は、抽象群という視点になると今度は、その考察の具体的な対象のほうへと割り振られなおす。つまり、特定の次数の方程式の根のあいだでなりたつ置換群は、抽象群のなかのひとつの対象にすぎず、そこでの形式は、抽象群の公理系によって表現される群一般の操作規則ということになる。それらの視点の移動によって、形式と内容は相互に入れかわることになる。

群論の例の場合、形式と内容の相対性は、形式の創発という歴史的で産出的な基準を導入して考えると階層的な列をなしていることになるが、ベクトル空間の例を考えれば、これが相補的になっている場合もあることがわかる。

ベクトル空間における双対性という語に光をあてることが重要である。すなわち、ある線形形式（ベクトル空間上での——特殊な仕方で構造化された対象集合上での——演算子として定義される）は、対象として、すなわち最初のものと同じ次元をもつあらたなベクトル空間の要素としてみなすことができる。すなわち、これが「双対」と呼ばれるのである。対象空間と操作空間は互いに相互的であり、すなわち、それぞれの要素を、操作としてあるいは対象として考察させる観点の交換が可能である。そして、この双対性の一致は、ある条件下において、空間の双対の双対がその空間自体に等しいことがありうるという意味で、冪等的でさえありうる（Granger 1994a, p.39）。

この場合、形式であったもの（線形形式）が、別の形式（あるベクトル空間）における内容（その空間の要素）となるのだが、その別の形式（あるベクトル空間）は、形式であったもの（線形形式）の内容であったもの（線形形式によって移される対象としてのベクトル空間）ということになる。

いずれの例にせよ、それがなんであれ、なにかしらの記号系が分節化されるとき、その分節化そのものを可能にするのは、この操作と対象のあいだの、あるいは形式と内容のあいだの「双対性」である。それによって、記号系の分節化が規定されるのであり、それ自体が特定可能なものになる。つまり、それによって形式と内容の「双対性」は、ひとつの種別的な記号的宇宙を存立可能なものにするということである。したがって、記号的宇宙のなかに経験の断片を移しかえることが認識の可能性の条件であるならば、そのような記号的宇宙が存立するための条件は、この形式と内容あるいは操作と対象のあいだの「双対性」の暫定的成立だということになるだろう。*10

形式的内容と問題、懐疑の脈

この操作と対象の、あるいは形式と内容の「双対性」という議論の重要さは、それが記号的宇宙の能産性の議論と本質的に結びついていることにある。この点が、記号をたんなる構文論的なものとしてのみ理解する論理実証主義や構造主義と異なる点である（論理実証主義は、対象を経験にのみ還元するラディカルな経験論の立場によって、構造主義は、対象を完全に構文論的構造に還元する形而上学的な立場によってそうなるという方向性の違いが両者のあいだにあるものの、記号についての見解は一致しているように思われる）。つまり、グランジェの記号理解によれば、対象とは、まさに記号系の設定とともにのみ隠伏的に規定されるものであり、それが規定されるということと記号系における操作が可能になるということとは相互的な事態だ、ということである。そして、このような記号系のもつ能産性は、その記号系のそとに想定される直接経験に依拠することなく発揮される。それがグランジェの「形式的内容」という語をめぐる議論の枢要である。

「形式的内容」とは、謂わば、この記号系の設定によって内因的に引き起こされるが、しかし形式と双対になるような内容には帰着されえないような内容であり、その記号系の設定によって処理しきれないにもかかわらず、あるべきものとして要求されるような対象、つまり操作系を溢れるものとして浮かびあがってくるなにかである。したがって、「形式的内容」は、いかなる記号系の設定もないところではそもそも成立しないようなものであり、謂わば記号的宇宙に固有の内容であると言えるだろう。つまり、「形式的内容」が生じるのは、記号的宇宙が創設されることをその原因としているのであり、その外部になにかしらの原因が措定されるわけではないということである。

グランジェは、この「形式的内容」を、これまでに論じてきたような「問題」に近い意味合いで議論している。「形式的内容は、しばしば、もとの体系を拡張する操作的展開にたいする障碍としてあらわれる」(Granger 1994b, p.65)。実際にグランジェは、この「形式的内容」の具体例として、三次方程式にかんするジェロラモ・カルダーノの解法が要求する「虚数」という概念についての議論を提示している。つまり、負の数の平方根にかんする存在問題である。

方程式を代数的に解くという方法において、ごく自然に負の数の平方根が要請される(三次方程式の解が三つあることが示唆されているのに、そのうちの二つが負の数の平方根になる場合があるため)が、そのような数は存在しないし、そのような数が存在するということの正当化もできない。そのようななかにあって、数学者たちはそれを「不可能なもの」(impossibles)、また「想像的なもの」(imaginaire)と呼ぶことで、正当化なしに受け入れるという時代が約二世紀のあいだ続いた。そのあとでようやくカール・フリードリッヒ・ガウスが、このいわゆる「虚数」というあたらしい対象を幾何学的に表示する記号系（複素平面）を案出することで、「最終的にその対象に適切な位階をあたえ、代数学の操作系とこの操作が規定し、かつとりあつかう対象系とのあいだの無矛盾な一致をふたたび確立したのである」（Granger 1994b, p.65）。謂わば、ガウスによって、既存の「他者‐構造」に揺さぶりをかける他者であった「虚数」にたいして、それを包摂するあらたな「他者‐構造」が再建されたということである。

この歴史において、「虚数」とは代数方程式を代数的手法によって解くために発展してきた代数学の操作系において出現した「形式的内容」であり、さきに措定された操作系をはみ出す対象を意味している。これは、ここまで議論してきた概念と振る舞いのあいだの対の確立を要請する「問題」の発生について、その記号論的な観点からの根拠を明らかにしているものと理解することができる。[*11] 小林は「形式的内容」の議論をまとめるにあたってつぎのように述べている。

> ここで、操作体系の変容は、新たなより広い対象領域の創造と相関的なのである。このような「虚数」についての歴史は、操作規則の一般的定式化（カルダーノの公式）がそれ自身、数学上の問題（虚数の出現）すなわち「形式的内容」を産出し、その問題の解決が新たなより広い数学上の領域の設定（複素数の理論）すなわち、「操作と対象の相関性の回復」をもたらすという、数学の自律的発展の模様を典型的に物語るものである（小林 2000, p.82：傍点ママ）。

グランジェの科学認識論は、この「形式的内容」という概念を中心に展開される。それによって、数学、論理学、物理学、人間科学における認識の進展の内実が解明されていくのだが、その詳細についてはここではおいておきたい。[*12] ここでの議論にとって重要なことは、つぎのことである。すなわち、この「形式的内容」にかんするグランジェの議論を引き受けるのであれば、わたしが「懐疑の脈」と呼んだものの質料性とは、まさにここで論じられているような操作と対象の「双対性」を基本とする「記号的宇宙」のことであると理解できるのではないか。グランジェが指摘しているように、この操作と対象の「双対性」を原理とする記号系の創設が学問的認識にとっての超越論的条件であるならば、問題‐主体に不可避的に介入する「懐疑の脈」もまた、記号的宇宙における「形式的内容」という形でその質料性を獲得し、またそのような質料性によって具体的に機能するということになるだろう。まさにこの「記号的宇宙」こそが、かつて「第三世界」とも呼んだ固有の対象としての学問的知性の質料性を、あるいはその具体的な場所性を規定しているものなのではないか。この質料性が規定されることで、はじめて知の再帰的で自律的な創造的産出の過程を実現する素材がなんなのかということを、一般的な観点から規定することができる。つまり、知の自律的な生成とは、この「記号的宇宙」の質料性のうえでその実現が条件づけられているということである。

知と生命／非生命

グランジェの議論によれば、「形式的内容」を介した学問的認識の変形と進展は、基本的に質的に前進的なものであり、それ以前の理論の制限を解明し（たとえばパラメータをより一般的な変項の一部として特定し)、それをより厳密な観点から包摂するようなものであるとみなす点で、相対主義から厳密に区別された、ある種の実在論の立場を支持するものである。またその一方で、この記号系に基づく学問的認識が実験による検証を受けなければならないという要請により、学問的認識の進展が記号系において再帰的に閉じているにもかかわらず、それぞれの記号系はたんなる虚構的なものでもないということが確認される。*13

以上の議論が認められたとしよう。ここでの議論にとってあらためて問題になるのは、つぎのことである。すなわち、それにしてもなにゆえ「懐疑の脈」は消滅しないのか。グランジェの議論にしたがうならば、それは学問的な認識が記号的宇宙によって超越論的に条件づけられているがゆえに、そこに不可避的に「形式的内容」が介入するからだということになるだろう。たしかに「懐疑の脈」ということで、わたしたち人間の経験に内在するもののみを考えるかぎりで、その答えに満足することはできるように思われる。なぜなら、わたしたち人間が真理と呼ばれるものを認識するためには、まさにグランジェの論じるような記号系においてそれを再認することが不可欠だからである。つまり、そのような意味での「記号的宇宙」とは、たしかにわたしたち人間の知性を条件づけるものだからである。

しかし、そうだとすると、結局のところ知性とは、まさにアウグスティヌスがかつて述べていたように、人間的なものにおける自家撞着的な愛にほかならない、つまり知性とは人間にとってのエロス的生命にほかならないということにはなりはしないか。知性とは、生命の自己増大の意志のあらわれであり、それの人間的表出である、と。知性とは、記号的生の増殖と蓄積の喜びであり、エロス的欲望の記号的な充足への不断の意志である、と。

本当にそれでよいのか。知性を人間の知性としてのみ理解するのならば、たしかにそのとおりであると認めざるをえないかもしれない。たとえそうだとしても、はたして知性を、あるいは真理を真にそれ自体として理解しようとするならば、それを人間的エロスの無際限の充足として理解したところで議論を終えてしまって本当によいのか。そのためには、このような知性と人間的なものとのあいだの素朴な、しかし根本的な結びつきからはいったん離れることが必要なのではないか。そしてそのためには、むしろ非生命的な、あるいは非エロス的な自然という観点において真理についてあらためて考察することが必要なのではないか。つまり、「記号的宇宙」という超越論的なものの発生の問題、謂わばそれの自然化、脱生命化の問題である。そうでないとすれば、結局のところ、「記号的宇宙」によって超越論的に条件づけられた知性の自律的な進展は、自己中心的な意識における表象としての真理といったものから内容的にはたしかに区別されながらも、エロス的生命の自己増大の意志における中心性というかたちで、形式的にはそれと類似したものへとふたたび帰着せざるをえないのではないか。

しかし、そのような非生命的な自然という観点とはそもそも正確なところ、どのような意味をもつものなのか。そのような観点にたつということはそもそも可能なのか。あるいはどのようにしてそれは実現されうるのか。これらの問いに近づくためには、ひとまず人間的な知性というものと生命的なものとの結びつきについて議論したうえで、その外部を強く想像してみることから始めなければならないだろう。

第Ⅲ部　自然

真理の次元は、解から問題へと移行し、さらに問題から懐疑の脈へと移行した。すなわち主体のセリーから、記号系を介した宇宙のセリーへの越境的接続。自然という不定さを介した多島的な〈再‐開〉に向けて。

第9章　「一つの生」としての「懐疑の脈」

「記号的宇宙」と「可能的知性」

第II部最後の第8章での議論で、わたしはみずからが「懐疑の脈」と呼んだものの質料的条件として、グランジェの議論に見出された「記号的宇宙」が考えられるということを主張した。この「記号的宇宙」は、知的認識の可能性の条件であるかぎりにおいて、真理の生成の形式的な側面を把握するうえで不可欠であると言われた。この意味は、そもそも人間の知的認識は、個人的表象や個人の肉体内部での臓器の変化には還元されえない（ただし、それをかならずしも部分として含むことを否定するものではない）なにかをその基盤としているということを含意していた。そして、そのなにかというのを特定するために、グランジェの「操作‐対象の双対性」を基本原理とするような記号系からなる「記号的宇宙」というものを参照したのだった。

臓器の変化、つまり脳内の神経物質の物理的状態の時間的、位相的変化に還元できないということの意味は、知的認識が、そういったものにおいて、あるいはそういったものを含むなにかによって実際に実現されていないということではない。現実において（en act）それが実現されるさいに、そういった生体的質料がもちいられることがあるにしても、それは三角形の実現が、木材によるのか、白墨によるのか、星と星のあいだの不可視の幾何学的関係によるのかに依存しないというのと類比的な意味においてそうだということである。しかし、これは三角形が、それら具体的個物における実現のみを、その質料性としてもつという意味ではない。むしろ三角形のようなものの実現においてさえも、そういった具体的で「ココ・イマ」にかかわる現実態の質料によって実現されるものとは別に、ある種の知的な、あるいは潜在的な（en puissance）質料性を必要としているということが、グランジェの「操作－対象の双対性」の含意である。

つまり、なんらかの現実的な質料性によって、三角形という対象を含む、操作体系と対象系の対が実現されるのだが、そのような操作体系に双対的な対象系は、「ココ・イマ」にかかわるいかなる質料とも異なるような知的な質料からなりたっている、ということである。というのも、この記号系における対象系は、第一に、それとかかわる操作体系を介して双対的に規定されるからであり、第一に、そのような記号系の双対性は、不可避的に「形式的内容」とグランジェが呼ぶところの記号系に固有の潜在的な内容をともなうから、言いかえれば、あらたな形式（つまり双対性）を要求する問題をともなうからである。そして、この「形式的内容」として、あるいは個々の問題としてそのつど実現していくことで系脈の姿をとる知性の潜在性全体のことを、ここでは「懐疑の脈」と呼び、この「懐疑の脈」を含む知性の質料的条件のことを「記号的宇宙」と呼んだのである。

このように理解が進むとき、筆者の議論は、筆者の意図や議論の文脈とはまったく無関係に、中世哲学におけるアリストテレス解釈の問題、とくにアヴィセンナ（イブン・シーナ）からアヴェロエス（イブン・ルシュド）に至る、アリストテレスの『霊魂論』における「可能的知性」概念の解釈の系譜へと引きつけられ、場合によってはそれを無自覚に反復しているかのような印象さえあたえる。まさに筆者が論じていることは、アヴェロエスが、「可能的知性」の単一性とその不可死性において論じていたこと（つまり、トマス・アクィナスによって論駁されたことになっている異端的な思想）と、ある部分で共鳴しあっているようにも思われるのである。しかし、いまは前章の終わりにおいて予告された知と生命の関係を明らかにするために、この「可能的知性」という主題を横目にみながら、そこでたち止まることなく議論をさきに進めていくことにしたい。

ドゥルーズの「内在」：アガンベン「絶対的内在」から

第8章の議論の末に提起されたのは、この「記号的宇宙」という質料的条件の発生の問題、あるいは自然化の問題だった。そこでの「記号的宇宙」の議論においては、それが人間の知性であるということが、なんの疑いもなしに前提されていた。しかし、本書の最初からこの議論を導いてきたのは、このような「神－人間」と結びついた知性ではない仕方で知性について、あるいは真理について論じるための概念を鋳出さなければならないという問題提起であった。この問題提起は、「序」で述べられたように、「内在の哲学」と呼ばれうる系譜と密接に結びついていた。ここでは、この「内在の哲学」における「内在」の意味を、ジョルジョ・アガンベンの「絶対的内在」という一九九六年の論文のまとめに即して思い起こしながら、それと「知性」との関係についてみていくことで、この問題について考える端緒としよう。

ドゥルーズは、「内在：一つの生……」において、「内在」という概念を「超越論的領野」と肯定的に結びつけている。しかし、誤解してはいけないのは、ドゥルーズがカントのような超越論的な哲学にみずからを近づけているのではなく、むしろ逆に、それをみずからの「内在の哲学」として換骨奪胎しようとしているということである。ドゥルーズの考え方にしたがうならば、超越論的な哲学は、純粋に超越論的領野だけにとどまるのではなく、（自己にたいして絶対的に明証的なものとしてあらわれる）「意識」や（反対に意識にたいして絶対にあらわれない外的事物としての）「物自体」のような仕方で、その領野に「超越的なもの」が舞い降りる座を用意せずにはいられない。それは「超越論的領野」だけを貫徹しようとする視座からすれば、妥協にしかうつらない。このような「超越的なもの」にたいする一切の妥協を拒否する立場が、同じ「超越論的領野」に住まう「内在の哲学」の立場だと言える。

つまりここで視覚化されるのは、その内在が「これこれの対象へと差し向けられるのではない」ということ、またそれが「しかじかの主体に属するものでもない」ということである。言い換えれば、その内在はそれ自体にあってのみ内在的であり、にもかかわらず運動している（アガンベン 2009, p.468）。

「それ［内在］は意識以後にして主体以後、非人称的にして非個体的な超越論的領野」（アガンベン 2009,

p.470）だと言われる。内在は「超越論的領野」ではあるが、志向的でもなく、意識的でもない。では、なんなのか。「一つの生」である、というのがドゥルーズ（そしてアガンベン）の答えだろう。しかし、もうすこし議論を展開する必要がある。

　内在は、すなわち「なること」以外に「あること」はないという定義にまとめることができるように思われる。哲学は、古来、「あること」つまり「存在」を、「なること」つまり「生成」から峻別し、それを「真なる」、「永遠の」、「本質」として価値づけることを繰り返してきた。「なること」以外に「あること」がないのであれば、あたかも哲学など不可能であるかのように哲学は営まれてきた。「なること」から「あること」を峻別する知という自己規定こそが、高貴なる徳としての叡知という哲学の価値を保証してきたのではないか。哲学における「あること」へのあくなき執着の度合いは、「あること」への欲望と「なること」にとどまろうとするものたちへの脅迫が、「あるものではあらぬこと」にたいするルサンチマンによって喚起されてきたものでしかないのではないかと疑わせるほどである。しかし、「内在の哲学」が言うように、存在が生成から区別されず、「あること」は「なること」でしかないのだとしたら、「なること」は、「なること」自体へと還流し、それによってのみ「なること」は、「あること」とは異なる仕方で「あること」になるはずである。

> ところが、スピノザの言う内在的原因という考えは、行為者は自らに対しては行為者自体の受動者であるとするものであって、この考えによって存在はそのおそれ［「惰性と不動性が存在の上にのしかかってしまうのではないか」というおそれ］から解放されることになる。内在的原因は内在的原因にとど

まりながら、ちょうど新プラトン派の言う流出的原因のように産出をおこなう。だが、流出的原因のばあいとは異なり、内在的原因によって産出される結果は内在的原因から外に出ていくわけではない。「内在」(immanence) という用語の起源を「とどまる (manere)」から「流れる (manare)」へとずらすという、語源に関する鋭い文彩によって、ドゥルーズは内在に運動性と生を回復する。「結果自体が原因から流出するのではなく、原因へと「内在流入される」とき［……］原因は内在的である」(アガンベン 2009, pp.471–2)。*1

したがって「生成」とは、「内在的原因」という特殊な再帰的関係によって折り返された「内在」のありようを、「存在」という状態的表現から区別するためにもちいられる表現なのである。つまり「生成」とは「内在」のことであり、これが「一つの生」である。それが「一つの生」であるのは、この「内在」にたいしていかなる主体性も、いかなる個体性も認められないからである。ドゥルーズがとりあげるディケンズの描く死にかけの青年の例や、主体化以前の乳児の例をみるに、その生は主体性や個体性が失われたあとか、あるいは獲得されるまえに、鋭利な姿になってあらわれるようなものだと言えよう。「他者－構造」との関係で言いなおせば、「一つの生」は、なんらかのきっかけによって「他者－構造」が瓦解するまさにそのときに、あらわれるようななにかだということである。

しかし、アガンベンがドゥルーズとともに注意しているように、「一つの生」は、「赤ん坊と瀕死の男が生物学的な剝き出しの生そのものを証す謎めいた暗号を私たちに提示してくれる地帯」(アガンベン 2009, pp.479–80) と不可避的に混同されるようにしかあらわれないにもかかわらず、むしろそれゆえに

「一つの生」と「剝き出しの生」を単純に同一視しないことが重要な意味をもつ。言いかえれば、「一つの生」は、そのような限界状態の生以上に普遍的なものとして描くことができなければ、その本来的な姿を把握したことにはならないということである。

「剝き出しの生」とアリストテレス『霊魂論』

ここでは、「生」と「知」と「人間」の三つの概念の重ね合わせをあらためて分析することが必要となる。アガンベンはみずからの「剝き出しの生」という重要概念を定義するにあたって、何度もアリストテレスの『霊魂論』にある、ほぼ同じ箇所に言及している。この箇所はあとで筆者が参照することになるカンギレムの議論にとっても重要な箇所であり、「生」と「知」の問題を考えるにあたって、決定的な箇所である。

だから、われわれは考察の出発点を取上げて、有魂のものは無魂のものから「生きていること」によって区別されると言う。しかし「生きていること」は多くの意味で言われるから、たといそれらの意味にあたるものが、もののうちに何かただ一つあるだけでも、そのものは「生きている」と言う、そしてそれらの意味にあたるものというのは、例えば理性、感覚、場所による運動と静止、さらに栄養にもとづく運動、すなわち衰弱と成長などである。それゆえに植物もまたそのすべてが「生きている」と思われているのである。［中略］そしてこの栄養的能力はその他の能力から分離されることができる、しかしその他の能力は可死的なものにおいては前者〔栄養的能力〕から分離されることは不可能である。このことは植物どもに徴して明らかである。すなわち、それらには霊魂の他の能力は一つも存しないのである。／ところで「生きること」はこの原理〔栄養的能力〕によって「生きているものども」に属するが、しかし「動物であること」は感覚によって初めて可能である。というのは動かなくとも、場所を取換えなくとも、感覚を持っているものなら、これをわれわれは「動物」と言って、ただ「生きている」とだけは言わないからである（アリストテレス 1968, pp.42–3/413 a20：傍点ママ）。

アガンベンは、アリストテレスの議論の進め方においてかならず、「これこれとはなにか」という問いがすべて「これこれがしかじかに属するのはなにによってか」という問いへと定式化しなおされることに注意し（これをアガンベンは「根拠の原理」と呼ぶ）、ここでの議論もまた、このような「根拠の原理」が作動していることをみてとっている。ここで問われているのは、本来は「生」のあるいは「生きていること」の定義であり、その解明である。しかし、たんに生きていることを言いかえただけの定義文は多数存在している。たとえば、「生きているものは動くものである」とか、「生きているものは思考するものである」とかがそれである。しかしこういった文は、さきの引用の直前のアリストテレスの言葉によれば、「正方形化とは、矩形に等しき正方形を発見することである」という文と同じく、「結論を示す言論」でしかない。重要なのは、「正方形化とは〔矩形の両辺の〕比例中項の発見である」という定義のように「その事柄の原因を言っている」定義を見出すことである（アリストテレス 1968, p.42/413 a15）。

この「比例中項」の例をもうすこし詳しくみておこう。「正方形化」という幾何学上の手続きを説明するために、その定義をいくつか併記して述べようとしたとする。第一の定義が「正方形化とは、ある矩形にたいして、それと等しい面積をもつ正方形を発見することである」というものであり、第二の定義が「正方形化とは〔矩形の両辺の〕比例中項を発見することである」というものである。どちらの定義をみても、「正方形化」がどういうことなのかをぼんやりとは理解することができる。しかし、よく考えてみると、「ある矩形があるときに、それと等しい面積の正方形を発見する」というのは、この文だけをみたら、いったいどうやったら可能なのかがわからないことに気がつくだろう。むしろ、この文は、定義というよりも問題を表現しているとみるべきではないか(「ある矩形があるとして、それと等しい面積の正方形を発見せよ」)。たしかに「正方形化」とは、そのような結果をもたらすものだということはわかる。しかし、そのような結果は、どうやったらえられるのか。その一方で、もうひとつの定義である「正方形化とは比例中項を発見することである」のほうをみると、その具体的な方法が示されていることがわかる。比例中項とは $a : b = b : c$ における b のことである。方程式にすれば $b^2 = ac$ になることに注意すれば、矩形のそれぞれの辺を a と c とする場合、その積すなわち矩形の面積 ac は、一辺 b の正方形の面積に等しいことがわかる。したがって、このような比例中項をみつけることは、結果として第一の定義であった「ある矩形があるときに、それと等しい面積の正方形を発見する」ことを帰結することになることがわかる。つまり、これら二つの定義のあいだには、階層的な秩序が隠されていたのであり、この階層的秩序は、「正方形化」を小項、第一の定義の「正方形化」以下を大項とし、第二の定義の「正方形化」以下を中項とすることで、三段論法化することができる。

小前提：正方形化（小項）とは、比例中項を発見すること（中項）である。

大前提：比例中項を発見すること（大項）は、ある矩形があるときに、それと等しい面積の正方形を発見すること（大項）である。

結論：正方形化（小項）とは、ある矩形があるときに、それと等しい面積の正方形を発見すること（大項）である。*2

このことが示しているのは、さまざまな定義において、その主語を小項、述語を大項（あるいは中項）とおきかえるとすると、そのような小項と大項からなるさまざまな定義を結論として導くことを可能にするような、三段論法の小前提と大前提をなす文の中項を求めることが、「その事柄の原因を言っている」定義を見出すことに等しい、ということである。なぜなら、その中項を求めることによって、なぜ小項が大項と結びつくのか、つまりなぜそのような結論に至るのかという原因を、三段論法の推論形式にしたがって示すことができるからである。

この原因となる中項の発見方法をここでの「生きていること」の定義にかんする議論に適用してみよう。まず、さまざまな「生きているもの」（理性、感覚、運動、栄養摂取の能力をもつもの：未規定な小項と中項）があり、どれも「生きている」（大項となるもの）をその述語としてもつ。つぎに、これら未規定な小項と中項のあいだに階層的帰属関係を見出し、その底辺となるものを中項とする。すなわち、大項と小項を関係づける項である中項を、その根拠とするということである。

1　**未規定な定義文の羅列。**

・栄養摂取をしているものは生きている。
・運動しているものは生きている。
・感覚のあるものは生きている。
・理性のあるものは生きている。

↓

2　**述語＝大項（生きている）および主語＝小項あるいは中項（栄養摂取をしている、運動をしている、感覚をもっている、理性をもっている）の分離抽出。**

↓

3　**未規定な小項あるいは中項のあいだの階層的帰属関係から、三段論法をとり出す。**

・小前提：理性のあるもの（小項）は（かならず）栄養摂取をしている（中項）。大前提：栄養摂取をしているもの（中項）は生きている（大項）。結論：理性のあるものは生きている。
・小前提：運動しているものは（理性をもっていない場合もあるが、かならず）栄養摂取をしている。大前提：栄養摂取をしているものは生きている。結論：運動しているものは生きている。
・小前提：感覚のあるものは（理性をもたず、運動をしない場合もあるが、かならず）栄養摂取をしている。大前提：栄養摂取をしているものは生きている。結論：感覚のあるものは生きている。
・小前提：栄養摂取をしているものは（理性をもたず、感覚をもたず、運動をしていない場合もあるが）栄養摂取をしている。大前提：栄養摂取をしているものは生きている。結論：栄養摂取をしているものは生きている。

すなわち、理性、感覚、運動などの各々を小項とすると（あるいはそれらの能力を認められたものどもを小項とすると）、それらが大項「生きている」と結合されるのは、小項が中項「栄養摂取の能力」と結合している（あるいは中項も同時に含んでいる）場合にかぎられるということである。この中項は定義上、大項「生きている」の一部（あるいは大項と結びつく文の項）であるのだから（大前提）、したがって、小項が大項であるのは（結論的定義）、小項が中項と結合しているときにかぎられるということになる（小前提）。つまり、これによって、大項「生きている」の規定が、中項「栄養摂取の能力」に送り返されるということであり、そのほかの「生きているものども」、すなわちもろもろの小項が大項であることの「根拠」が、中項「栄養摂取の能力」に求められるようになるということになる。このことを、アガンベンはアリストテレスの「根拠の原理」と呼んだのだった。

アリストテレスは、生とは何かをまったく定義していない。彼は、栄養摂取の機能を切り離すことで生を分解し、次いでその生を、互いに区別され、互いに相関関係にある一連の能力（栄養摂取、感覚作用、思考）へとあらためて分節化するにとどめている。ここにおいて、アリストテレスの思考のまさしく装置と呼ぶにふさわしい、あの根拠の原理が働いているのが見える。それは、「これこれとは何か？」という問いをすべて「これこれがしかじかに属するのは何によって（dia ti）か？」という問いへと定式化しなおすという原理である。『形而上学』には次のようにある。「この何によって（dia ti）は、つねに次のように問い求められる。すなわち、これこれがしかじかに属するのは何によってか？・」〔アリストテレス『形而上学』1041 a 11〕これこれの存在が生きていると言われるのは何によってかを問うということは、生きているということがその存在に属するのは何にもとづいてのことかを問うということを意味する。つまり、生が言われるさまざまなしかたのうち、一つの様態が他のものから分離され、根底までおもむくのでなければならないということである。それによってその様態は、生がこれこれの存在に帰されるにあたっての根拠となる。個々の生きものが生きていると言われるにあたって前提となる、この差異化されていない根底とは、栄養摂取の生のことである（アガンベン 2009, p.481）。

アガンベンにとって、「剥き出しの生」とは、「栄養摂取の能力」、つまり「ただ生きているもの」である。「栄養摂取の能力」は、アリストテレスが「根拠の原理」を働かせること（中項のとり出し）によって「生きているものども」の根拠とされると同時に、「生きているものども」のほかのさまざまな属性が削ぎ落とされた「残りのもの」となったものである。なぜなら、「栄養摂取の生」は、人間であることの定義である「理性をもつこと」のための、必要な条件であると同時に（「理性をもつこと」は「生きているもの」に帰属するから）、その不可能性の極限（もはや人間の定義の外部に隣接しながら、ただ生きているとしかいえないもの）をも指し示しているからである。すなわち、人間の内部と外部の境界においてあらわれるただ生きている「剥き出しの生」は、アガンベンの言葉で言えば、「聖別化」されると同時に「呪われたもの」となる。そして、この「剥き出しの生」としての「栄養摂取の能力」(これは「植物的な生」とも言いかえられる)を、アガンベンは、フーコーが「十八世紀」以来の政治的権力の基盤であると同時に、その標的でもあるものとして描いたのだということをここであらためて想起させている。

フーコーが示したように、国家は十八世紀以来、人口の生に配慮するという任務を自らの本質的な任務の中に包含しはじめ、そのようにして政治は生政治へと変容する。国家はそのとき、新たな使命を実現するようになるが、その実現は何よりもまず、植物的な生、ないし有機的な生という概念を徐々に一般化・再定義することによっておこなわれた(アガンベン 2009, p.482)。

アガンベンが、フーコーの「生政治」の概念を、一八世紀から西洋的人間による共同体形成の起源にまで引きもどしたことはよく知られているが、ここで重要なのはそのことを指摘することではない。また、アガンベンの目には人間の自由と平等にたいする絶望としてうつる「生政治」、これの標的となる「有機的な生」すなわち「剥き出しの生」と、ドゥルーズの「一つの生」が実体として区別可能であるということでもない。むしろ、アガンベンの言うような「剥き出しの生」は、「一つの生」においてドゥルーズが告げる「至福」(ディケンズの例)と、フーコーが明るみに出す「生政治」的な「絶望」(人間的主体化の対価として要求され、産出され続ける剥き出しの生とその包摂的排除によるあからさまな統治)において、実体として同じひとつのものだということこそが重要なことだろう。つまり、重要なのは、「至福」か「絶望」かの排他的二択にとどまるのではなく、解消不可能な両価性として「一つの生」を理解することである。

「根拠の原理」と「内在原理」

この「一つの生」と「剝き出しの生」の両価性を、ドゥルーズの「ミシェル・トゥルニエと他者なき世界」の用語で定式化しなおせば、ロビンソンの倒錯の最終形態である分裂症的症状（「シミュラークル」の無秩序への抵抗から生じる）が、フライデーの「大いなる健康」（「幻影」として肯定されたシミュラークル）から、その目的にかんする逸脱という点を除けば、ほとんど区別できないという両価性となるだろう。つまり、まったく対立するようにみえる価値をひとつの実体が共立させることを可能にするのは、それらの価値を価値たらしめている「目的」にかんする発散がそのあいだにあるからであり、したがってそのあいだを横断することを可能ならしめるのは、存在として別の実体を要請することというよりも、むしろニーチェ的な意味での解釈ではないのか。

アガンベンによれば、このように同じ「一つの生」が、まったく対極的な二つの方向性あるいは目的を同時に担うにもかかわらず、そのあいだを横断することが可能であるのは、ドゥルーズの「内在原理」が、アリストテレスの「根拠の原理」という主体化の装置を無効化することができるものとして、その「分身」[*3]的な対としてあるからにほかならない。

アリストテレスの装置［根拠の原理］は、生をこれこれの主体に帰することを可能にする原理として働く（「この原理［栄養的能力］によってこそ、生きているということが生きものに属する」）。それにたいして、

「一つの生……」は絶対的内在の形象である以上、いかなるばあいにもこれこれの主体に帰されえぬものである。これは無限の脱主体化の母型である。つまり、内在原理はドゥルーズにおいて、根拠に関するアリストテレスのテーゼに対する反措定となる根拠として機能する（アガンベン 2009, p.484：傍点ママ）。

アリストテレスの『霊魂論』の議論のひとつの重要な主題は、人間を「理性的な動物」（ロゴスをもつ生きもの）として定義することにある。そのために、「ただ生きていること」、「動物的な生」、「理性的な生」が区別され、それぞれを可能にする能力として、「栄養摂取の能力」、「感覚能力」、「運動能力」、「思考能力」が区別されたうえで重ね合わせられる。これによって、生きものにおいて複数の機能を区別したり、対立を分節化することによって種を分類したりすることが可能になる。つまり、生物を認識することができるようになる。そして、人間がそれらすべてを兼ね具えたものとして定義されることによって、はじめて人間の幸福が、すなわちその特異な能力であるところの知性の現実化が、共同体の目的として導き入れられることが可能になる。そして、この幸福を目的とすることによって、この目的を共有することのできない他者として、「剝き出しの生」が包摂的に排除される。*4 このことを、アガンベンは、これまでみてきた一九九六年の論文のアリストテレスの引用と同じ箇所を引用しながら、二〇〇四年の論文「人間の働き」のなかで強調している。

栄養摂取の生［中略］を排除するということこそ、人間の定義を根拠づけている当のものである。

その定義とは、人間とはロゴスをもつ生きものであるとする、『霊魂論』『ニコマコス倫理学』『政治学』でおこなわれているあの定義のことである（アガンベン 2009, pp.449–50）。

しかし、アリストテレスの分離と重ね合わせの装置が、主体としての人間の構築的定義と同時に「剝き出しの生」の包摂的排除を可能にするとすれば、反対にドゥルーズは、内在原理によって、これらの位階と分離の一切を不可能なものとして退ける。

つまり、内在平面は潜在的な非規定原理として機能するのであって、そこにおいては植物と動物、中と外、さらには有機物と無機物が互いに中和され、一方が他方へと移っていく（アガンベン 2009, p.484）。

それでは、このような「内在原理」によって可能になる「一つの生」としての「内在平面」は、より具体的に考えるとすると、どのようなものでありうるのか。ところが、これにたいする一九九六年の論文でのアガンベンの結論は、それほどはっきりしたものではない。すなわち、この「一つの生」、すなわち「脱主体化の母型自体」が、「生権力への隷属をしるしづける境位」と同じ場所に見出されるからには、近代哲学のなかに、「内在の線」と「超越の線」をはっきり区別することを可能にする系譜学的探求が必要であるということと、またそれを踏まえながら「生」という語の系譜学的探求をおこなうことが必要であるというのがそこでの結論である。つまり「生」概念の系譜学によって、この「内在平面」としての「一つの生」の思想的具体化がなされなければならないということである。

> すなわち、その探求は「生」という概念が医学的・科学的な概念ではなく哲学的・政治的・神学的な概念であるということを示すことになるということ、また私たちの哲学の伝統に属する多くのカテゴリーがこれにしたがって考えなおされなければならなくなるということである（アガンベン 2009, p.495)。

ここで、この「生」概念の系譜学的分析の見取り図にたいして、「医学的・科学的」と「哲学的・政治的・神学的」という分類が外挿的にかかわっていることをみてとることができる。この分類が、まったく唐突にあらわれるにもかかわらず、その正しさがアガンベンによって疑われていないようにみえるのはなぜなのか。「科学的・医学的」なもののカテゴリーが、「哲学的・政治的・神学的」なもののカテゴリーの外部を形成しているかのようにみなされているのではないか。もしかりにそうだとしても、それではなにゆえ前者についてアガンベンは触れていないのか。

この二分法の正しさは、近代の人間認識に根拠をあたえるべく生み出された人文学／自然科学という分類と同じだけのふたしかさを巻き込んでいるのではないのか。この二分法は、あくまでも人間を自然から切り離そうとする思考を、無自覚に表出しているのではないか。しかし、ドゥルーズの「内在原理」を真剣に引き受けるのであれば、むしろ重要なことは、そのような自然と文化といった近代の人間認識の基礎をなしているカテゴリーそのものを横断してしまうような「生」の概念こそが必要とされていると言わねばならないのではないか。

アガンベン「人間の働き」と「可能的知性」

二〇〇四年の論文である「人間の働き」において、「一つの生」と「剝き出しの生」をめぐるアポリアについてのアガンベンの解決は、よりはっきりした形で提示されているように思われる。そこでアガンベンは「多数者」という類的形象を導き入れることで、「一つの生」のより一層の具体化をはかる一方で、同時に、アガンベンの思考の問題点をもよりはっきりと示しているように思われる。

ここで議論される「人間の働き」とは、アリストテレスによって「ロゴスにしたがって現勢力という状態にある生」であると規定されたものである。つまり、人間の本質を規定する能力であるところの思考能力（ロゴス）が現勢力にあるような生を実現することが「人間の働き」である。このことが含意するのは、人間の幸福とは、このような人間的能力の現勢化であり、したがって、人間の幸福を追求する倫理学は、このような「良く生きること（en zēn）」をたんに「生きること（zēn）」から分節化することによって、人間の「窮極の善の定義」をおこなうことにある。そして、政治学の目的は、この人間の「窮極の善」でもあるのだから、まさに、この「人間の働き」のアリストテレスの規定は、まっすぐに彼の政治学的な思想と結びついており、人間の政治は「何らかの「働き（ergon）」を通じておこなわれている」ということになる（アガンベン 2009, pp.450–1）。

したがって、かりにアリストテレスが繰り返し述べることが正しくて、「人間の働きは、純粋な潜勢力や能力ではなく、その能力の「現勢力(energeia)」、つまりその能力の行使以外ではない」(アガンベン2009, p.450)のだとすると、政治はそこで「働くべきもの」であるロゴスを中心にして規定されることになるだろう。このような政治においては、すでにみたような「根拠の原理」によって、一方でそのような善性を担うべき主体が構成的に定義され、それぞれの働きに応じて、政治的目的の実現のための場所がそれぞれに割り振られる。つまり、その場所が割り振られる「生」は、ただ生きているだけの生ではなく、「何らかの生」(アガンベン2009, p.451)を享受することがその目的によって許される。他方で、このような「有意の政治」は、原理上、「剝き出しの生」(「植物的な生」、「栄養摂取の能力」、「ただ生きているもの」)を包摂的に排除することが不可避となる。

「生(zoē)」の分割と分節化に依拠している以上、政治の唯一の規定は結局のところ生政治的規定である。人間が人間としてもつ働きである政治的なものは生きものにおいて捉えられているが、それは生の活動の一部分を非政治的なものとして排除することによってなされている(アガンベン2009, p.452)。

つまり、その能力の行使のみが、「人間の働き」であり、したがって人間の「窮極の善」が、その能力の完全な行使にあり、その最高の実現が政治の唯一の目標であるならば、政治の唯一の規定は、生政治的規定になる、ということだ。なぜなら、この目的の定立のためには、その底部において、そのような価値をあたえられないにもかかわらず、あたえられないがゆえにその底部をなすことのできるものを必要とするからである。それが人間の善にとってなんの役にもたたない、なんの貢献もしない「ただ生きているもの」である。こういうものが、人間の連続的なひろがりのなかに現実には含まれない、たんなる抽象概念であればよいのだが、実際はそうではない。むしろ実際にそうではないがゆえに、それの価値を否定する倫理が、倫理として成立すると考えるべきだろう。つまり、人間はただ生きているだけのものでもありうるがゆえに、政治は、人間をその本来の目的に向かうように導かなければならない、というわけだ。

この西洋形而上学のアポリアを根本的なところで脱臼させるためにアガンベンが描く戦略は、中世アヴェロエス主義におけるアリストテレスの『霊魂論』解釈に依拠することで、アリストテレスの議論が含んでいる別の、逸脱的な可能性（それはすでにみたようにドゥルーズの「一つの生」においてアガンベンが見出していた可能性でもある）、すなわち「このロゴスによる生は、その生の純粋な潜勢力にしたがって考察することもできる」（アガンベン 2009, p.450）という可能性を賦活するというものである。つまり、「人間の働き」の本質を、「有為」においてではなく、その「無為」において見出すという道である。しかし、それはいかにして可能なのか。そして、そこで言う「無為」とはいかなる意味においてなのか。

アガンベンの解釈にしたがえば、アヴェロエス、そしてその影響を受けているダンテは、ロゴスを動物と人間の本質的な差異（種的差異）として単純におくことはしない（なぜなら「人間はこれを動物と共有している」から）。また、他方で、人間を知性の完全な現勢化においても定義しない。なぜなら、それは人間よりも上位である天使においてのみ実現されうるものだからである。そうではなく、「つねにすでに現勢力という状態にあるわけではないということ、何よりもまず、たいていは潜勢力という状態にあるということ」（アガンベン 2009, p.453）を、[*5]人間のロゴスの定義としている。

［人間の潜勢力の］最終段階は可能的知性によって学習する能力をもつ存在（esse apprehensivum per intellectum possibile）である。これはもっぱら人間に属し、人間より下位にある被造物にも上位にある被造物にも属さない。じつのところ、知性を持つ本質が人間以外にあるとしても、それらの知性は人間の知性のような可能的なものではない。というのも、そのような本質は純粋に知性からなる種であって、その存在はもっぱら本質の何たるかを了解することに存するからである、その了解は中断なく（sine interpolatione）起こる。さもなければ、それらの存在は永遠ではなくなってしまう。つまり、人間の潜勢力の最終段階が知性からなる潜勢力、知性からなる力であるということは明らかである。この潜勢力は、個々の人間によっても、すでに列挙したそれぞれの共同体のいずれによっても全体的・同時的に現勢力へと縮減されることはありえないのだから、全潜勢力が現勢力へと移行されるにあたって媒介となる、人類の多数者なるものが存在するということが必然的である（アガンベン 2009, p.456）。[*6]

このことがアガンベンにとって意味するところは、ダンテが「人間の無為に対応する政治を考えている」（アガンベン 2009, p.458）ということである。アガンベンがここで言う「無為に対応する政治」は、「単に絶対的に人間の理性の働きを出発点として規定されるのではなく、自らが存在しないという可能性、自体的無為の可能性を露呈し、そのような可能性をそれ自体の内に含んでいるような働きを出発点として規定されている」（アガンベン 2009, pp.458–9）。つまり、人間の定義が、ロゴスを中心とするということは引き受けるにしても、それはアリストテレスのように「働き」にあるものとして規定されるのではなく、反対に、働いていないものとして、より正確には、つねにそれは働きとともにしか見出されないにもかかわらず、同時に働かないこともありうるものとして規定されるということである。無為を含むことで、ロゴスはその本質を働きにおいてではなく、その潜勢力において、むしろ潜勢力にあるものとして、つまり「可能的知性」として規定される。

しかし、この無為の政治学には、二つの関連した問題が付随する。第一に、このような「可能的知性」はひとつであるのかという問題、第二に、それがひとつであるとすれば、それはどこにおいてあるのか、あるいはなににおいてあると言えるのか。

第一の問題にたいして、ダンテとアガンベンは肯定によって答える。この「可能的知性」は、それが働かないこともありうることをその定義として含む以上、それが「中断」と「不連続」を受け入れるためには、数的に一であることが不可欠となる。なぜなら、この「可能的知性」（これは「純粋な潜勢力」とも言いかえられるが）が数的に一でないとのだするならば、それは個々の人間や、個々の共同体の消滅とともに可滅的なものとされることになり、無為はそれ自体においてあるのではなく、たんなる有意の偶然的な欠如、すなわちたんなる「非存在」とみなされることになる。それゆえに、アガンベンは、「無為の政治学」の議論のなかに、「可能的知性」の単一性というアヴェロエス的な主張を肯定的に巻き込むことになる。

第二の問題にたいして、アガンベンとダンテは、この「可能的知性」の相関項として、「多数者」

（multitudo）をとりあげることで答える。アガンベンによれば、「多数者とは潜勢力の実存の類的形式」（アガンベン 2009, p.458）のこととされる。

つまり何らかの人類全体の（humane universitatis）働きなるものがある。この働きによって、人類はかくも大きな多数者へと組織されて（in tanta multitudine ordinatur）いる。そのような働きはただ一人の人間によっても、ただ一つの家族によっても、ただ一つの村によっても、ただ一つの特定の王国によっても、完全に実現されることはありえない（アガンベン 2009, p.455）。*7

この「多数者」は、「中断」、「不連続」、「偶然性」をもつと同時に、働きや目的によって分断される個別の共同体としてではなく、いかなる区別ももたない潜勢力にある人間の「実存の類的形式」として理解される。この類的形式は、特定の民族でも、国家でも、共同体でも完全には実現されない。この「多数者」は、無為をその本質として含むとはいえ、「可能的知性」と結びついているがゆえに、たんに怠惰なわけではない。またそれによる「可能的知性」の現勢力への移行が、つねに起こっているわけではないので、たんに有意なわけでもない。むしろ、その移行は、「しかじかの個人につねに偶然的に依存している」（アガンベン 2009, p.458）のである。そこには、「中断」と「不連続」と「偶然性」が不可欠なものとして入り込んでいる。

このダンテからの引用で提示された「多数者」という形象が、ネグリによって提示された「多数者」（「マルチチュード」、cf. ネグリ&ハート 2003）概念の批判的深化を目指すものであることは容易にみてとることができる。「あらゆる個々の共同体を超過し、その超過に対応する統整的根拠としての君主制や帝国といった共同体をも超過する政治」（アガンベン 2009, p.459）が、ダンテ＝アガンベンの「無為の政治学」のプロジェクトに賭けられているのだろう。しかし、ここでこれ以上、アガンベンの政治学を描きなおすことはやめにして、さきを急ぐことにしたい。

アガンベン「思考の潜勢力」と「非の潜勢力」

アガンベンの「潜勢力」概念を理解するために、彼の言う「無為」としての「潜勢力」について、別の角度から検討しておこう。その材料としてとりあげるのは、彼の「思考の潜勢力」という論文である。このような「中断」と「不連続」を受け入れる「純粋な潜勢力」としての「可能的知性」は、現勢力との関係におかれた潜勢力、つまり「〜することができる」という能力からはっきりと区別される必要がある。つまり、このような「純粋な潜勢力」は、ただ「中断」を許容するだけではなく、「中断」あるいは「宙吊り」をその本質的要素とするようなものでなければならない。アガンベンは、このような「潜勢力」のあり方を、この論文でたんなる「潜勢力」から区別して、「非の潜勢力」と呼んでいる。

彼［アリストテレス］は次のように書いている「非の潜勢力（adynamia）とは、［……］欠如であり、潜勢力（dynamei）とは反対のものである。あらゆる潜勢力は、同じもの［潜勢力］の同じもの［潜勢力］に対する非の潜勢力である（tou autou kai kata to auto pasa dynamis adynamia）」。[*9] ここでは、「非の潜勢力（adynamia）」はあらゆる潜勢力の欠如をではなく、非の潜勢力、「現勢力にならない潜勢力（dynamis mē energein）」を意味する。つまり、このテーゼによって定義されるのは、あらゆる人間的潜勢力に特有の両義性である。その両義性はその原初的構造において、自体的欠如との関係を自ら維持しているのであって、人間的潜勢力はつねに──同じものに対して──存在することができる潜勢力であるとともに存在しないことができる潜勢力、なすことができる潜勢力であるとともになさないことができる潜勢力である（アガンベン 2009, pp.342-3）。

したがって、アガンベンの解釈にしたがえば、純粋な潜勢力としての一なる「可能的知性」は、「〜することができる」という意味での『潜勢力』よりも、そのような「潜勢力」がつねに不可避的にともなうものである「なにもしないでおくこと（つまり「無為」）ができる」という意味での「非の潜勢力」である。このような「可能的知性」とは、なにかを知っている（つまり「解をもっている」）ということではないのは言うまでもないが（これは知の現勢態である）、なにかを知ることができる（つまり「問題提起し、それを解くことができる」。これは現勢態から類推された不純な潜勢力である）ということでもない。それはむしろ、「問題を提起し、それを解くことができる」の裏側につねにつきまとうところの、「問題を解けたことにしないでおくこともできる」ということ、つまり「懐疑の脈」に憑りつかれることができることである。[10]アガンベンはつぎのように述べる。

存在しないことができるという潜勢力があらゆる潜勢力に本源的に属しているのであれば、次のようになるだろう。すなわち、現勢力へと移行するときに、自体的な非の潜勢力を単に取り消すのでも、それを現勢力の背後に放置するのでもなく、自体的な非の潜勢力を現勢力へとそのまま全面的に移行させ、つまりは現勢力へと移行しないのではないことができるもの、これこそが真に潜勢力をもっているものである（アガンベン 2009, pp.348–9）。

以上のような「非の潜勢力」についてのアガンベンの解釈は非常に重要な示唆をあたえてくれる。しかしながら、アガンベンが問わないのはつぎの点である。この「非の潜勢力」としての「可能的知性」は、真に「人間」なるものの定義、つまり種的差異なのか。もしかりに、ドゥルーズが「一つの生」において見出していたものが、アガンベン自身も注意しているように「観照」する生、すなわち「可能的知性」でもあるならば、しかし同時にそれはアガンベン自身が指摘するように「栄養摂取の能力」、すなわち「剝き出しの生」と不可分であるどころか実体として同一であるならば、アガンベンが見出した数的に一である「可能的知性」と「剝き出しの生」は、「内在原理」を徹底させるかぎりにおいて、真に区別することは不可能なものなのではないか。アガンベンは、「可能的知性」を現勢化するものを「哲学者」に見出しているが（アガンベン 2009, pp.457–8）、しかしそうではなく、まさに「ただ生きているもの」こそが、「可能的知性」の担い手としての「多数者」の真の形象ではないのか。ただし、その「ただ生きているもの」とは、「根拠の原理」によって人間的政治学という目的が「深層」に幽閉した生ではなく、そもそもそういったものとかかわりをもちえないものたちの生のことである。

アガンベンの思考する「無為の政治学」が、「何であれ」（quodlibet）の共同体を求めるのであるとすれば（岡田 2011, p.111）、その「何であれ」には動物や植物、あるいは鉱物は含まれるのか。もちろん動物「的」な生や植物「的」な生は含まれるに違いない。無為を政治学の目的とするという逸脱へと誘うものの、「人間の自由と幸福」（アガンベン 2009, p.483）という目的自体は決して譲らない現代の人文主義者アガンベンにとって、おそらくこのあまりにも素朴な問い返しは、ばかげたものであり、意味をなさないものと判じられることは明らかである。しかし、この無意味さは、筆者には、アガンベンにとっての自明の前提である無意味な問いである。人間の幸福という議論の根底を共有していないがゆえに、「医学的・科学的」というカテゴリーと「哲学的・政治的・神学的」というカテゴリーの分類の正しさとのあいだで相互に根拠をあたえあっている関係にあるように思われてならない。

むしろ重要なのは、「可能的知性」へと拡張された「知」の理解を、真の意味で「生」と連続的なものとして理解することではないのか。そしてそのさいには、もはや、「医学的・科学的」というカテゴリーと「哲学的・政治的・神学的」というカテゴリーの二分法は意味をもちえなくなるのではないか。

知と生：カンギレム的転回

知と生命の連続性という困難な問題を検討するにあたってここでとりあげるのは、ジョルジュ・カンギレムの「概念と生命」における議論である。一見しただけではわからないように書かれているが、この論文は明らかにカヴァイエスの「概念の哲学」にたいするオマージュであり（彼は学生時代はカヴァイエスの後輩であり、また仕事上の関係ではストラスブール大学での後任であり、さらにカヴァイエスが組織したレジスタンス組織の一員でもあった)、カンギレム流の、つまり生物哲学の観点からみた「概念の哲学」の展開可能性を明らかにする論文である。

このことは、論文全体のなかの哲学者たちの配置、アリストテレス－ヘーゲル－クロード・ベルナール／経験論－カント－ベルクソンという並び(しかしベルクソンは条件つきで、アリストテレス－ヘーゲルの線に再接続される)にあらわれているだけでなく、「知性」をあえて「概念」と呼ぶカンギレムの所作、アリストテレスとベルクソンのそれぞれから数学と生命を相容れないものとみなす条項をとりさげさせる振る舞い、概念と生命を同一視するヘーゲルにたいして「学問」の成立可能性を問いただすそのやり方、最後に「概念の哲学」という標語にたいするさりげない言及(カンギレム 1991, p.407)に如実にあらわれている。カンギレムの生きた時代におけるスピノザとヘーゲルについての錯綜した理解状況についてここで述べる余裕はないが、「生命の哲学が概念の哲学たりうる」ということをカンギレムが述べているとき、ヘーゲルの構想とスピノザの構想がそこに重ね合わせられていることは容易にみてとることができるように思われる。

この場所で、このカンギレムの複雑にして長大な論文の細部(とくに一八世紀博物学と一九世紀のクロード・ベルナールの生理学、最後に現代の分子生物学との比較)を検討することはできないので、それは別の機会に残すとして、いまは彼の「概念とは生命である」という主張を導く議論の論理構造を浮かびあがらせることに専念しよう。

カンギレムは、生命と概念は等価であるという最終的な結論をさきどりしたうえで、さらに、そうであるとすれば、「概念は、まさに概念そのものによって知性への到達へとわたしたちが誘われるのにふさわしいのかどうかと、問わなければならないだろう」（カンギレム 1991, pp.390–1/335）[*11]と述べる。この問いの要求を理解すること自体がそれほど容易ではない。概念と知性が結びつくなどというのは当然ではないのか。むしろ概念とは言うなれば知性の一部、その様態のようなものではないのか。しかし、そのように早合点してはならない。もしかりに概念と生命が等価であるならば、このことはすぐには帰結しない、とカンギレムは考えるのである。

概念と生命が同根であるということを最初に示したのは、アリストテレスである。概念とはすなわち生殖によって維持される生物集団としての種を分類可能にするしるしであり、その種において「構造の型が存続し、さらにはその結果、動物行動学でいう行動の型が存続する」（カンギレム 1991, p.391）。わたしたちは、あまりにも近代的認識論に慣れすぎているので、ここでカンギレムが考えている生物学的実在論とでも呼ぶべき立場（物理主義とは異なるバージョンの自然主義的な実在論）を即座に理解することが難しい。つまり、アリストテレスが、動物の構造や生殖の様子を調べることで種の分類をするとき、その種の差異のしるしは、観察する主体のなかにではなく、まずもって生体のなかに内容としてなければならない、ということをカンギレムは指摘する。それにもかかわらず、そこで見出された分類における種概念のあいだには、論理的な階層性が見出され、この論理的な階層性がアリストテレスのロゴスの理論、すなわち論理学にたいして重要なモデルを提供することになる。カンギレムは、これをもってさらに大胆な仮説を提示することになる。

おそらく、論理学でいう無矛盾律と、生殖がそれぞれの生物で固有のものであるという生物学的法則とのあいだには、単なる対応以上のものがある。任意のものから任意のものが生まれることができるわけではないからこそ、[12] あれこれかまわず何でも肯定することはもはや不可能なのである。生物が何度生まれても固定されているということが、思惟に主張の同一性を強調する（カンギレム 1991, pp.391–2/336)。

もちろん、論理学と生物学とを連続性のもとでみないことは近代の常識である。しかしカンギレムがあえて強調しているのは、それが別々のものであるにもかかわらず、生体のなかにはロゴスに相当するもの、すなわちアリストテレスが「霊魂」と呼ぶものが存在していることを否定することができないということである。ここで「霊魂」と呼ばれるものを、カンギレムはあとで「情報」あるいは「意味」と呼びかえている。気をつけなければならないのは、カンギレムがここで「霊魂」という語で考えているものは、人間の生や死後の生ではなく、「ただ生きているもの」の生、すなわち「剝き出しの生」であり、植物が植物の種子を作り、それがふたたび同じ植物になるという、生物学的現象を物理的現象から切り分けるものそれ自体だということである（「私が概念と生命との関係を扱おうとするのも、生命は生体の形式や能力であるという意味においてだけである」（カンギレム 1991, p.390/335））。そして、この「剝き出しの生」は、カンギレムの観点からすると、すでにして「概念」なのである、つまりあとで述べる「情報」という意味で「概念」だということである。このことをアリストテレスはすでにみてとっていたのだというのが、カンギレムのみたてである。

宇宙における形相の自然的階層が、論理的宇宙における定義の階層を支配する。三段論法が必然性にしたがって結論することができるのは、ある属のもとにある種を、下位の種にたいしては上位の属に位置づけさせる階層のおかげなのである。したがって認識は、霊魂のなかの思惟された宇宙なのであって、宇宙を思惟する霊魂なのではない。存在の本質がその自然的形相であるならば、その本質は、あるがものである存在は、あるがように知られ、あるがために知られるという事実を巻き込んでいる（カンギレム 1991, p.392/336：傍点は引用者による）。

あとでみるように、この階層性を論理と呼ぶこともできるが、数学における束《そく》論という分野であつかわれるような順序構造とみることもできる（そして順序構造の特殊なものがブール代数であり、それが命題論理と一致することは前章の議論のなかですこしみた）。もちろんアリストテレスの体系には論理学を数学と連続的にみる見方が存在しないので、アリストテレスの観点からこれを数学的なものとみなすことはできないということはたしかである。

しかし、カンギレムが言うように、実在の本質が、形相や階層構造、すなわち情報や意味としての概念であるとするような生物学的実在論の立場をアリストテレスがとっていたとすると、そのアリストテレスの立場にはすくなくとも二つの難点があるとカンギレムは指摘している。まず認識の二重性をどう説明するのかという難点である。すなわち、「認識が鏡でもあり、それによって映される対象でもあるということ」（カンギレム 1991, p.392/337）をどう説明することができるのか（これは自然主義的な立場一般に共通する難点である）。もうひとつは、すくなくともアリストテレスの哲学体系上では、数学の位置づけが軽視され、生命と概念のなかに入る余地をもたないという難点である。すなわち、「科学を生物学的機能と同定することによっては、数学的知識を考慮に入れることができない」（カンギレム 1991, p.393/337）ということであり、このことはカンギレムによれば、第一の難点が応用や例証のなかで顕わになったものでしかない。これが最初に引用したカンギレムによる問い、「概念は、まさに概念そのものによって知性への到達へとわたしたちが誘われるのにふさわしいのかどうか」という問いが具体的に明らかにされた姿である。

結論をさきまわりして述べれば、知性あるいは認識（つまり学問）は、生命と等価とされる概念にたいするある過剰として、つまり欠如による過剰によって駆動される潜勢力として定義されるということである。これを筆者は、アガンベンが言うところの「非の潜勢力」として理解することができると考える。アガンベンとの違いは、「非の潜勢力」がたしかに人間の知性と結びつけられているものの、そこで重要なのは人間を超える共同体を定義することではなく、人間を超える学問を定義することだということである。しかし、これらあらたな共同体と学問の定義は、実際には同時にしか起こりえないのではないか。

もちろんこのような立場にたいする批判はありうる。カンギレムがとりあげるのは、経験論による批判、カントによる批判、ベルクソンによる批判であり、それぞれについてカンギレムの立場からの詳しい反批判が展開されている。とくにベルクソンにたいする反批判は、ベルクソンの哲学体系における一般観念の問題についての鋭い考察が含まれており、それ自体で検討する価値のあるものと思われる。たとえば、生体による種の認識は、食べることと結びついているのだが、そのとき食べられるものの同一性の認識＝一般観念は、それが自然の秩序とすくなくともゆるやかに同期していなければ役割をはたさないからには、自然の側から生体の側への観念の流入が、あるいは情報の移動がなければならないというものである。[*13] しかしここでは、カントにたいする反批判だけ簡単にとりあげておきたい。

カントにとって「認識するということは概念によって認識することであり、悟性は直観だけでは何も認識できない」（カンギレム 1991, p.401）。このような概念からなる「論理的地平」が超越論的な構造としての主体のなかにあり、それにしたがって、感性にあたえられた多様の綜合にたいして、論理的な階層と分類と意味が付与される。そのとき自然法則は、感性の法則と悟性の法則のア・プリオリであるかぎりにおいて、ア・プリオリとして知られるのであり、因果性の判断も無限の判断も、すべてこのかぎりにおいて必当然的に妥当なものとして措定される。これがいわゆる認識にかんする「コペルニクス的転回」である。

言い換えれば、認識の対象の中に、生物が事実として存在しているという確信をわれわれは失うのではなかろうか（カンギレム 1991, p.402）。

この疑いに答えるためにカントが用意するのが、悟性によっては知られることなく、ただ経験によって確認されるのみである、統制的理念としての「自然の合目的性」である。これによって自己組織化をおこない、みずからの構成を再生し、自分の複製を形成する有機体を可能にする非機械論的因果関係を示すことが可能になる。とはいえ、これについて人間はア・プリオリになにかを知ることはできない。それはあくまで経験の事実であり、『判断力批判』での関心の対象でしかない。言いかえれば、有機体は美的観照の対象であって、知的観照の対象ではないということだ。ドゥルーズの「超越論的領野」の観点からすると、生命は一種の「超越」として「超越論的領野」のなかに外因的に再導入されるということになるだろうか。これにたいしてカンギレムは、カヴァイエスやグランジェによる「概念の哲学」におけるカント批判を想起させるような手つきで、反批判をおこなっている。

カントとベルクソンにおいて、まったく異なる二つの問題設定の中で難点が符合したということは、事物が、〈認識〉に、ではなく認識から事物へと進行する〈認識の理論〉に抵抗しているということを確認しているように思われる。これはカントにおいてはコペルニクス的転回の限界である。コペルニクス的転回は、〈経験の条件〉と〈経験の可能性の条件〉との間にもはや同一性がない場合には無効である。その場合視点の入れ替えはもう働かず、われわれは同じ現象を、一方ではわれわれの認識は対象に規制されると想定して理解すると言うことと、一方では対象の方がわれわれの認識に規制されると想定して理解すると言うこととは同等ではなくなる。というのも、生命の認識の中には、精神が決めるわけにはいかない座標軸の中心、絶対的とでも呼べそうな座標軸の中心があるからである。生物はまさに座標軸の中心である。私が生命の中に生命の座標軸を探すべきだというのは、私が考えるものだからではなく、また私が超越論的な意味での主観だからでもなく、私が生きものだからである。要するに、ベルクソンは、生物学における概念の現実性の上に、概念の生物学的把握を基礎づけたと見なしうる。草と草食動物は二つの思いがけない生成が出くわしたというのではなく、界と界、属と属、種と種の間にある相互関係なのである（カンギレム 1991, pp.411–2)。

カンギレムにしたがうならば、認識とは概念と概念が出会うことで生じる「概念の概念」なのであり、概念による概念自身への折り返し、概念的平面の二重化によって生じる襞なのである。つまり、概念の内在主義である。

生命とは概念である、というカンギレムの命題は、ゲノムを中心とする現代生物学の観点からすると、まったく妥当なものであり、かつ探求のための適切なモデルのあり方を示唆するものであるように思われる。

というわけで生物の遺伝は情報伝達だと言う際にわれわれは、先に出発したアリストテレスの考え方と何らかの形で再会しているのである。〔中略〕生体の遺伝が情報伝達だというのは、もしそれが、生き物の中にロゴスが書き込まれ保存され伝達されるということだと認めるならば、ある意味でアリストテレスの考え方に戻ることである。〔中略〕それ〔生命の認識〕はむしろ文法や意味論や統辞論の方法に似ているのである。〔中略〕生命を意味として定義することは、発見の作業を白らに課すということである。〔中略〕意味は見つかるものであって、構築されるものではない。有機的な意味が探求される際に出発点となるモデルは、ギリシア人に知られていた数学とは異なる数学を用いている（カンギレム 1991, pp.424–5）。

意味としての生命の探究のためにもちいられる数学として、カンギレムは位相幾何と確率を指摘している。もちろんこの指摘は不充分なものであることは間違いないが、方向性としては間違ってはいない。

重要なのは、それが距離ではない部分と全体の関係、しかもそれが動的な自律性をもつ全体をなすような部分間の関係を知解可能にするような数学であることだろう。そして、情報の形式的特徴をとらえるような学としての数学こそが、カンギレムが想定しているような生物学においてもちいられるべき数学の姿であるだろう。そして、このような数学こそが、概念的平面の二重化による襞としての、つまり再帰的構成、自己組織化としての学問の形成を可能にしてくれる。なぜなら、数学とはすでにこれまで何度もみてきたように、概念の形相、概念の概念を表現することのできるほぼ唯一の学だからである。しかし、カンギレムが想定するような数学の役割は、さまざまな努力にもかかわらず、いまだ完全な姿をあらわしていない。それは情報の学としての記号モデルがいまだに完成されていないというのと、ほぼ同じことである。

生命を情報の観点からみるということは、生命の歴史というものを、この情報伝達の観点から理解するということを意味するはずである。これがいわゆる遺伝子還元論と一致しないことは、生命科学者の中村桂子がつねに強調し続けてきた点であるが（中村 1993）、情報というものを、生理的現象における生物学的機能や細胞の構造に注目するクロード・ベルナールの議論を、現在の分子生物学の観点と接続するカンギレムにとってもそのことははっきりとみえていたように思われる。そして、この生命の歴史（これを中村は「生命誌」と呼ぶが）は、誤りとその誤りを乗り越える過程であるということになる。情報は、つねに伝えられなければならないものであるが、同時にそうであるがゆえに、伝えそこなうことが前提されたものでもあるからだ。したがって、このような生命のモデルとなるものは、誤り、情報の伝えそこない、そしてそれだけではなくその伝えそこないによる欠陥を乗り越える能力を含み込んだものでなければならないだろう。

だから、生命がある意味をもつとすれば、その意味の喪失も、異常や伝えそこないの危険もありうることを認めなければなるまい。しかし、生命は別の道を試みることによってそれらの誤りを乗り越える。生命の誤りはただ袋小路だけなのである（カンギレム 1991, p.427）。

これが、生命と概念を等価なものとみなすカンギレムの結論である。「ただ生きているもの」としての「剝き出しの生」は、それ自身で概念であり情報である。それは、概念の伝えそこないや概念の変形という「誤り」にたいして、「別の道を試みる」という仕方で、つまり「目的の逸脱」という仕方で保持されていた「非の潜勢力」を呼び起こす。この「非の潜勢力」は、まさにドゥルーズの「内在原理」にしたがって、文字どおり、あらゆる場所に見出されるものである。

そうだとすると「知性」あるいは「学問」はどのような位置づけをあたえられることになるのか。カンギレムは、動物の情報－行動様式としてヤーコプ・フォン・ユクスキュルの環境概念を参照したうえで、人間と動物の違いを、この情報－環境の自由度の違いとして明らかにする。動物が遺伝的に固定的な情報－環境をもつのにたいし、人間はある種の普遍的な、言いかえればどこでもない（nowhere）情報－環境を見出す。これが遺伝的な誤りによって、つまり突然変異によって生じたのだとすれば、生物は、「誤りによってこの〈誤ることのできる生物〉に達した」（カンギレム 1991, p.428）ということになるだろう。そのとき、カンギレムは、人間の誤りというのは、情報とその適切な適用の場所とを切り離すことによって（これをカンギレムは簡潔に、人間は「自分がどこにいるのか分からない」と述べる）生じると指摘する。しかし同時に、人間があらたな情報を受けとるのは、自分で移動し、対象の配置を変え、対象を自分にたいして動かすことによる。つまり、誤りの可能性を増大させることによってしか、すなわち、逆説的にも誤ることによってしかあらたな情報を受けとることができないということである。そしてそれによって「認識は、情報の量をもっと大きくし、もっと多様にすること」（カンギレム 1991, p.428）を求め続ける。つまり学問的知性とは、生命を包摂的に排除することによって規定されるものではなく、本来的に生命がもっている「非の潜勢力」を純化し、二重化し、累乗化し、無限に加速し、その極限において開かれたひとつの内在平面なのである。

したがって認識の主体であるということは、ア・プリオリが事物の中にあるとしても、生命の中に概念があるとしても、分かっている意味だけでは満たされないということである。そうなると主体性とはほかならぬ不満足を意味している。しかしおそらくそこにこそ、生命そのものがある（カンギレム 1991, p.428）。

わたしが、「懐疑の脈」と呼んだもの、それはこの根本的な「不満足」であり、この「不満足」にこそ、カンギレムにしたがえば「一つの生」としての「剝き出しの生」が、すなわちアガンベンの言う「非の潜勢力」が宿っているのである。

しかし自然への道のりは、この場所がはたして終着点なのか。知性の本源的欲望としての「懐疑の脈」を「一つの生」と同一視するということの意味は、カンギレムが考察しているような情報としての生命の次元において理解されることで本当に充分なのか。またこのカンギレムの議論は、これまでのカヴァイエスやグランジェの議論や「記号的宇宙」の議論と本当に整合的だと言えるのか。これらの問いに答えるためには、もうすこしカンギレムとともに考える必要があるだろう。

第10章 生命／自然の不定性

「概念としての生命」と「記号的宇宙」の接続可能性

考える必要があるのは、おおきくはつぎの二つの問題である。前章の議論で、カンギレムの「概念としての生命」、すなわち「一つの生」である「剝き出しの生」が、それ自身すでに概念であり、情報であると言われた。そしてそのような概念としての「一つの生」は、不可避に引き起こされる情報の伝えそこない、つまり誤りにたいして、「目的の逸脱」によってその誤りを宙吊りにしてしまう「非の潜勢力」を具えているとも述べられた。第一の問題は、そうであるならば、このような半ば神秘主義的な色合いさえみせるカンギレムの「概念としての生命」の議論は、はたして、これまでに論じてきたカヴァイエスやグランジェによる「記号的宇宙」の議論と本当に接続可能なのか、ということを精査するものでなければならない。以下ではまずはこの問題について考える。

そして、本質的にこの問題と結びつくことが明らかになるはずなのだが、それでは、無魂の自然についての認識は、カンギレムの議論からどう説明されるのか、ということが問われなければならないように思われる。あるいは、そもそも無魂の自然の無魂性を、有魂のものでしかないわたしたちはどのように理解できるのか。言いかえれば、有魂と無魂のあいだの階層区別、つまり生命と自然の包摂的な階層区別は、人間的生／動物的生／植物的生のあいだの包摂的な階層区別と同様に、「内在原理」によって破棄可能なのか。これが第二の問題である。しかし、このような第二の問題の表現は、いずれもすでに誤って提起された問題であるがゆえに解をもちえないだろう。第二の問題については、この問いの措定可能性を含めて考えなければならない。

カンギレムの議論と「記号的宇宙」の議論の接続を確認するために、まずは、カンギレムの議論を情報という観点から再度定式化しなおす必要がある。それを経たうえで、さらに「記号的宇宙」の議論を、最近の記号論の成果を踏まえつつ一般化しなおすことで、そのあいだに隠された連続性を明らかにすることができるだろう。

情報：生命／自然

生命を情報あるいは概念として理解するカンギレムの議論は、一見すると情報遺伝学に基づく一世代古い分子生物学の議論にもみえるが、彼の議論の全体をみると、そこでの議論の射程はより普遍的な問題をとらえているようにも考えられる。たしかにカンギレムは、生命を情報ないし概念と理解するうえで、ワトソンとクリックによる螺旋構造状のＤＮＡとその伝達メカニズムの発見を重要な例として挙げている。しかし、それが引用される以前に展開されるベルクソンについての議論、そしてなによりもクロード・ベルナールの生化学についての議論をみれば、そこで問題になっているのが、物質過程（これはあとにみる意味での無魂的な自然に近い）に上書きされる構造的な情報の自律性にあることがわかる。この構造的な情報（これはほとんど生命と同義であるが）は、現在においても、ベルナールがかつて述べていたように、もっぱら既存の生物を媒介して継承することしかわたしたちにはできず、ゼロから構築することのできないものである。これがいわゆるオートポイエーシスシステム（自己組織化系）の根拠であり、一般にはDNAを介した遺伝物質によって可能になっていると考えられているようにも思われる生物の自己組織化的な構造である。しかし、さきんじて述べれば、ことがらの本質は、「〜として〜を使用する」という語によって理解される事態そのものが内包するパラドックスにあるのではないか。

ベルナールが自身の生化学の成果に見出した情報概念の原型であるものについて、カンギレムのまとめをみてみよう。この箇所は、ベルナールと重ねられるカンギレムの議論を理解するうえでも重要な部分なので、全文引用する。

総じていえば、クロード・ベルナールは、今日では物理的な意味での情報概念によって解釈されるひとつの事実を説明するために、心理学的な意味での情報の概念に近い概念を用いている。そして一般にはあまり認められていない私の考えでは、これこそがクロード・ベルナールが当時の生物学の二つの前線で自説を防戦した理由である。ベルナールは心理学に起源をもつ、指導理念だとか、指令だとか、計画だとかいうような概念を用いるので、時おり生気論ではないかという疑いを自分で感じ、そうではないと弁明する。なぜならベルナールが考えるものは、物質のある構造についてであり、物質の中にあるひとつの構造についてだからである。しかし他方では、ベルナールは物理法則や化学法則は崩壊しか説明せず、物質の構造化を説明するには無力だとも考えているから、その場合には、唯物論ではないとも弁明していることになる。そこで以上のような一節の意味もでてくる。これは一八七六年に成された『フランスにおける生理学一般の進歩と発展に関する報告』からのものである、「特殊な物質条件が栄養摂取や一定のエヴォルシオンといった現象をうむためには必要だとしても、そのため諸現象に方向や関係を与える秩序・継起の法則を生み出したのは物質であると信じてはいけないだろうし、そんなことをすれば、唯物論の粗雑な誤りになるだろう」。また、『共通する生命現象』にはこういうくだりもある、「各生物をある計画の下に、既定の予見された設計に従って構成し、生命活動の驚くべき従属関係と調和的な協働を生み出すのは、物理化学現象の幸運なめぐりあわせではない」。生きた機械の構築、成長、規則正しい入れ替え、自己再生などは、幸運なめぐりあわせではない。生命の根本的な特徴、ベルナールのいうエヴォルシオンは、物理学者のいうエヴォルシオン、つまり孤立し、カルノー・クラウジウスの原理[*1]に支配される系の状態の継起[*2]とは正反対である。今日の生化学者は[*3]、有機的な個体性は、力学的な平衡状態にある系である点にかわりはないが、エントロピーの増加を遅らせ、確率がもっと高い、無秩序な一様性の状態へのエヴォルシオンに抵抗しようとする生命の一般的傾向を示すといっている（カンギレム 1991, pp.420–1：傍点ママ）。

生命ないし魂というものを認めないということは、ある定型的な現象が生起し、それが維持されるシステムが働いている場合、そのシステムの形相の実現は、そのシステムの要素の生起や配列の偶然性や一回性と、その要素を支配する一般的な物理法則にのみ依存すると考えることを意味する。たとえば、地球科学の考え方にならって、海洋をひとつのエネルギー循環システムとしてとらえることができるとすれば、海洋システムがこの地球という惑星のなかで「分化」(differentiation)[*4]したのは、物理現象を支配する一般的な重力法則や岩石溶融と再結晶化による分子構造の移動や偏移を引き起こす化学的法則に加えて、さまざまな偶然的要因が重なったことによってである。また、それが維持されているのもそのような偶然的で確率的な要因を含みながら、一般法則が実現していることによるものと理解される。

海洋システムの分化の過程を考えるうえでは、この一般法則と偶然性の関係を整理しておく必要があるだろう。偶然的要因とは別に、そのシステム内で同定された物質が、一定の物理的法則性(重力法則、電磁場の法則、熱力学法則など)にしたがうということは当然のことであり、それゆえに地球史における「分化」の過程は、科学的探求の対象になりうる。たとえば、地球の平均密度は、重力にかんする方程式から導くことができる。そして、この平均密度と実際の地表上の岩石の平均密度のあいだにおおきなずれが認められることから、地殻部分とコア部分の分離という出来事がかつてあったということが理論的に予想される。

それでも地球が現にこの位置にあり、現にいまあるような組成をもつことが、現に知られている物理的法則の一般性から直接、演繹的に決定されるわけではないこともまたたしかである。海洋は、太陽系のサブシステムである地球というひとつの惑星システムが「分化」する歴史的過程のなかで起こった、さまざまな一回きりの偶然的出来事の重なり合いを要因として含む仕方で形成された。具体的に言えば、地球形成史初期に地球に降り注いだ隕石の種類や数、初期地球のサイズを形成する太陽系内での物質分布の偏りなどである。そこでは、ライプニッツが言うような意味で、歴史的で特異な出来事を規定する「充分な理由」を見出すことはできるかもしれないが、しかしそれを完全に内包的に規定する理性的真理についての認識を見出すことは現実的にできない。だから、地球システムの「分化」を理解するためには、一般的な物理法則のほかに、さまざまな実証データの蓄積とその解釈が不可欠であり、そのありようは人文学に属する歴史学や考古学との連続性を見出しうるほどである。

しかし、ことがらの本質は、人文科学との近さにではなく、「分化」システムの一回性が、システムの設計と不可分な「フレーム」の設定のそのつど性と接している点にあるのではないか。もしかりに「分化」システムに関与するすべての要素を完全に枚挙することができ、そこで枚挙された要素以外の要素がそのシステムに関与しないことが確定できるのなら、そして、そのシステムのすべての要素の振る舞いを予測可能にする一般法則を指定することができるのなら、このシステムの偶然性は、もっぱら初期状態の配列の偶然性にまで縮減される。そして、この系はさまざまな物理法則にしたがう複雑系をなすことになろうから、初期値鋭敏性をもつことになるかもしれないが、それにしてもその系内部での振る舞いは決定論的な振る舞いになるはずである。しかし、真の問題は、そもそもその「フレーム」が現実的に確定できないということにある。想定外の要素が、そのシステムに闖入しないことを、どのようにして形式的ではない仕方で確約することができるだろうか。そもそも、理論を形成し、ことがらを予測可能にすることと、想定外を設定することとは、同じひとつのことでしかない。なぜなら、どこかで要素の全体を規定する「フレーム」を決めなければ、予測可能にするという実践的目標に到達できないからだ。しかし、そうであるがゆえに、地球形成史のように宇宙全体の出来事がなんらかの仕方でかかわることが明らかである認識においては、この「フレーム」を事実によって修正することが余儀なくされることが起こることをあらかじめ避けることはできない。たとえば、月の形成を説明するジャイアント・インパクト説が想定するような原始惑星との衝突は、法則の一般性からは説明できない月の組成を説明するために、形成史にかかわる要素（原始惑星）が増やされたこと、つまり「フレーム」が拡大されたことを意味するのではないか。[*5] このような一回きりの出来事が、そのあとの地球形成史にたいして決定的かつ不可逆な影響をあたえ（季節の変動やプレートテクトニクス）、しかもそれが今後もふたたび起こるか起こらないかは、確率論的にしか予見しえないということが、地球システムの「分化」を理解するうえで不可欠だとすれば、その理解には、そもそも「フレーム」の設定そのものが暫定的なものでしかありえないことを、理論的理解のうえで前提しなければならないということになるのではないか。

地球形成史を主題化して完全に一般的法則のみによって解明するためには、全宇宙の全惑星の形成消滅史を決定可能にするだけの情報が、また全恒星系の、全銀河系の、全銀河団の……個別の振る舞いを規定できるだけの情報があらかじめ必要になる。唯物論的な決定論を本気で支持するのであれば、宇宙内に存在するなんらかの存在者によって、フレームがフレームとして意味をもたないほど理想的な状態にある情報全体を実効的に保持することができるという事実を示さなければならない。これをあきらめて、地球形成史にかんするであろう情報のみに注目するなら、さきほど述べたような「フレーム」を導入することになり、例外をなす偶然的要因としてフレームの外部を包摂的に排除せざるをえなくなる。一回きりの偶然的な出来事の本質とは、この意味で、「フレーム」が包摂的に排除する例外性のことだということになる。

このような一回きりの偶然的出来事の積み重ねと、予見可能な物理法則との織合わせによって、近似的に平衡状態に達している海洋のようなシステムは、だからといって海洋という形相を魂として有していると判じることはできない、と言えるのはなぜか。たとえ、大気中の水蒸気や地表温度を一定の範囲にたもつ温暖化ガスや太陽からの熱エネルギーの流入といったものの全体を考えあわせても、そしてそのシステム内部で、海洋が、さまざまな他の物理的に安定した状態（太陽系や地球内部の大気や地殻システムの安定性）を、自身のシステムの安定性の、つまり海洋という形相の維持のために「使用している」ように解釈できたとしても、それだけでは海洋は「魂」をもつとは言えないのはなぜなのか。このことの理由は、こういった無魂の自然は、特定の「文脈」によってその振る舞いを解釈することができるときでさえ、その振る舞いには本来的に固有の「文脈」が具わっておらず、またなんらかの物質過程の結果を階層的に前提している場合でさえ、それを「文脈」として物理的な因果作用から切り離すことがないからである。ある物質過程が進行した副作用のようなものとして別の物質過程が可能になる場合でさえ（たとえば、地殻の冷却と海洋の発生の関係）、あとからあらわれる物質過程は、先行する物質過程を、それから切り離された「文脈」として使用するわけではない。無魂の自然の物質過程は、「文脈」をあらかじめもたず一義的であるがゆえに、かえって「文脈」にかんする「不定性」が生命において見出されることになる。*6

おそらく、海洋のシステムが生命であるように解釈されることがあるとすれば、それは生命がみずからの存立を可能にしている「使用」という構造を海洋のシステムに投影するかぎりでのことだろう。言いかえれば、海洋のシステムは、実際に、さまざまな物理的平衡状態を、みずからを維持するという「文脈」において「使用している」ようにもみえるが、そこには「使用する」という語が含意する主体性、別の文脈にあるものを脱文脈化し、それをみずからの文脈において再組織化しようとする「目的の逸脱」、あるいは「偏向性」が働いていない。別の観点から言いかえれば、海洋のシステム（として恣意的に区切られたその物質過程）それ自体は、それを維持するさまざまなほかの物質過程が帰結することがらを、それとは別の仕方で使用することを可能にする「非の潜勢力」を有していない、ということである。つまり、生命あるいは魂がこの「非の潜勢力」と同義であるとすれば、海洋のシステムに「魂」はないということになる。別の言い方をすれば、自然はつねに「現勢態」においてある、あるいはすくなくとも「現勢態」に向かうようにあるということである。

生命はある物質過程を、独自の仕方で「解釈」し、無文脈のものに文脈をあたえ、すでに文脈化されているものを脱文脈化することで、まったく異なる「文脈」でその同じ物質過程を「使用」することができるという「非の潜勢力」をもつ（〜として使用することができるが、使用しないでおくこともできるという「非の潜勢力」）。ヘモグロビンも、錐体細胞も、ATP回路も、DNAも、いずれもある物理化学的状態を再生産する物理化学的装置が、高次のシステムの一部としてとり込まれ、それが独自に駆動する「文脈」において「使用」されることで、生体内で「機能」を担う構造となる。神経系内部での電位差の伝播は、たんなる物理化学的な現象であるだけでなく、身体内組織間の調整や変異を指令する情報的な機能として「使用」される。だからこそ、生命においては「誤り」の生じる可能性が認められるのである。物質過程と情報構造の二重化がなければ、そもそも「誤り」は存在しない。なぜなら無魂の自然は、不一致となるべき一致への要求がそもそも存在しないので、誤ることができないからである。

こういった意味での「使用」概念の重要性は、これがたんなる法則の実現ではなく、ある種の「非の潜勢力」をもつということであり「可塑性」をもつということを含意することにある。そして、この「非の潜勢力」や「可塑性」は、情報と呼ばれるものの性質に深く結びついており、それが海洋のシステムと生命のあいだの本性上の差異を生み出しているように思われる。

生命の観点からみれば、生命は、物理化学的な現象のなかで、その「文脈」にとって最適なものを選択して「使用」しているようにみえるが、物質の観点からみれば、生命はそのような物理化学的な現象同士の偶然的な接続の果てに偶然的にあらわれた高次の物質過程にほかならない。この生命の観点と物質の観点のあいだの本性上の差異は、おそらく情報あるいは概念にあるのだが、真の問題は、この差異が実在的な境界をどこかに有しているようにはみえないということである。つまり、生命の起源としての物質という図式は、生命の側からは無限に後退する系譜図となり、物質の側からは無限に前進する創発の前線となってしまう。同じものがつねに、物質の観点と、生命あるいは情報の観点の二重性を引き受けてしまうことができる。そうだとすれば、このいずれかにいずれかを還元するのではなく、生命と物質のアンチノミー、つまり物質と生命の連続性と差異にこそ、とどまらなければならないのではないか。

ベルナールの生命理解を敷衍すれば、物質過程に付帯しながらも、それには還元されない情報的平面が物質過程にたいして主導的、積極的に働きかける「努力」(つまり構造化への傾き)が認められる場合に、それは生命であると呼ばれることになるだろう。ベルナールの言葉を解釈するうえでカンギレムに要請されたこの「努力」という言葉は、シュレディンガーの言うネゲントロピーの作用（シュレディンガー自身が想定しているように反物質のような実体としてではないが）とほとんど区別ができないような意味しかもちえないように思われる。つまり、物質過程にともなう一様化、均質化の作用にたいして秩序、構造を回復しようとする働きかけである。アリストテレスの「栄養摂取の生」とは、この「努力」のもっとも原初的な働きであると言える。植物は、水、窒素、二酸化炭素、酸素、リンなどが大気や地中に散逸している環境におかれると、蓄えられたエネルギーを消費することでそれらを能動的にみずからの生体内部にとり込む。散逸的な平衡状態へ移行しようとする物質過程に抗って差異をもたらすことで、植物はみずからの魂を維持する。動物は、呼吸を前提にしつつ、エネルギーを消費する運動と捕食と消化の活動によって、植物や他の動物に蓄えられた差異をみずからのうちで再凝集する。そして人間は、思考と言語によって、このような差異を差異によって二重化し、さらに別の次元で、すなわち「記号的宇宙」においてそれを反復する。謂わば物理的状態をたんに情報として使用するだけでなく、情報それ自体を、それを実現する物理的状態からは独立に情報として使用し、その構造化、情報化を、任意の物理状態を利用しておこなうのである。

地球システムの「分化」の過程と生命現象の「進化」の過程のあいだで本質的に異なっているのは、このような情報的なものの積極的な、あるいはむしろ自律的な関与の有無であるように思われる。物質循環過程や物質散逸過程は、この情報的なものの維持と再生産のために、生命システムによって積極的に介入される。具体的には、身体組織の外部にある物質を、エネルギーの消費を介してうちにとり込むことで、消化、吸収、排泄のさまざまなシステム階層の循環を経て、その物質からエネルギーを過剰に蓄積し、その余剰エネルギーをもちいて生体内のさまざまな物質代謝に介入しながら、情報構造を維持、再生する、ということである。これが「剥き出しの生」であり、ただ生きることの意味であり、つまり「栄養摂取の生」である。

海洋のシステムとの明らかな違いは、物質循環過程に積極的に介入する「目的」を、言いかえれば、それが生きる「文脈」を生命システムはもっているようにみえることだ。生命を生命としてとらえるかぎり、そこにおいて「生きる」というかぎりで「目的」それ自体を否定することはできない。生命と同義である「目的」なるものは、物質過程に抵抗する情報構造の維持発展によって確認される。そこで言う「目的」とは、なにか具体的な終局や到達点ではなく、「抵抗」や「努力」を支配する共通項であるたえざる構造化、情報化の別名でしかない。「生きる」ということが情報構造の再生、反復、差異化であるとすれば、その「目的」を否定するあらゆる物質過程にたいして生命システムは「抵抗」と「乗り越え」を試みる。

ウンベルト・マトゥラーナとフランシスコ・ヴァレラによって提唱されたオートポイエーシス理論にはいくつかの特徴があるが、そのなかでももっとも注目されてきたのは、オートポイエーシスシステムには入力も出力もないという特徴だろう。この命題は、いまやここでの議論を踏まえれば、「剥き出しの生」が実現する情報構造の平面、つまり「内在平面」が、それに付帯する物質過程の平面から基本的に独立した、自律的なものであると考えられることを意味していると解釈できる。物質過程として生命をみれば、明らかにそこには入力も出力もある。物質過程としてみれば、生体は外部から物質をとり込み、それをしばらく内部にとどめたあとにふたたび外部に排出している。また外的現象が生体表面との接触を介して、その表面に物理的変化を生じさせ、その変化を情報の入力とし、それにたいしてなされた情報処理や行動をその出力としている。しかしオートポイエーシスの観点は、徹底して情報構造の平面の視点にとどまることで、その情報構造の自律的な分化システムを明らかにする点にその意義が見出される。それゆえ、その観点にたつならば、システムには内部と外部の境界は存在せず、物質ではなく情報が主体であるがゆえにその関係はメトリック（延長空間上の距離的関係）ではなくトポロジック（情報空間上の位相的関係）であり、またそのシステムには入力も出力もないということになる。したがって、オートポイエーシスの観点の独創性は、生命現象を、物質過程の延長上にではなく、情報構造の自律性の観点から理解しようとするその態度にある、と言うことができるだろう。

しかし、このような見方の問題は、まさにアリストテレスの人間の定義のために供犠に捧げられる魂の自然が包摂的に排除されている点にある。生命を情報構造の平面のみでとらえることは、生命の起源の問題を等閑視すること、あるいは端的に無意味なものとして切り捨てることである。しかし、これは自然を生命という目的のための犠牲にすることなのではないか。あるいは、それによって生命のもつ自然への本質的依存を、あるいは生命が生命であるかぎり反復され続ける生命の起源についての正当な評価をとり逃すことになるのではないか。起源のパラドックスは、解けない問題としてたんに捨てられるべきでもなく、解決済みの問題として処理されるべきでもなく、問いとしてそこにとどまり続けるべきものではないのか。

記号、再帰、投機性

以上のように理解された概念（あるいは情報構造）としての生命と、グランジェの「記号的宇宙」とのあいだの整合性について検討するために、ここではグランジェの議論を一端離れて、記号の理解そのものを深化させることから始めたい。

田中久美子の画期的なアイデアにしたがえば、記号を構成する要素は、「指示子」、「内容」、「使用」の三項関係としてまとめることができる（田中 2010, p.51）。[*7]「指示子」はフェルディナン・ド・ソシュールの「シニフィアン」、チャールズ・サンダース・パースの「表意体」に対応するものであり、なんらかの記号的内容への参照をおこなう記号的基体である。また、この記号的基体は、文字素や音素あるいは電位差を含めて、なんらかの物質的な構造の物理的な存続を前提している。「内容」は、ソシュールの「シニフィエ」、パースの「直接対象」に対応している。この「内容」もまた記号表示が可能であり、そのときその記号表示そのものは「指示子」として機能する。したがって、「内容」は、プログラミングのように記号間の関係のみで世界が閉じている場合にはじめて、ある特定の記号を「指示子」とし、また別の記号を「内容」として安定的に差異化することができるようになる。最後に「使用」は「記号を使用することによって生まれる価値」（田中 2010, p.52）とされ、ソシュールにおいては「差異」、すなわちランガージュの体系内の要素に帰属しない「全体論的価値」に相当し、パースにおいては「解釈項」に対応するものとされる。この「使用」もまた、プログラムのように記号間関係で閉じた系において特徴的なことだが、特定の「指示子」をもちいることで記号表示することができる。

記号の二元論的見解と三元論的見解の差異をなしているのは、田中（2010）によると、記号の「意味論的なもの semantics」（内容を司る構成要素）に注目する立場と、同じ記号の「実用論的なもの pragmatics」（使用を司る構成要素）に注目する立場の違いとして解釈される。これを、田中は、Haskell のような関数型プログラミングのパラダイムと Java のようなオブジェクト指向プログラミングのあいだの思想の違いとして具体化し、その相関関係を明示化している。

第8章で議論されたグランジェの「対象と操作の双対性」という記号系の基本原理は、田中の言う「意味論的なもの」と「実用論的なもの」の見方の二重性とよく対応する（図表10－1）。[*8] 記号があるということが、まずは「指示子」があるということを意味する。そしてその「指示子」はさらに、「内容」の機能を果たす「対象」と、「使用」の機能を果たす「操作」とに分化し、二重化される。グランジェにおいて記号系は完全に形式化されないので、この二重化はもっぱら記号系を使用する「文脈」を介して分節化される。グランジェの「対象」は、ある記号系において、それぞれの記号が意味する「内容」とおおよそ対応し、彼の「操作」は、その記号系において表示される対象のあいだの変換過程、すなわち「使用」を記述した記号に対応する。代数方程式の例で考えれば、「操作」とは、代数方程式の等価な変換であり、「対象」とはその方程式の解に対応するだろう。命題論理で考えれば、「対象」とは真偽値で、「操作」とはブール代数的なトートロジックな変換である。グランジェの「操作」と「対象」の対がもつ曖昧さは、具体的に書かれうる数学的記号系を分析の対象とするという彼の記述のもつ特徴に由来しているように思われる。グランジェは、この記号系を自然な思考過程において、自然言語を不可避に介入させながらおこなわれている記号的な数学的実践のことと解している。この点、田中の記述対

グランジェの記号論		田中の記号論	
操作と対象の双対性		意味論と実用論の観点の双対性	
記号があるということ		指示子があるということ	
対象	操作	内容	使用

図表10－1　グランジェと田中の記号論の比較

象である各種のプログラミング言語は、明示的には記号化されないものがみあたらないほどに形式化が進められているがゆえに、その分析において明晰性がえられることになる（もちろん、当の著者自身が指摘しているように、その明示化の効果にはさまざまな欠点もともなう）。この明晰性に照らして、グランジェの記号論を再検討することはたいへん興味深いが、いまはさきを急ぐことにしよう。

カヴァイエスの議論においては、概念あるいは定義の措定とともに介入する「問題」という特異な次元が出現するということをこれまでに確認してきた（第Ⅰ部）。カヴァイエスは、これを「あたらしい用語の導入」が不可避に引き起こす事態としてとらえていた。ここから出発して、この「問題」概念を主題化するなかで、筆者は「懐疑の脈」というものにたどりついたのだった（第Ⅱ部）。グランジェの議論をみることで、この「懐疑の脈」は、記号系の自律的発展が不可避に介入させる「形式的内容」を、その可能性の条件としていることが指摘された。すなわち、既存の記号系内において、すでに「使用」されているにもかかわらず、その「内容」をあらかじめ確定できていない記号として、この「形式的内容」はあらわれるのだった。たとえば、（第8章で議論された）グランジェの例によれば、それは三次方程式の解法に不可避に入り込んできた

「虚数」の存在だった。それは「使用」されるにもかかわらず、その「内容」が確定されず、むしろその非合法的な使用を合法的な規則にすることをとおして（ガウス平面と複素数理論）、その「内容」が確定されたのだった。

田中（2010）は、記号系の自律的な能産性の鍵を、記号の「再帰的」な特性に見出した。そこでの議論でもっとも特筆に値すると思われるのは、「再帰的定義」において使用される記号の「投機的」性格を主題化したことだろう。記号的世界にとって再帰的構成が本質的であること自体は、これまでにもパース、メルロ＝ポンティ、ネルソン・グッドマン、カヴァイエスなどさまざまな哲学者が相互に関連しながらも独立に展開してきた主題である。[*9] その一方で、この再帰的構成において決定的に重要な役割を果たすことになる記号の「投機的」性格は、混乱した仕方以外ではほとんど理解されてこなかった。この記号の「投機的」性格には、たとえば、レヴィ＝ストロースの「ゼロ記号」あるいは「浮遊するシニフィアン」や、ラカンの無意識を構造化するシニフィアンとしての「ファルス」にかんする議論が相当するが、しかしこれらにかんする記述的説明は、おおくの場合混乱し、矛盾に満ちたものになっていた。[*10] 田中の議論は、これらの議論を合理化し、一貫して解釈可能なモデルを提示することに成功しているように思われる。[*11]

再帰性とは、「再帰的定義」において顕著にあらわれるように、定義される項が、それを定義する項のなかに未規定のままに登場するような自己言及的構造のことを意味する。田中は、階乗の計算の再帰的定義（たとえば5の階乗の場合、5!＝5×4×3×2×1という計算を実行するためにもちいられる階乗の定義）をその例として挙げている（田中 2010, p.71）。田中の factorial（階乗）関数についての再帰的定義は以下である。

$$
\begin{aligned}
&\text{factorial} = \lambda i\ .\ \text{if (iszero i)}\\
&\quad \text{then } 1\\
&\quad \text{else}\\
&\quad i * \text{factorial } (i-1)
\end{aligned}
$$

このプログラミングを日常言語で書きくだせば、だいたいこうなるだろう。「factorial とは、その関数が適用される数が0の場合には1を出力し、それ以外の場合には、その適用される数にその数よりも1だけちいさい数に factorial 関数を適用したものをかけたものを出力する関数である」。したがって、0の階乗以外の場合、この定義を一回適用しただけでは、その内容が定まらず、かならず出力そのものに factorial 関数を残すことになる。そして、その残された factorial 関数にふたたびこの定義を適用し、プログラムが停止するまでこの操作を繰り返す。実際に再帰的定義を実行して5の階乗の計算結果をえる場合、まず5!を、定義から5×4! に変形し、さらにその結果の一部である4!にたいして最初の定義を再帰的に適用することで 4!＝4×3! とし、これを繰り返すことで 5!＝5×4×3×2×1×1 がえられる。つまり、最初の factorial の再帰的定義は、このような展開過程を内包的に規定している点が重要なところである。[*12]

この「再帰的定義」については以下のようにまとめられ、記号の「投機的」性格が強調される。

再帰的定義では、指示詞が＝の左辺でまず内容に先立って導入され、これを用いて、その記号に即して右辺において内容が分節される。指示詞は自身という複合的な実体を示す手段であり、再帰的定義を行うには内容が定まることに先立って記号は**投機的に**導入されなければならない（田中 2010, p.72：強調ママ）。

確定する前に自身を投機的に記号で表し、それを用いて自身に言及することで自身を分節することが再帰である（田中 2010, p.73）。

この「投機的」特徴は、ソシュールにおける「記号の恣意性」にも重ねられているが（田中 2010, p.73）、定義の左辺である「指示詞」の「内容」は、その「内容」として書かれた「使用」によってのみ分節化されるという意味で、「不定性」（あるいは「未規定性」）を含意する。プログラミングにおける「再帰的定義」は、この記号が本源的にもつ「投機的」性格、あるいは「不定性」を、停止可能性や無矛盾性という制限のなかで、構成的な機能として利用している例だと言える。田中が指摘しているように、自然言語においては、このような記号の「投機的」性格あるいは「不定性」が、非常に頻繁にもちいられ、言語習得においても、また既存の言語体系の拡張においても重要な役割をはたしている。

その一方で、プログラミングのように形式化された言語においては、このような自己言及的な構造は容易に矛盾を導いたり、停止しないプログラムとなったりするために、とりあつかいに注意が必要であるが（田中 2010, p.74）、だからこそ、この再帰性によって、プログラミングは記号の自然な構成力の一部を実現することができるということもたしかである。田中が指摘するように、そもそもわたしたちが使用している「自然言語の記号系が再帰性を自然に生かしたものとなっている」（田中 2010, p.74）がゆえに、プログラミング言語の固有の発展を考えるうえでも、このような記号の「投機的」性格に基づく「再帰性」は非常に重要な課題となっているようである（田中 2010, ch.11）。

まとめよう。グランジェの「記号的宇宙」の議論は、カヴァイエスの議論との関連も示しているように、純粋に記号論的な関心だけによらず、人間の知性や学問の可能性の条件と結びつき、また具体的には数学において例示されるような学問の自律した動的生成過程の分析とも結びついていた。その超越論的条件としての「記号的宇宙」は、純粋に記号論的分析の観点からすれば、田中が議論しているような記号の本性的特徴のいくつかと非常に密接に結びついていることが理解される。それがたとえば、すでにみたような「対象と操作」であったり、その「双対性」であったりした。またとりわけ重要なのは、記号の「投機的」性格と重ねられる「形式的内容」についての議論であった。この「投機的」性格についての議論は、本論で展開された「懐疑の脈」とも直接関係しているがゆえに、その連続性はことさら注目される必要がある。

田中が述べるように、「記号の意味とは、記号の使用を繰り返すことによって得られる関係性の構造が凝縮したものであろう」（田中 2010, p.81）。とすれば、問われるべきは、記号の「使用」を介した「意味」と「無意味」の関係である。言いかえよう。記号はそれ自体、つねにこの「投機的」性格をもちいる「再帰性」によって、つねに記号存在の起源、その超越論的な可能性そのものと接している。「意味」

の起源は、それが神か誰かによってあたえられたものでないかぎり、「無意味」にあるはずだと想像される。しかし、「意味」の観点からすれば、すべては「意味」によってしか理解されないがゆえに、「無意味」とはその理解の外部にしかおかれず、結局のところ、その起源は「意味」の否定として排除される。あるいは、この「無意味」から「意味」への跳躍の不可能性を強調することで、反対にすべての「意味」はみせかけのものにすぎず、すべての真の姿は「無意味」でしかないと考えることもできる。いずれにせよ、「意味」の起源は、「意味」の外部、「意味」の否定、「意味」以前でしかない。

しかし、この記号の「投機的」性格に基づく記号系の再帰的構成において示されているように、「意味」は、その使用において「無意味」という起源を、その現在においてうちに含む。「無意味」は現在の否定としての、決して現在にならない過去としての起源に位置づけられるのではなく、むしろ未来を内包する現在として現に「使用」されるのである。言いかえれば、そのように理解された「(無)意味」の起源は、現在における記号の「投機的」な「使用」とは切り離して認識することなど根本的に不可能なものだということである。その意味で、この現に生成しつつある視点の外部から、そのあいだの決定的な境界を措定するような議論は、すべて瓦解することになる。「事物」による「認識の理論」にたいする反乱(カンギレム 1991, p.411)は「コペルニクス的転回」を転覆させる。そのうえであらたな記号論的転回によって、事物と認識の超越論的な一致は、無意味と意味が交錯し、起源が未来として回帰する生成過程のうえにずらされるのである。

つまり、記号は、それが無意味さを具えたまま「使用」することができるがゆえに、その「無意味さ」の「使用」が含意する「内容」(これをグランジェは、通常の内容から区別して「形式的内容」と呼んでいた)

を意味としてもつことができる、ということである。生命が情報であるということは、この無意味であるものを無意味である記号として「使用」することの可能性と不可分に結びついている。わたしたちがその外部をもたない「記号的宇宙」は、この生命が生命として存立することを可能にする不定性の「使用」の高次の反復であり、その可能性の全体の俯瞰によってもたらされたものであるということになるだろう。

意味と無意味、生命の起源

この「意味」と「無意味」の関係を、本章の前半で議論したベルナールにおける「情報構造」と「物質過程」におきかえて理解しなおすことができる。生命とは概念であるというカンギレムのテーゼにおいて、誤りの可能性、つまり「懐疑の脈」と重ね合わせられた「非の潜勢力」を、生命としての概念は含意している。したがって生命は、概念であると同時に物質過程でもあると考えられている。そうであるならば、生命としての概念の起源は、記号の可能性の条件と同じもののはずである。正確には、記号が存在不可能であるならば、生命もまた存在不可能であり、反対に生命が現に成立していないならば、記号もまた現に成立していないということである。記号が、たんなる物質的な存在としてではなく、まさに記号として「使用」されるさいには、その同じ「使用」の「非の潜勢力」が、つまり、その「使用」を規定する目的を逸脱する可能性が、たんなる物質過程ではない生命を可能にしたのだと考えなければならない。記号の成立可能性は、この目的の逸脱の可能性、すなわち「非の潜勢力」にこそある。

そして、この記号の成立可能性が存在しないかぎり、生命の可能性もまた閉ざされる。生命が可能であるところでは、かならず記号の可能性が見出される。しかしだからといって、かならずしもわたしたちに馴染みのある記号型式として実現された記号だけがそこに見出されるわけではない。なぜなら、そのような記号とは、概念としての生命の記号的可能性にかんする形相的認識を非明示的にではあれ必要とするからであり、また独立した記号系とは、その形相的認識を生命が前提する物質過程からは独立した物質過程のうえで実現するものだからである。このように考えるならば、これまでにおこなってきたカヴァイエスやグランジェの議論が、カンギレムの議論と密接に結びつくことを理解することができるのではないか。

有意味で「文脈」と不可分の「情報構造」は、それ自身が無意味であり、いかなる「文脈」ももたない「物質過程」と対立するがゆえに、オートポイエーシスシステムにおいては、有意味性のみで世界が閉じられる。しかし、そうであるがゆえに、その有意味なシステムを駆動し、またそのシステムが前提する「文脈」そのものは、どこかからあたえられたものとみなされ（生命の起源の問題として放置され）、場合によっては、生命が生命として独立していることの根拠とさえされる。

しかし「文脈」とは、無意味な記号の「使用」を介して事後的に構成される「内容」の連鎖、その自律的な運動性そのものではないとしたらなんなのか。そうであるならば、このように理解された「文脈」は、どこかからあたえられたものではなく、またたんなる有意味性に還元されるものでもなく、そのつど回帰する記号の「投機的」性格、すなわちその無意味性によって根本的にそこなわれ、中断される「非の潜勢力」を含んでもいるはずである。つまり任意の「文脈」は、表面的には、有意味さに根拠と目的をあたえるものでありながら、これまでに論じてきた「懐疑の脈」と本質的に区別することなどできず、記号の「投機的」な「使用」が含む「不定性」を、その本質的な構成要素として（ただし、とりわけその脱文脈化、脱システム化の契機として）もたなければならない。

意味も無意味も、このような記号の「投機的」な「使用」から切り離しては考えることができない以上、つまり「情報構造」も「物質過程」もそれなしには考えることができない以上、「内在原理」によって単純にその両者のあいだの差異を乗り越えてしまうことなどできようはずがない。これらの両者は、「内在原理」そのものの可能性を規定するのであり、どちらか一方を特権化することはできない。「内在原理」によって、脱根拠化、「他者‐構造」の喪失が可能であるとすれば、それは「根拠の原理」や「他者‐構造」が「文脈」であり、同時にそれを脱文脈化する「不定性」をその背後に潜ませているからにほかならない。

生命と自然をどちらか一方に還元しようとする議論、たとえば地球を生命として考えるジェームズ・ラヴロックのガイア仮説も、また反対に生命を自然に還元しようとする唯物論も、*13 ともに自然と生命を分節化する記号の中心的位置を理解していない。生気論も唯物論も、ともにこの記号の中心的位置がもつ二つの側面、つまり「意味」の側面と「無意味」の側面を恣意的に拡張したものにすぎないのではないか。しかし、それらの両方を可能にするのは、むしろそのあいだ、あるいは記号の「表層」における振る舞い、その「投機的」な使用の性格である。

生命と自然のあいだにある「不定性」の境界は、生命の観点にとっては無意味という自己否定と結びつくがゆえに、また自然の観点にとっては有意味という物質過程の外部と結びつくがゆえに、双方にとって厄介ごとである。一方で、この厄介ごとは、有意味性を価値とする観点からすれば、自己言及的矛盾という形をとる。そして他方で、無意味性を価値とする観点からすれば、フレームの脱構築という形をとる。*14

だから、この厄介ごとを無限に繰り延べるためには、有意味性の観点からは、たとえば中世のアリストテレス主義的な自然学（たとえば、アベラルドゥス・マグヌスの鉱物論）がそうしたように、不動の動者たる「第一知性」から発出する知性の階梯によって、すべての存在者を階層構造内に位置づけ、矛盾を排除するべきだということになる。問われるべきでない根源的「文脈」とは「神」そのものであり、生命の中心たる人間はその神のイマーゴとされる。矛盾の完全な消滅は、「神」の出現と同時でしかない。反対に、無意味性の観点からすれば、「フレーム」のあらゆる脱構築の可能性を否定するためには、ラプラスの悪魔のように、あるいは哲学的な神のように宇宙全体のあらゆる状態のあらゆる情報を保有しているなにものかを想定せざるをえなくなる。これら両方の幻想は、意味と無意味の境界をなす「不定性」を逃れようとする双子的な解であるがゆえに、その理想的な形態においてほとんど区別ができなくなる。

「内在原理」を徹底させるということは、このどちらかの解を選択することではなく、そのあいだの「未規定性」にとどまり続けることである。この「未規定性」は「内在原理」に固有のアンチノミーによって肯定的に示される。意味と無意味の境界である「不定性」こそが、「内在平面」における「享楽」の場所である。そしてその場所にとどまるということは、ただひたすらの「内在流入」のなかで、そのつど、自己言及的矛盾とフレームの脱構築とを、意味の再分節化とフレームの再規定の繰り返しにおいて生きるということであり、それこそがたんなる有意味性の怠惰にふけるのでもなく、無意味性のカオスへと逃亡するのでもない仕方で、「一つの生」を生きる方法ではないのか。それは有魂でも無魂でもない。そのあいだの「中間休止」、魂の「非の潜勢力」そのものの顕現である。

第11章　文脈の不定性、記述のプトレマイオス的転回

「機能」と「文脈」

　自然という言葉を素朴に使うとき、わたしたちはそのあいだにある有魂と無魂の区別を意識化しない場合がおおい。たとえば自然を守らなければいけない、あるいはわたしたちは自然によって生かされていると言うとき、その自然という類的表象の中心には動植物が位置づけられているのではないか。自然という言葉がもつどこか牧歌的な、あるいは調和的な響きを構成する要素のなかには、地底や大気圏外にある生命なき自然は含まれていない。しかし、地球科学が述べるように、地球上で進化した生命体が生存可能な圏域は、地球という惑星内の非常にかぎられた場所、つまりその地表数キロの範囲だけにかぎられている。ところが、自然それ自体は、当然ながらそのそとに向かって延々とひろがりをみせており、またそれらと多層的なリズムとともに空間的には共起的な仕方で、時間的には継起的な仕方で結びついている。

　アスファルトで覆われた都市で生活すると忘れがちだが、足元には土と石からなる層がひろがり、さらにその層は火山活動やプレートの運動によって、つねにすこしずつ動き続けている。そしてそのしたではマントル層が、そのさらに奥ではコアがひと知れず流動し続けている。地表に隆起する岩石や火山から噴出する火山灰、地熱によって温められて湧出する温泉は、これら無魂の自然の働きの産物である。自然という漠然とした概念について考えるためには、アリストテレスが『霊魂論』で考察しているように、すくなくとも有魂の自然と無魂の自然とを区別する必要があるように思われる。というのも、地底の造山活動や火山の地底部分での岩石の溶融過程は、植物が繁茂する地表部分の自然と、そのみかけにおいても、実質においてもおおきく異なっているからだ。

言うまでもないかもしれないが、有魂と無魂の差異を有機化合物と無機化合物の差異によって示すことはできない。後者の差異は、その定義上、有魂と無魂の差異を前提しているのであり（有機化合物のもともとの意味は、生体由来の化合物であり、無機化合物は鉱物由来の化合物ということである）、これを前提にして有魂と無魂の区別を規定することは、本末転倒となるだろう。

筆者としては、これまでに言及したカンギレムの議論を敷衍することで、この差異は自律的に再生、展開される情報構造の有無にかかわっていると述べることができると言いたい。このことは、現代生物学の一般的な公準とも矛盾していないように思われる。謂わば、古代からずっと言われてきたように、生命現象にはいわゆる種と呼ばれざるをえないなにかがたしかに見出されるということである。種と呼ばれるものは個別の個体の物質的な安定性の崩壊に直接には左右されず、個別の個体を横断して維持、再生されるという決定的な特徴をもつ。しかし、重要であるのは、種という概念の確固たる妥当性のほうではなく（これ自体は、現代の生物学の哲学的分析においても疑いがもたれうることが知られている）、むしろ種という発想を支えている有魂の自然がもつ一般的特徴である。カントはこの特徴を、自然あるいは生命の「合目的性」と呼んだのだが、生命現象ないし生体が「合目的性」をもつということを、現代の生物学の馴染みの言葉でより簡単に言ってしまえば、「機能」という概念をそれにたいしてみてとることができる。

たとえば、生物形態学者の梶智就は、生物の形態を記述するためにもちいられる「機能」と「合目的性」の関係についてつぎのように述べている。

機能、あるいは合目的性。有機体を時間の下に語る時、これらの概念は不可避的に使用、あるいは思考される。これまでチョウ類の第一小顎について説明を加えてきたが、それを吸盤という名において表記した瞬間まさにそれは吸着する「ため」の構造であることが思考を待たずに納得されたであろう。そしてそれに帰属する合目的性とは、吸着という機能を果たす「ため」の合理的な構造を指す言明であることは、暗黙裡に明らかであろう。「〜のため」、これほどに非生物学的でありながら、生物学において高頻度で使用される言葉もない（梶 2012, p.214）。

「機能」という概念をある物質過程のなかに正当にもみてとることができるためには、第一にその物質過程を「トークン」とする情報構造が「タイプ」として維持されているのでなければならない。「トークン」とは、パース記号論の用語で、ある記号の物質的実現のように、それが意味する「タイプ」を具体的に例示できるものを示し、「タイプ」とは記号の「トークン」によって例示される記号的統一性あるいは意味作用をあらわす。いかなる記号も、この「トークン」と「タイプ」の二重性を維持していなければ、記号として成立しない。[*1] そして「機能」とは、ある意味では、その使用目的の制限された記号系の特殊なバージョンだと言うことができる。たとえば維持されるべき「機能」があり、その「機能」を維持してきた物質過程がなんらかの原因で働かなくなったとき、その代替となるものの条件は、「トークン」として同じ物質過程であることではなく、「タイプ」として同じ「機能」を維持することである。そのため、「タイプ」としての同一性が維持されうるかぎりにおいて、「トークン」である物質過程のあいだの差異は無視されうる（たとえば、神経内の伝達物質とその代替物としての人工化合物）。しかし、「機能」という概念がみてとられるためには、この記号系に必須である「トークン」と「タイプ」の二重性という特徴だけでは充分ではない。第二にこの特徴に加えて、「タイプ」としての「機能」を要素として位置づけることのできる全体、つまり「合目的性」がなければならない。この全体が、要素としての「機能」を統一する最高目的となるとき、「機能」ははじめてその目的に相関的に、その全体のなかの部分として位置づけられる「機能」として現前する。この全体は、記号論的な観点からみれば「文脈」と呼ぶことのできるものである。そして、この全体あるいは「文脈」がカントの言う有機体の理念としての「合目的性」であるだろう。

「合目的性」と「文脈」を結びつける以上のような理解は、もっぱら梶のそれらの語の使用に負っている。

これらいずれの機能概念においても、それが全体における部分の役割を表す言葉である以上、当該器官における機能はその器官のおかれた文脈性を排しては決定されえない。むしろその文脈を指定することそのものが、「〜のために」という言葉を使用することの帰結、そして機能という概念を成立させるべく駆動する効果であろう。そして文脈を指定した時、その文脈が当該器官の存在を基礎づける（梶 2012, p.214）。

有魂性と言うと、非科学的な響きを放つが、それが情報構造の「合目的性」として、すなわち「文脈」として理解されるかぎり、これについて本当はもっと真面目に考えなければならないのではないか。前章でも述べたように、マトゥラーナとヴァレラのオートポイエーシス理論はこの前提がなければ理解できないし、それをもとにしたニクラス・ルーマンのシステム論にしても同じだろう。そして、なによりも人文学のさまざまな分野（文学、歴史学、文化人類学）は、この区別に言及しないことでこれを暗黙の前提とし、人文学の本来の基礎を曖昧なままにしていると言ったら言いすぎだろうか。

人文学の基礎が問われた一九世紀の半ばのドイツでは、ヴィルヘルム・ディルタイが、精神科学（Geisteswissenschaft）を自然科学（Naturwissenschaft）に対立させ、ハインリッヒ・リッケルトやヴィルヘルム・ヴィンデルバントが文化科学（Kulturwissenschaft）を精神科学のかわりにおくことで、この有魂性の基礎を明らかにしようとしたのではないか、とたしかに言うことができるかもしれない。しかしながら、そのあとのフッサール現象学による精神科学の復権も含めて、フーコーが『言葉と物』のなかで示したように、それらは明らかに「人間学の微睡」のなかにあると言わざるをえないようにも思われる。つまり、そこでの有魂性の理解は、あくまで人間精神と呼ばれるなにかを範としているのであり、その意味で、以前に論じたアガンベンによる批判、すなわち人間の定義のために包摂的排除が無批判におこなわれているという批判の範囲内に収まる。そのかぎりで、彼らの有魂性の理解は、その出発点においてすでにここでの議論にとって不充分であり、その代替をなすことができない。

たしかに「合目的性」をもった情報構造の自律性は、人間の文化現象において顕著な特徴としてあらわれている。これは間違いない。しかしその理由は、おそらくは人間存在の実存的構造や、あるいは人間存在の特殊性にあるのではなく、人間の文化なるものを実質的に形成している記号系の特性によるのではないか。人間の文化を形成する記号系が、他の情報構造とのあいだにもつ重要な差異のひとつは、その記号系を実現する物質過程の自由度のおおきさと、その自由度のおおきな物質過程のうえで実現される情報構造の領域の可能的な広大さによるように思われる。

有魂的自然にみられる情報構造は、おおくの場合、特定のタイプの物質過程が含む特異性におおきく依存しており、そこで実現される情報構造のタイプも限定されている。程度の差こそあれ、わたしたちの身体を維持している情報構造にかんしても事情は同じである。簡単な例を出せば、食道は大腸のかわりには（なかなか）ならないし、その逆も難しいということである。あるいはＤＮＡの二重螺旋構造が、ＤＮＡを形成するタンパク質の性質におおきく依存しているという例を考えてもよい。しかし、おそらくは大脳の高次機能領域の発達と深く結びついているのだろうが（なぜなら、この自由度は、大脳の言語野と呼ばれる場所の可塑性となにかしらの連続性があるように思われるからだが）、情報構造を実現する物質過程の自由度は、人間が使用する記号系において飛躍的に向上する。そこにおいては、いかなるカテゴリーの情報も同じ領域として保存したり、処理したり、伝達したりすることができるようになる。そのうえ、そのような抽象的な記号系の場合、その情報構造を維持、展開するために必要な物質過程のためのコストが非常にちいさくなる。特定のネコをつかまえてそれを差し出すことで示すかわりに、恣意的な物質過程と結びついた記号系の場合、「猫」と表示することで、なんらかのネコを指示したことになり、その「猫」にかんする処理、たとえば「つかまえる」とか「飼う」とか「餌をやる」とかを表現し、伝達することができる。

ただし、情報構造と結びつく物質過程はたしかに自由度が高いのだが、本当になんでもよいわけではない。すくなくとも、情報構造を実現可能なだけの差異を表現し、それを構造化できるだけのなにかをもたなければならない。現時点でのこれのもっとも極端な例は、コンピュータを（が）動かしている2ビット列の情報だろう。おそらくは、人間の使用する記号系とコンピュータ言語のあいだの程度の差異は、それ以外の生命現象として実現されている情報構造と記号系のあいだの程度の差異よりもちいさい。しかし、重要なのは、この後者のあいだの連続性、つまり情報構造の「合目的性」という特徴であるだろう。なぜなら、そこにこそ有魂性の本質が具わっているように思われるからだ。

物質過程と情報構造のあいだに質的な差異を認めるとすると、物質過程そのものは情報をもたないということになり、この点に反論を見出すことは容易であるようにも思われる。この問題について、ここで完全に真面目に答えることはできそうにない。というのも、この問題には、おそらく量子力学の問題と情報学と熱力学（情報量とエントロピー）の関係の問題、そしてなによりも物質過程と観測の問題が入り込むように思われるからだ。これらの問題に一気に回答するだけの用意がいまはない。したがって、物質過程と情報構造のあいだに質的な差異を認めることを、ここでは議論上の仮説として前提するという以上のことは言えない。

それでも以下のことは予防的再反論として述べておくことができる。まず、情報とエネルギー（情報量とエントロピーのあいだ）の互換性にかんする最近のいくつかの研究にかんしては、そこで考察されている物質過程が純粋に物質過程だけによるのではなく、ラプラスの悪魔ないしそれに相当する観測者を含む系からなりたっているということに注意しなければならないように思われる。物質過程に観測者のステータスを還元することができるかどうかがそこでの問題となるだろう。しかし、そのような還元が不可能であるとすれば、観測という過程にはなんらかの有魂性がかかわっていると言いうるようにも思われる。かつてプロティノスが『エネアデス』で述べていたように、またドゥルーズが執拗にこれを引用しながら繰り返していたように、まさに有魂性という特徴のひとつの表現は、「観照」すなわちtheoriaにあるのだから。

法則的に理解されうる自然現象についても、基本的には再反論の構図は同じである。たしかに物質過程は、法則適合的に推移するとみなしうるのであって、それ自体で無秩序なカオスと考える必要はない。ただし、そのさいに、物質過程と情報構造が質的に区別されるということから、物質過程が無秩序なカオスであるということが自然に帰結されることもない、ということには注意する必要がある。

第一に、このことのトリビアルな理由として、情報構造は、物質過程に「重ね合わせ」られるということをその語の規定が含むがゆえに、情報構造が存在しないことは、情報構造の観点においてのみ無秩序であることを意味するのであって、このことが即座に物質過程になんの法則性もないということを意味することはない、ということが挙げられる。むしろ、この物質過程の法則性を利用しながら、情報構造は独自の「文脈」をそのうえに「重ね合わせ」るのだと言うべきだろう。

　第二に、なんらかの斉一性と法則性をもつ物質過程に、なんらかの情報が見出されるのは、それを見出す観測者による観測過程が介入していることを暗黙の前提としている、という理由を指摘することができる。たとえば、月の満ち欠けから、潮位の情報を引き出すことができる船乗りがいる場合、その船乗りは、たしかに月の満ち欠けという物質過程に、それと結びついた海洋の潮位の変化という別の物質過程の情報をみてとったことになる。この場面では、たしかに月の満ち欠けには、海洋の潮位という「兆候」が「情報」として「重ね合わせ」られている。しかし、すぐにわかるように、月の満ち欠けの物質過程そのものに、海洋の潮位の変化にかんする物質過程そのものがおりたたまれているわけではない。というのも、第一に、それらの物質過程はさまざまな偶然的で事実的な要因に依存しているからであり、第二に、それらの物質過程は「等しく」、普遍的な法則にしたがって生じた結果だからである。たとえその法則にしたがうなかで相互が相互の実現を規定しているということがあったとしても、どちらか一方が他方の直接の原因であるということはない。つまり、そもそもそこに海洋がなければ、潮位の変化なるものも存在できないということである。その二つを因果的に結びつけ、それを「兆候」という情報の形で「重ね合わせ」ているのは、明らかにそれを観測している観察者、すなわちこの漁師である。この点で、デイヴィッド・ヒュームが述べていたことは正しいように思われる。物質過程の普遍的な法則と、「兆候」としての「情報」は、実のところまったく異なるカテゴリーに属しているのであり、このことをわたしたち人間は、自分たちが人間でしかないということを忘却することによって、しばしば容易に混同する。

月の満ち欠けという物質過程が、潮位の変化という物質過程と結びついていないと言いたいのではない。それらは同じひとつの重力法則にしたがっているかぎりにおいて、空間的には共時的に、時間的には継起的に結びついていなければならない。つまり、月の満ち欠けが一定の仕方で生じることと海洋の潮位が変化することは、同じひとつの法則から帰結する二つの結果であり、またその不変的法則の実現を条件づけるものとして間接的に介入している。つまり、地球があるから太陽との相対的位置関係によって太陽光がさえぎられることで月には地表からみた満ち欠けが生じるのであり、その位置に地球があるから、重力の関係で月はその位置にあるのであり、そしてその月と地球と太陽のなす重力の関係性から、地表の海洋の潮位が変化するということである。だからこそ、「満月の夜は、潮が高い」という漁師の判断は、物質科学的にも正しいことになる。しかし、この物質過程から「満月の夜は、潮が高い」という「兆候」にかんする判断を引き出すことそれ自体は、物質過程そのものだけには還元されない。そのときには、その判断を形成し、有意味なものとして実践的に使用する観測者がかならず措定されなければならない。それなしですますことができるのは、この観測者を普遍化あるいは絶対化している場合であり、つまり無魂的な自然の物質過程を、有魂の自然の特定の情報構造に還元している場合であると言わなければならない。

宇宙の初期状態とそれ以後の物質過程のすべてを支配する普遍的な法則を「知る」ことができれば、あらゆる時点のあらゆる場所の物質の振る舞いをあらかじめ「知る」ことができるという種類の議論にかんしても同じである。たしかに、物質過程は、その普遍的法則性にしたがって、宇宙の初期状態から空間的には共時的に、時間的には継起的に展開されていくものだと仮定されよう。しかし、その初期状態に、事後の状態の「情報」をみるのは、それを観測する「誰か」であって、物質過程にとっての第三者である。つまり、物質過程がなんらかの（確率論的であれ、非確率論的であれ）普遍的法則にしたがっているとみなしうることと、情報構造があるということは区別されうるということである。

結局のところ、これらを混同する議論は、認識が生命現象の延長上にあるというカンギレムの判断（これは幾分ニーチェ的でもある）を看過するときに生じることになるだろう。無魂の自然に情報構造を「重ね合わせ」ることは、有魂の自然、すなわち生命現象と本質的に結びつくことがらであり、したがってそのことから、無魂の自然の無魂性は、その非意味性、非情報性、無文脈性、無目的性にあるのだということが導かれる。これらの特徴を、ここでは総じて「文脈の不定性」（たんに文脈の不在という意味ではない）と呼ぶことにしよう。

認識と技術

無魂の自然の認識とは、物質過程を支配する普遍的な法則を可能なかぎり客観的かつ妥当な判断の形式に変換することである、とひとまず言えたとしよう。無魂の自然に属する「文脈の不定性」のために、それを生命的な目的論的構造のなかにおき入れて理解することは、その本来のありようをとらえそこなうことになる。アリストテレスの自然学の決定的な問題点は、それにもかかわらず、無魂の自然である天体を有魂の自然がもつ目的論的構造にしたがって把握しようとしたことにあると言えるだろう。この目的論的構造を退けるということは、法則を把握する構造の多元性を認めることであり、言いかえれば、数学ないし論理学で表現されうる多様な構造をその法則の表現のためにもちいながら、理論的に表現された法則とそこから導かれる実証的に検証可能な水準での帰結と整合性をはかることで、適切な構造を選択していくことである。つまり、言わずと知れた近代自然科学の基礎的な方法論が、この無魂の自然の法則性を把握するために不可欠な手段となる、ということである。

客観性という用語は、カント的な観念論のなかで理解されるならば、そのような法則の数学的表現の唯一性と絶対性を意味することになるが、客観性という用語が可能的に含意するところはかならずしもそれだけではないだろう。むしろ客観性という用語が、認識過程にたいする内容の優位という状況を指し示すのだとすれば[*2]、普遍的法則の数学的表現そのものが実在する法則と同一視されることはないだろう。なぜなら、客観性とは一次的には、さきに述べたような意味での検証可能性に制限されるが、二次的にはそのような表現のなかにあらわれる「問題」の次元に見出されることになるからである。つまり、二次的な意味での客観性とは、普遍的法則の数学的表現それ自体がもつ、非合理的な部分を乗り越えるように要求する「内的な必然性」である。したがって、そうであるかぎり、客観性ということと、法則を表現する構造の多元性とのあいだにはなんの矛盾もないことになる。ただし、多元的な構造のあいだには、認識過程の歴史(それはかならずしも線形的である必要はないし、連続的である必要もない)がおかれ、そのかぎりでなんでもありの相対主義でもない。なんでもありの相対主義は、「問題」の次元が指し示す「内的な必然性」、あるいは「懐疑の脈」を客観性という用語の背後にみておらず、検証可能性という客観性の一次的な意味しかそこに見出していないように思われる。言いかえれば、多元的な構造においてあらわれる客観性は、その多元的な構造のたえざる形成、再形成を駆動する「問題」の次元においてこそ、真に見出されるということである。

有魂の自然を認識する場合においても、事情は似たようなところがある。カンギレムがベルクソンに言及しながら述べるように、認識するわたしたちが有魂の自然であるがゆえに、ほかの有魂の自然のなかにもその有魂性を、言いかえれば、合目的的な情報構造を見出そうという動機づけがなされる。そして、そこで見出されるのは、認識するわたしの認識可能性に適合したものではなく、むしろうちなるわたしと、そとなる対象とのあいだに共在する情報構造の潜在性である。ただしこのさい、認識する主体の情報構造が生きる文脈を無前提に、ほかの合目的的な情報構造に拡張することでそれを解釈することは、有魂の自然の客観的、つまり学問的認識の資格を有さない。そこでむしろ重要なのは、わたしたちの生きる「文脈」とは独立した「文脈」としてそれを記述することであり、それを記述することを介してわたしたちの生きる「文脈」にたいしてなんらかの脱文脈化の効果を及ぼすことであるだろう。有魂の自然を認識することの真の効果は、記述という行為を支えている「文脈」そのものを多元化し、多層化することにある。

これにたいして技術は、一次的には技術を開発し、使用するものが生きる「文脈」を拡張し、強化することに資するものだと言える。[*3] 言いかえれば、技術とは、無魂、有魂を問わず自然を文脈化するおこないであるということになるだろう。文脈の不定な自然や異なる文脈を生きる自然を、みずからの生きる文脈のなかに位置づけなおすことが、技術の本質なのではないか。別の言い方をすれば、情報構造の定まっていない物質過程に、みずからの情報構造の「文脈」の一部として「機能」する情報を「重ね合わせ」ること、あるいはすでに情報構造の「重ね合わせ」られている物質過程にたいして、その情報構造を脱文脈化し、みずからの「文脈」の一部として再文脈化することである。たとえば、黒曜石に手を加えることでそれを矢じり「として」利用すること、あるいは野生のイネの種を集めてそれを一か所にまき水をとおすことで、土とイネと水を田んぼ「として」利用すること、また土中の粘土を一か所に集めてこねて成形し乾燥させることで、それを器「として」利用することがそれである。

近代科学が成立したあとで技術は、科学的認識が見出した「文脈」をもたない物質過程や、異なる「文脈」を生きる情報構造に介入することで、さらには人間についての科学が成立してからは、みずからが生きる「文脈」にさえも介入することで、認識された自然を、人間が生きる「文脈」の一部へと技術化し、馴化してきた。それによって、人間が生きる「文脈」は劇的に拡張され、その外延はほとんど目にみえないほどにまでひろがった。人間が生きる「文脈」になるということは、つまり、継続的な監視と介入の対象になるということである。こう表現するといかにもおどろおどろしいものを想起させるが、結局のところそれは、わたしたちの身体が小脳や間脳をつかって、あるいは脳神経系のさまざまな部位をもちいて毎秒やっていることにすぎない。これなしでは、わたしたちは一秒たりとも通常の生活をおくることができない。それと同じように、自然や生物や人間集団の大部分が、このような監視と介入の対象として、わたしたちの生きる「文脈」の一部へと再編されているということである。

そのもっとも日常的な例が気象と海象だろう。地球上の無数の観測点やブイ、灯台、観測衛星、天文台などをシステム化することで、刻一刻と地球上の気象と海象の変化が記録されている。温暖化対策とは、このような観測に基づいて、その変化に技術的かつ人為的に介入すること（あるいは介入する意思表示をすること）を含意している。地球上の温度が一定の範囲内にとどまらなければならない、海洋の潮位が一定の範囲に収まらなければならないという判断は、たしかにその判断の根拠がほかのおおくの生物と共通するとはいえ、わたしたちの生の視点からみた要請にすぎない。むしろ温暖化対策ということが言われうるようになったことは、地球全体の温度や潮位までもが、わたしたちの生きる「文脈」のなかに組み込まれるようになったということを如実に示していると考えなければならないのではないか。

「文脈の不定性」と形態の新規性

たしかに、わたしたちの生きる「文脈」が最近の数世紀のあいだに劇的に拡張してきたことを支えているものは、わたしたちの生そのものである。しかしこの同じ生は、また「文脈」の破棄と創設という真に生産的なおこないとも結びついているのではないか。それらは、フーコーの言う「生権力」とその抵抗の可能性と同様に、同じ「一つの生」でもある。それは人間の本質をなすなにかではなく、むしろその本質が出現するはるか以前から働き続けてきた力の別のありようである。このことをはっきりと示してくれるのは、さきほども引用した形態学者の梶による「新規性」の研究である。

新規性の出現は、新たな文脈の出現と不可分である。吸盤は吸盤としての文脈を構成する合目的性あるいはRudwick［M. J. S. Rudwick］の言うところのパラダイム無しに成立することはない。脚を脚として同一化させていた文脈性から、吸盤としての文脈性へシフトすることによってこそ、吸盤は吸盤として成立する（梶 2012, p.214）。

要素としての「機能」の変化は、その「機能」が位置づけられる全体としての「文脈」の変更なしには生じえない。しかし、この「文脈」の変更はなにによって基礎づけられ、またその不連続な「文脈」のあいだの結節点はどこで維持されているのか。梶の議論にしたがえば、この「文脈」の変更を基礎づけているのは、その「文脈」を生きている生体の運動にある、ということになるだろう。

相互に依存しあう要素の総和としての有機体は、要素同士が生み出す多元的運動をその生存の条件としている。〔中略〕吸引筋は吸着のために、吸盤は個体の位置制御のために存在しているとされる以上、それらは個体つまり有機体の特定領域の生存を通じて具体的に機能している必要がある。そしてそれらが機能しているとされる状態においては常に構成要素間の相互依存的運動が伴う。この運動こそが機能概念によって指定された文脈性の内実である（梶 2012, p216：傍点ママ）。

梶が検討している例はもっぱら動物の例であるがゆえに、彼のもちいる「運動」という用語は明らかに目にみえた動物の筋肉運動を指しているが、筆者としてはこの「運動」という用語は、植物における自己保存のための環境への積極的介入をもその範疇に含めるものと理解したい。つまり、『栄養摂取の生』に始まる「一つの生」の具体的なありようを、梶の言う「運動」という用語が含意しているものと考えたい、ということである。

生存という上位の目的、あるいは生命と同義である目的（これは個々の「文脈」には還元されない、「文脈」

なるものが存在することそれ自体の前提である）のために、個々の生物個体の「機能」部位を規定している個々の「文脈」、つまり個々の運動－環境連関は、その同一性を放棄する可能性を含む。たとえば、梶が示す例（E. J. Slijperによる一九四二年の報告）によれば、「先天的に前肢の機能を失い後天的に後肢を用いる二足歩行を習得したヤギの筋－骨格系は、骨盤を筆頭に、胸部、背部においても顕著な調和的変形を見せた」（梶 2012, p.216）とされる。四足歩行から二足歩行への運動という「文脈」の移行によって、その個体の「機能」部位の構造や機能に顕著な変化がみられるということは、この二足歩行という運動が、みずからの「文脈」を強化するために個々の「機能」部位に変化をもたらすと同時に、そのような「機能」部位の変化が、それが生きる「文脈」をより構造化されたものへと分節化していくということを示しているものと思われる。このような「運動」としての「文脈」の変化は、「運動」それ自体を継続し生存を維持するという上位の目的（繰り返しになるが、これは「文脈」とは区別されなければならない。むしろこれは「一つの生」の存立条件そのものである）のために、特定の運動という「文脈」のなかで特定の「機能」の「重ね合わせ」られていた物質過程を、別の「機能」としてみなしうる可能性（〈非の潜勢力〉）がそこで再発見される過程として描かれうる。

この別の「機能」は、事後的には、たしかに以前の「機能」のなかにあらかじめ存在していたと言いうるのだが、実際にこの新規な「機能」を担保していたのは、かつての「機能」とそれを規定している「文脈」ではなく、そのような「文脈」が「重ね合わせ」られていた物質過程のほうであるだろう。なぜなら「機能」とは、それ自体ある種の「タイプ」であり、「文脈」とはその「タイプ」の意味作用を分節化する全体だからである。それらは「文脈の不定性」を担う物質過程のうえに情報構造として「重ね合わせ」られているのであり、それらの同一性はまさに「タイプ」としての同一性にほかならない。それゆえ「機能」の変化は、既存の「機能」それ自体から説明することはできないのである。

物質過程によって担われる「文脈の不定性」は、「文脈」の変化にさいして「非の潜勢力」としてたちあらわれるように思われる。したがって「機能」の「新規性」は、事後的に構成されるあらたな「文脈」と、そのあらたな「文脈」の成立を担保する物質過程の「文脈の不定性」の両方によってはじめて実現されるということになるだろう。

このことは、エピジェネティクスのような現代的な後成説的な議論（むしろより正確には、前成説と後成説という従来の区別を無効にするような議論）においても確認することができるだろう。適応の結果がなんらかの遺伝性を獲得して次代の生体に受け継がれる場合、このようなことが可能であるのは、遺伝情報がコード化する情報のうちには、物質過程の含意する「非の潜勢力」、すなわち「文脈の不定性」を完全に規定するものが含まれていないことによると理解することができる。遺伝情報はそれ自体、その遺伝情報を担った個体が生きる環境を、ある程度さきどりしていると考えられる。なぜなら、その遺伝情報が遺伝情報としてコード化される以前に、すでにそのような個体の機能や形態が特定の環境にたいして有利であるものが、ダーウィン的な自然選択にかけられていると考えられるからである。そして、情報の細分化、規則の細分化は、原理的には無限に複雑化することが可能であるために、最近のロボット工学がそうしているように、最小限の情報で個体が環境内で適切に発達成長するためには、環境と個体の相互作用をある程度「あてにする」仕方で、情報のコード化をおこなう必要がある。だからこそ、物質過程のすべてのありようにかんして遺伝情報がコード化をおこなうことはなく、そこに物質過程と情報構造のあいだの隙間に、形態発生にかんする「非の潜勢力」が入り込むことになる。

特殊化した脚［ロブスターなどの軟甲綱に属する甲殻類の鋏脚］における機能形態や大きさはしばしば左右で顕著に異なる。左右どちらを特殊化させるか決定する仕組みは、種によって異なる。ある種では遺伝的に決まっているが、また別の種では幼体期における使用頻度によって決定される、つまりより多く使用したほうの鋏が大きく特殊な成長を遂げる場合がある。進化的に見れば後者が祖先的な特徴とされる。元来は使用によって場当たり的に発現する可塑性の一面であったものが、より洗練され genetic に accommodate される過程を経て、派生種における見事な左右二型が生まれたのだと考えられている。Palmer［A. R. Palmer］はこれを受け、形質の使用は現実的な意味で新しい表現型バリエーションを創造すると言う。二足歩行のヤギにおいても見られた使用＝意図的運動による文脈の創始が、ここでは genetic accommodation の帰結として現実的に動物分類群を創り出し、ひいては動物群に矛盾なく多様をもたらす動因となっている（梶 2012, p.217：傍点ママ）。

使用される「鋏」の「重ね合わせ」られている物質過程がもつ「文脈の不定性」が、その具体的な「使用」、しかもおそらくはその物質過程のうえに「鋏」をコード化している遺伝情報が規定していない過剰な「使用」をとおして、「非の潜勢力」として現勢化する。それによって、環境との相互作用をとおして、その過剰な「使用」の結果があらたな形態として安定化する。そして、これがあとから遺伝性を獲得することであらたな動物分類群が創造されることになる。

このことは、前章で論じた記号の「使用」にかんする「投機性」の議論と非常に重要な重なりを示しているように思われる。記号系の動的形成にとってもっとも本質的とみなされる「再帰性」という特徴は、記号という存在者が根本的に前提する「投機性」によって、つまりその内容が不定のままに「使用」されることによって、その「使用」を介して記号系全体の意味作用を分節化していくという記号の動的なありようと結びついていた。記号の「投機性」とは、情報構造の「重ね合わせ」られた物質過程がその「非の潜勢力」をそれ自体として露呈するさいの「使用」あるいは「運動」と同じことがらである。もちろん、これらのあいだには、生体と記号系という決定的な違いがある。それにもかかわらず、これらのあいだには情報構造と物質過程の「重ね合わせ」という次元において、みすごすことのできない連続性が示されているように思われるのである。

多様性とはなにか

文化の多様性や生物の多様性ということがしばしば言われるが、そもそも多様性とはなんなのか。それはたんに区別される領域が複数あるということでもないし、たんに相対的で共立可能な解釈が複数あるということでもないだろう。多様性とはむしろ、時間的な視点からみた「新規性」の生成の空間的表現である。それは時間的に多であるがゆえに、空間的にも多でありうる。したがって、ある瞬間での多様性は、つぎの瞬間の多様性と同じであってはならない。それが同じであるということは、時間的な新規性の出現が否定されているということであり、したがって同時に空間的な多様性もそれとともに否定されるということだからである。多様性とは、時間的な非連続的変化の空間的表現である。それゆえ、文化的なものであれ、生物的なものであれ、多様性の評価は、ある一時点での種類の量によってではなく、通時的な新規性の獲得の速度と、かつて分化した種の消滅の速度の比によってはかられなければならない。

空間的な多様性を理解する鍵は、時間的な「新規性」の出現の理解のうちにある。前章で引用した田中の「投機性」の議論と、今回引用した梶の「新規性」の議論をあわせて考えれば、この「新規性」を理解する鍵は、物質過程の「文脈の不定性」にあり、それが記号系や生体の「機能」の現在的な「使用」に、不可避に介入するがゆえに、そこに「新規性」の出現する「非の潜勢力」が入り込むのではないかと考えることができる。

このようにして出現する「新規性」は、記号や「機能」の現在的な「使用」が、物質過程の「文脈の不定性」を含意するかぎりで不可避である。これは、生存の意志によってひとつの「文脈」を無際限に拡張しようとするのと同じ「一つの生」のありようである。もしかりに近代と呼ばれる人間の生き方が、この「一つの生」の両側面のうちの片方にしか価値をおいてこなかったのだとしたら、重要なのはそこで看過されてきたもう片方のありようの価値を認め、その不均衡をただすことではないのか。

空間的な多様性を認めるということは時間的な「新規性」を認めることであり、つまり歴史に不連続性を認めるということである。歴史とは、根本的に言って、記述されるものであり、また不可避な現在性のしるしを身にまとうものであるがゆえに、つねに現在が放つ光によって、連続性を捏造するものでもある。現在という文脈のなかで、すべての過去の情報を要素として位置づけ、その意味を分節化するということなしに、歴史を記述することはほとんど不可能に近い。エピステモロジーという科学史をその重要な方法とする哲学が試みてきたことのひとつは、この問題を乗り越える試みであり、そのための記述の方法論の模索であったと言えるだろう。

そこで問題となるのは、記述するということのパラダイムを更新することであり、近代という時代が暗黙のうちに前提してきた記述のパラダイムを、その記述がはらむ「不定性」の効果を介してずらすこと、つまり記述を介して異なる「文脈」を可視化することであったと言ってよいように思う。

記述するとはどういうことか

自然の物質過程の記述が、記述主体の介入があったとしてもそれにもよらず、普遍妥当な自然の実像と一致すると素朴に信じられていた時代、そのような唯一の記述に還元できない歴史や心理や文化の記述は、記述対象の特異性や一回性をありのままに描くことをその理想とすることで、独特の客観性を獲得してきたように思われる。このようにして生み出されたのが、さきに述べた自然科学にたいする精神科学や文化科学の対比構造であり、その一方で「一なる自然」と「多なる文化」という非常に素朴な世界観は、この対比構造と、その起源において結びついているように思われる。

そこで考えられている記述とは、記述主体と記述対象のあいだをなんの齟齬もなしに結びつける透明な媒体であり、それ自体がなにか積極的な役割を担わないことこそがその理想とされる。記述するという実践は、記述された文字列を生み出すために不可避な過程であるが、あくまでその実践をとおして記述されるのは、一なる自然にせよ、多なる文化（＝精神）にせよ、対象の客観的な姿であり、記述はその像を固定するための道具にすぎない、と考えられている。つまり、記述それ自体がなにかしら積極的な役割を担うこともなければ、それ自体がなにかしらを生み出すきっかけとなることもないということである。

このような記述のパラダイムは、認識論の理解と密接に結びついている。認識の対象の可能性が認識そのものの可能性と一致しているのでなければ、透明な記述を肯定することなどできない。なぜならそこにおいてはじめて、認識される対象が可能的な認識と一致するがゆえに、対象を認識することが認識することそれ自体の可能性の変更をともなわないことが認められるからである。

これにたいして、カヴァイエス以来の「概念の哲学」の系譜を特徴づけるひとつの標語として、認識論の「プトレマイオス的転回」と呼ばれてきたものがある。この標語は古典的な認識論にたいする反転した認識論を意味しており、言うまでもなく、カントの超越論的観念論における「コペルニクス的転回」をさらに転倒させることを意味している。この表現自体はヴュイユマンの著作によるが、その表現を支える思想の背景には、カヴァイエスの「概念の哲学」がある。グランジェにおける「形式的内容」の議論、つまり操作系にたいして対象が溢れ出るときに、その溢れ出た対象（さきの議論ではこれが虚数だった）が問題としてあらわれ、その問題を解決するために理論形式が修正、拡張されるという議論もまた、実のところこの認識論の「プトレマイオス的転回」をその根本的な問題意識としてもっている。またカンギレムの議論のなかでもこの「プトレマイオス的転回」が、彼の生物学的実在論を論じるにあたって重要な意味をもっていたこともすでにみたとおりであるだろう。

そしてまた、現代の論理哲学や言語哲学が明らかにしてきたように、認識とはすなわち言語的に表現された命題、すなわち記述であるならば、この「プトレマイオス的転回」は、記述の理解についても、ことのなりゆきとして妥当しなければならない。

記述の「プトレマイオス的転回」とは、さきにみたグランジェやカヴァイエスの議論を考慮すれば、記述することとそれ自体があらたな内容（ないし問題：不定性）との出会いを不可避に引き起こすものとしてそれを理解するということであるだろう。このような出会いが不可避に引き起こされるのは、記述が、根本的に記号系に依存していることによると考えられる。記号系は、それ自体の本性として記号の「投機的」な「使用」を含むがゆえに、その記号系によって記述され、確定された内容の外部にある内容（「形式的内容」あるいは「問題」）を、その「投機的」な「使用」を介して呼び込んでしまう。このありようを、カヴァイエスは、「問題」を解決するために導入した用語によってあらたな「問題」が提起される過程として示したのだと理解することができるだろう。

記号の「投機的」な「使用」が提起可能にする「問題」とは、たとえばカントールが「次元」という用語に見出した違和感でもあった（第7章を参照）。この「次元」という用語は、カントールやリーマン、ガウス以前の「文脈」では明らかに確定された意味を担っていた。つまり、それは方程式の次数であり、座標の数であり、互いに独立な未知数の数である。その概念の意味、すなわち「機能」は、先在する「文脈」において明瞭に確定されていた。だから、彼が抱いた「次元」にたいする疑問には、彼のおおくの同僚が意味を見出すことができなかった。しかし、このカントールの違和感は、かつての「文脈」とは質的に異なる「文脈」を分節化し、そちらに移行するための決定的な契機となったのである。この質的に異なる「文脈」は、ガウスやリーマンによって始められたあたらしい幾何学の考え方、すなわち多様体の理論の萌芽的な「文脈」であった。この「文脈」のなかで動き回ること、すなわちこの「文脈」にしたがって既存の数学を経験することは、それまでまったく疑問でもなかったようなさまざまな概念に注意を引きつけるようになる。それがたとえば、「次元」という概念であったし、またカントールが導入したもうひとつの重要な概念である「集合」でもあった。そして、これらの概念が再形成されていくことをとおして、萌芽的な「文脈」でしかなかったものが発達し、それがひとつの巨大な既成の「文脈」となる。そして、このようにして、以前の「文脈」は、以後の「文脈」からみた「先史」となる（図表11－1）。

これまでの議論に登場した「懐疑の脈」とは、かつての「文脈」と萌芽的な「文脈」とのあいだの間隙、空白であり、そのあいだを不一致や未規定性、あるいは別の「文脈」への傾きとして結びつける連続性である。このような不一致や未規定性、あるいは異なる「文脈」への傾きは、記述という実践のなかで「問題」として出現することになる。なぜなら「問題」とは、その「問題」によって表現される概念、つまり記号がその「文脈」において規定されていないということ、はっきりとした位置をもたず、分節化されていないということ、言いかえれば、「解」としてのステータスを、つまり、「文脈」という現前する全体のなかで分節化された機能部位を有していないということを意味するからである。それは端的な無意味でもなく、明瞭な有意味でもなく、そのあいだを指し示す。そして、それがはっきりと規定されないままに「使用」されることで、あらたな「文脈」が、その「文脈」と共立する仕方で徐々に分節化され、規定されていく。つまり、「文脈」が二重化（さらには n 重化）されていく。

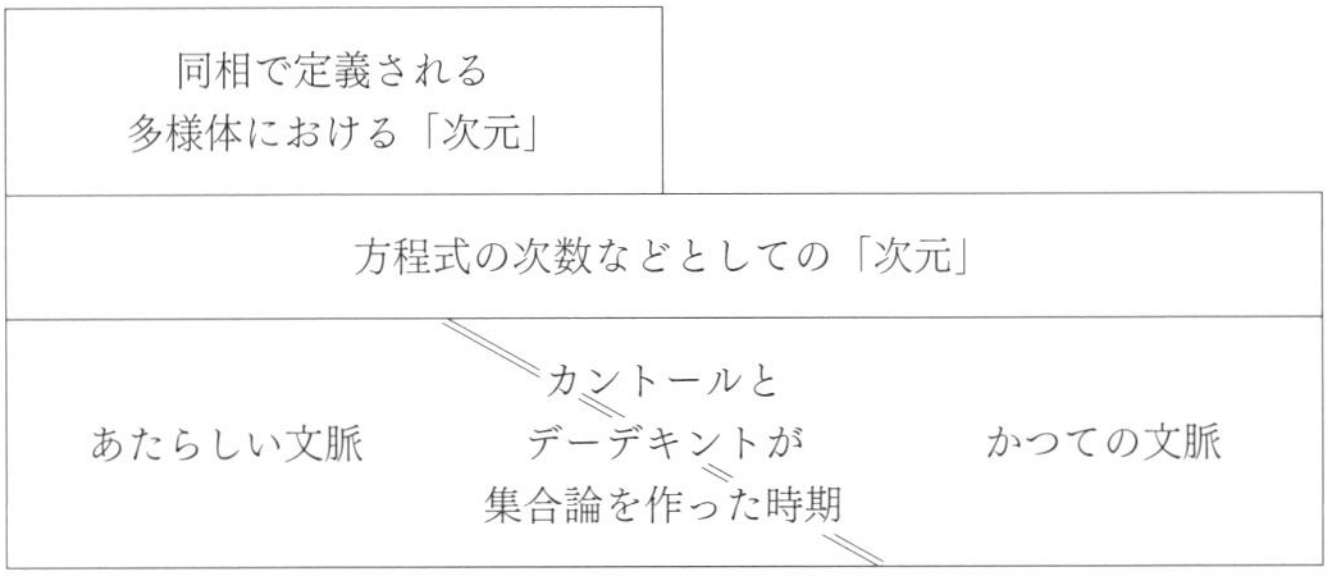

図表11－1　「次元」という用語における「文脈」の分節化・二重化

たとえば、その典型は「集合」という概念の「使用」に見出すことができる。エルンスト・ツェルメロによって公理化が進められるよりも半世紀ほどまえから「集合」という概念は未規定のままに「使用」され、その概念が指し示すであろう領域を分節化し続けてきた。ツェルメロやアドルフ・フレンケルによる公理化は、この営みのあとでこそはじめてその意味をもつのであり、公理化されたような集合論が最初から存在していたわけではない。にもかかわらず、この公理的集合論の出現によって、それ以前の「集合」概念が二重化して生きた「文脈」の一部は、その「前史」へとはっきり割り振られ、また別の一部は現在の「歴史」の一部として編纂しなおされることになる。

つまり、記述する実践とは、それが認識することでもあるかぎり、その記述のなかにあらわれる「問題」の不定性に導かれながら、その不定性を介して、既存の「文脈」を二重化し、脱分節化し、そこにおいてあらたな「文脈」の分節化が生じる過程をやりなおすことである。実際のところ、記述という実践は、この「文脈」をめぐる分節化がなければ、ほとんど動機づけることは不可能な営みであるとさえ思われるのである。

「プトレマイオス的転回」を肯定する非観念論的な合理主義、あるいは合理主義的で構成主義的な実在論の哲学にとって、つまりは、グランジェやヴュイユマンによって継承されたカヴァイエスの「概念の哲学」にとって、精神の自由とは、記述を介して実現される情報構造の多様性と新規性の肯定である。ここでの自由とは、謂わばこの多様性と新規性を担保する「文脈の不定性」、すなわち「非の潜勢力」とほぼ同義である。したがって、そこでの自由な精神とは、特定の合目的性にしたがって構造化される精神ではなく、任意の「文脈」と「文脈」のあいだの中間休止を、つまり「非の潜勢力」をその不可欠な一部として、むしろその中心として含むような、多元的に生成し続ける情報構造（すなわち「可能的知性」）のことだろう。それゆえに記述の実践は、まさにこの多元的に生成する情報構造に駆動され、またそれを駆動する実践として理解されなければならない。

しかしながら、このような記述の実践の内実はいかなるものであるのか。その記述のさきにはいったいどのような可能性が開かれているのか。本書での議論を締めくくるにあたって、最後にこれらの問題について考察する必要があるだろう。

第12章

記述の多島的生成、あるいは「海の子」になること

「見本」／「パラディグム」

わたしたちがこの地球上の生態系でホモ・サピエンス・サピエンスという種として分化したと考えられている約二五万年前からの時間経過のなかでも、記述という実践をおこなうようになってきたのはかなり最近になってからということはおそらく間違いないだろう。記述するということは、素朴に考えれば、なんらかの代補を形成するということである。代補あるいは表象（représentation）という語には、初期のデリダが徹底して批判したように、西洋形而上学的な思考方法と、西洋の制度的権力にかかわる思考の残滓がはっきりと刻み込まれている。

記述は、記述される対象のかかわりであり、記述する主体のかかわりである。記述それ自体に自律性は認められず、その意味は、その記述が理想的にはピンでとめたように固定する対象との関係によって、あるいはその記述を形成する主体との関係によって決定される。素朴に理解された記述は、理想的にはそれ自体がなんら効果を発揮することのない忠実かつ透明な媒体として、主体と対象（あるいはメッセージの送り手と受け手）のあいだの関係をとりもつべきものとされるだろう。過剰な記述のだぶつきを、主体の極を捨象した対象との関係のみによって整理還元できると考えるにせよ（オッカムの剃刀）、記述の不足あるいは不整合を、対象の極を縮減した主体との関係によって解釈、再構成可能であると考えるにせよ（フロイトの夢解釈）、それらは記述についてのひとつの同じ体制の範囲に収まる記述の可変性の両極を指し示しているにすぎない。言いかえれば、記述が主体と対象のあとにくるものであるという点にかんして、それらは互いに一致している。

記述と呼ばれるものの込み入った事情を垣間みせてくれる議論はほかにいくつもあるが、ここでは「見本」（para-deigma）をそのひとつの例（見本）としてとりあげよう。アガンベンは『到来する共同体』のなかで以下のような「見本」についての議論を展開している。

見本がその力を発揮するどんな領域においても、見本の特徴をなしているのは、それが同一のジャンルのすべてのケースに妥当するものであると同時にそれ自体それらのケースのなかに含まれているという事実である。見本は、それ自体が個物のなかのひとつの個物でありながら、他の個物のそれぞれを代表する立場にあって、すべてに妥当する。じっさいにも、一方では、あらゆる見本は実在するひとつの個別として扱われるが、しかしまた他方では、それはその個別性においては妥当しえないものであると了解されつづけている。個別的なものでもなければ、さりとて普遍的なものでもなく、見本はいわば自らをあるがままの姿で見るようにさせ、その個物としてのありようを挙示してみせる特異な対象なのだ。ここから、「見本」をギリシア語で表現したパラデイグマ〔para-deigma〕、

「傍らに並べて挙示されるもの」という語の意味深長さが明らかとなる（アガンベン 2012, pp.17–8：傍点ママ）。

「パラデイグマ」という「挙示」は、記述の自律的な振る舞いの「見本」として考えられなければならない。「見本」は、それを挙示する振る舞いをなす主体とその見本が個物として含む客体のあいだの媒介ではない。それ自体が、「見本」を含む文脈に内在しつつ、同時にそこから逸脱しているのであり、その逸脱の可能性を内在的に（「非の潜勢力」として）維持し続けるかぎりにおいて、現実において「見本」として機能する。つまり「見本」は、それが「見本」として機能するかぎりにおいて、自身を「現勢態」（現実的な文脈）と「非の潜勢力」（逸脱の可能性）として二重化しているということである。

それは「演じる」（あるいは「遊ぶ」）あるいは「ゲームをする」ことにとって不可欠の条件である（「同様にドイツ語の Bei-spiel〔見本〕にも「傍らで遊戯するもの」という意味が込められている」（アガンベン 2012, p.18））。ルードヴィッヒ・ヴィトゲンシュタインが指摘したように、言語活動が「言語ゲーム」（Sprachspiel）（「言葉を話すこととそれを含む脈絡での活動の全体」（ヴィトゲンシュタイン『哲学探究』二三節）。奥 2001, p.192）と呼ばれるべきであるようなひとつの「遊戯」として示されるならば、このようなアガンベンによる「見本」の解明は、言語活動の全体にとって非常に重要な示唆をあたえるものとして理解されなければならないのではないか。

半ば意外なことに（しかし残りの半ばは当然なことに。というのも、ここでアガンベンが「見本」という概念を考えている文脈が近代論理学における集合関係の使用と関係づけられているから）、カヴァイエスが提示した「パラディグム」（paradigme）についての定義は（Cavaillès 1947）、この「見本」（「パラデイグマ」）についてのアガンベンの解明の光に照らされることで、その輪郭がすこしだけ鮮明になる。この概念は、彼自身が構築しようと試みつつその途上で中断を余儀なくされた独自の意味論のキー概念のひとつとして提示されたものである。カヴァイエスはそこで「パラディグム」をつぎのように規定していた。

パラディグムは、現実化に特有な徴である。しかしこのパラディグムは、外因的なものが削除された体験のなかでの、すなわち、たんに思考そのものが思考を獲得するなかでの、ココ・イマ［*hic et nunc*］の現実化といったものに特有なしるしというわけではない。そうではなくてパラディグムは、措定されるもの［ce qui est posé］の意味によって要求される現実化に特有なしるしなのである。措定されるものの意味とは、つまり、連鎖の実現化の特異性のなかでのみ、そのようなものとして肯定される関係のことであり、この関係はこの特異性を任意のものとしてのみ必要とするのである。したがって、この関係は、特異性を措定しておきながら、それをとりのぞくことで、変異の内的原理を顕わにする。有限の自然数上の算術的推論からもっとも抽象的な連鎖へと至るさいに、意味を解放する同じ切り離しが遂行されている（Cavaillès 1947, p.27：傍点は引用者による）。

「任意のもの」としてのみ「特異性」を必要とするような関係、これによって「変異の内的原理」が顕わにされる。アガンベンにしたがえば、「見本」は、それを含むジャンルのひとつでしかないという意味で「個別的なもの」であるが、同時にそのジャンルの全体を代表するかぎりにおいて『普遍的なもの」でもなければならない。その意味で、完全に「個別的なもの」でもなく、完全に「普遍的なもの」でもないものが「見本」であった。ここでも完全な「特異性」は、いかなる「任意なもの」とも共通せず、完全な「任意なもの」はいかなる「特異性」とも共通しないが、にもかかわらず、「措定されるものの意味」は、この二つを同時に充たすもの、つまり「任意のもの」としてのみ「特異性」を必要とする関係なのである。つまり、この「特異性」でありながら「任意のもの」でもなければならない、という規定が「見本」と「措定されるものの意味」において共通するありようなのだ。「特異性」において実現される「任意のもの」は、それが示すべきものを完全には表現しないことによって、しかし、不完全にではあるがたしかにそれを表現しているかぎりにおいて、その「パラディグム」になる。それが完全に表現されてしまえば、それはもはや「特異性」にとどまることはできず、「パラディグム」たりえない。逆に、「任意なもの」を充分に表現できていないのであれば、それでもまた「パラディグム」になりえない。したがって、「パラディグム」は、「任意のもの」を、不完全にではあるが充分に表現する「特異性」として理解されなければならない。そして、この「充分だが不完全に」という隙間には、「非の潜勢力」がとどまり続ける。つまり、「パラディグム」の構成要素には、この「非の潜勢力」が不可欠な要素として入り込むということである。

言いかえれば、「任意のもの」と「特異性」、あるいは「普遍的なもの」と「個別的なもの」という共立不可能にみえるものを並立する「パラディグム／パラデイグマ」の規定は、それらのあいだの鋭い矛盾を強調しているのではなく、その矛盾を矛盾たらしめないある中間地帯、中間休止、緩衝地帯の存在を指し示すものである。この中間地帯の捨象によって、それらは互いに矛盾するものへと分化するのだが、その分化を支えるのは、まさにこの中間地帯に見出される「非の潜勢力」である。カヴァイエスによるこの「措定されるものの意味」によって要求される現実化としての「パラディグム」の規定は、今度は、アガンベンの「見本」の考察におけるかなり困難な個所のよき導きの糸となってくれるように思われる。

じっさいにも、名指されるもの――およそありうる属性のすべてを基礎づける特性（イタリア人、犬、共産主義者と名指されるもの）――は、それらの所属すべてを根本的に問いに付すことのできるものでもある。それは〈最も共通のもの〉であって、およそあらゆる現実の共通性を切断してしまうのだ。ここから、なんであれかまわない存在の無力な汎妥当性が出てくる。ただし、それを無感動と取り違えてもならないし、ごたまぜ状態ないし唯々諾々と取り違えてもならない。これらの純粋の単独者は、あくまでも見本の空虚な空間のなかで、なんらの共通の特性、なんらの自己同一性によっても結びつけられることがないままに交信しあう。それらの単独者は所属そのもの、記号∈を自らのものにするためのあらゆる自己同一性を剝奪されてしまっている。トリックスターないし無為の徒、助手ないしカートゥーンとして、彼らは到来する共同体の見本にほかならない（アガンベン 2012, p.19）。

一般論として、意味の常識的な規定には、おおよそ以下のような原理がもちいられていると考えることができるだろう。すなわち、一、主体による客体の名を介しての指示、二、なんらかの対象と指示関係にある主語概念による属性（性質集合）にたいする所属、三、そのようにして形成される所属の分類的階層秩序の一貫性と整列性（つまり、どのような性質集合もそれが意味をもつのであれば、それ以上性質に分割することのできない個物を主語とする文において真となる、あるいはそれとの所属関係によって意味をもつという前提）である。

しかしながら実のところ、このような意味の常識的な規定を支える諸原理は、「なんであれかまわない」「任意のもの」としての「単独者」（＝「特異性」）が現実化する「パラディグム」を前提としているのではないか。つまりこれらの諸原理は、「任意のもの」としての「特異性」を挙示する振る舞いが「見本」として「機能」する、あるいは「見本」を「演じる」（＝「遊戯する」、「プレイする」）かぎり、またそれに加えて、その「見本」を挙示する振る舞いがなんらかの働きによって安定しているかぎり（この安定性によって「非の潜勢力」は非存在として覆い隠される）、それらのかぎりでのみ維持されるものでしかないのではないか。「木」という言葉が実際に木を意味すると考えるためには、つまり「木」という記号が、それを指示するなにかとしてもちいる主体によって、指示対象である木と安定的に結びつけられるためには、その前提として、「木」という記号それ自体が、「木」という記号全体の「見本」でもあると同時に、それによって指示される木が、木というジャンルの「見本」でもあること、そしてそのように指示すること自体が、指示関係そのものの「見本」でもあることを、明示的ではない仕方で前提していなければならないのではないか。それらがすべて同時に潜在的には「見本」でもあるということが現実には明示されないのは、それが明示されてしまえば、まさに「見本」の含意する二重性が露呈され、問いへの無限後退に陥る危険があるからだ。というのも、それが「見本」であるということを明示するということは、同時にその「見本」の根拠であるところの二重性が含む不安定性を、つまり、それが「見本」ではないこともできる、あるいは異なる文脈に属するなにかの「見本」でもあるかもしれないという「非の潜勢力」を露見させることでもあるからだ。その場合、その指示作用の実際上の機能はほとんど失われることになる。

結局のところ、この「半-有限・半-無限」であるような、あるいはなんらかの宙吊り状態を要求するような「見本」の言語活動における根源性を主張する議論がおこなっているのは、記号におけるトークン-タイプの関係が、その記号の使用およびその使用を支える文脈の構成あるいはその脱文脈化的な構成によって、安定的にも不安定的にもなるということを確認しているにすぎないとも言えるだろう。言いかえれば、それは「非の潜勢力」を、それを現前させてはいけないという仕方で内包しているということである。カヴァイエスはこの意味の不安定性を、夢の比喩によってつぎのように語っている。

ここで言うところの意味は、それが可想的な舞台装置のおかげで解放され、そしてその装置によって作り出されるものであるがゆえに、「まるで夢のなかのように」すぐに逃れ去ってしまう。まさにこのことによって、意味はみずからの独創性を措定するのだ(Cavaillès 1947, p.28)。

「見本」(パラディグム/パラディグマ)は、この安定性と不安定性の両方の源泉であり、かつその両方にたいして中立的であるがゆえに、「選ばれた者のように祝福されることもなければ、呪われた者のように絶望に追いやられることも」(アガンベン 2012, p.14)ないままに、それは「到来する共同体の見本にほかならない」(アガンベン 2012, p.19) ということになるのではないか。なぜなら、「見本」が「見本」として提示されるそのたびごとに、「見本」を「見本」たらしめるパラドックスが、中間休止が、無限と有限のあいだの戯れが原理上は繰り返されているからである。そして、そのたびごとに文脈の現実化にともなう文脈の強化の可能性(=潜勢力)と同時に、記号の「投機的使用」あるいは「文脈の不定性」にともなう意味の脱文脈化の「非の潜勢力」もまた試されるからである。

したがって、この「見本」に見出されるのが、ドゥルーズの言うところの「内在:一つの生……」における「生の享楽」であり、「非の潜勢力」についての実践である。フーコーが『知の考古学』で言説の体制の基盤、むしろその中立地帯として「言表」(énoncé)をおいたとき、その「見本」として、まさにタイプライターの説明書に登場する「azert」という「見本」を提示したこともまた、この文脈で理解するべきなのかもしれない。*1

記述のプトレマイオス的転回

記述という実践は、この「見本」としての言語を基礎的なものとして考えるのであれば、その「見本」の安定性を構築、再構築することでそれを強化するものでもあると同時に、その不安定性をとりもどさせるものでもあることになるだろう。記述という実践そのものがこのような両義性をもつものとして理解されるためには、記述が、互いに相関する主体と客体のあいだの透明な、あるいは定まった屈折率をもつ媒体としてみなされてはならないということが要求される。エピステモロジーと呼ばれる一世代前のフランスの科学哲学にとっての関心が、科学であるための条件についての論理的解明ではなく、もっぱら科学的思考あるいは科学的言説の記述という実践に向けられたことは、このような言語と意味にたいする洞察が明示的にであれ、非明示的にであれ含意されてのことだと考えられるべきではないのか。このことは、前章でもみたように、グランジェが、ヴュイユマンの著作に言及しながらその価値をはっきりと位置づけた「プトレマイオス的転回」においてもみてとることができる。

これらのかぎりにおいて、科学哲学は、カントのやり方で理解されるにせよ、フッサールのやり方で理解されるにせよ、超越論的主観性の探究のみに基づくことはできないということになるだろう。たしかに、両者とも客観的世界を思念しており、それと切り離すことができない主体として超越論的主体を定義しているという意味では、ある本質的な仕方で学問についての問題を提起することに貢献している。J・ヴュイユマンは、信仰が知におきかえられるさいに哲学的批判に介入する「配置転換」に注意しながら、つぎのように述べている。哲学はおそらくは、コペルニクス的転回を必要としているのではなく、《プトレマイオス的》転回［révolution *ptolémaïque*］を必要としているのだ。「それゆえ、配置転換をやめることになるのだろう。そして、哲学はもはや、知を信仰によっておきかえることを必要としないのだろう。なぜなら、実際には、神の宇宙のなかでの人間のコギトのかわりに、人間の世界のなかでの人間の働き［travail］がおかれるのだから」[*2]。／実際に、プトレマイオス的転回こそが、コギト主義から概念主義［une doctorine du concept］へと移行することで、科学哲学を実現すべきなのである。［中略］知覚の条件（カントにおいてこれは、合理的力学の媒介にまで延長されるのだが）の超越論的な分析のかわりに、《実践》［*praxis*］の条件の分析がおかれなければならないように、わたしたちには思われる。ここでの超越論的哲学の遺産は、「予見」の分析であるよりもむしろ、《条件》の分析が要求されているところにあらわれている（Granger 1967, p.17）。

コギト主義から概念主義への移行。このことは、表面的には、一見すると単純な帰結を導くことになるように思われる。すなわち、科学哲学にかんする、ひいては哲学全体にかんするスタイルの変更である。つまり、主体の知覚についての内的反省の分析ではなく、人間が実際になしたこと、つまり実践を分析するということ、言いかえれば、科学の基礎づけをめぐって主体の超越論的な分析をおこなうのではなく、実際に書かれた議論、なされた実験、完遂された証明を分析の対象とするということである。しかし、それがたんなる科学史ではないのは、その分析の目的が、「予見」としての「実践」にではなく、「実践」のうちに見出される「条件」の析出にあるということによる。

このような「概念（主義）の哲学」が、哲学としての洗練されたありようを身につけるためには（もちろん、このような洗練を要求すること自体が、誤りであるという主張はあるだろうが）、しかし、以上のような言い切りだけでは不充分だろう（もちろんグランジェがそのような言い切りしかしていないということではない）。またそのことは、たとえこのような「概念（主義）の哲学」による分析が具体的な成果を蓄積するに至ったとしても（そしてこの蓄積は実際にかなりの量にのぼる）、本質的にはかわらないように思われる。なぜなら、哲学的な問題にたいして、哲学的な議論の様式においてではなく、実践の実効的な成否において解を示すことができるという（ある種のプラグマティズムにもみられるような）考え方は、そのような仕方で解けたことにできない問題のことを哲学的問題と呼ぶのだという根本的な理解に欠けている点で不適切だからである。哲学の問題を開いたままにしたまま、科学だけでなくさまざまな知的探求を進めることができるということは、哲学者以外のものにとって、またおそらくは現代の哲学者のおおくにとっても当然のことのように思われる。したがって、この転回を真に完遂するためには、言いかえれば、哲学の意味でそれがなされたと言われる（実践においてそれはなされたと言われるのではなくなる）ためには、なんらかの特定のタイプの言説形成が不可欠である。そして、本書で意図してきたことは、そのようなタイプの言説形成のための途端を開くことであった。

ここでの「実践」への転回を支えているのは、第一に、ア・プリオリな可能性による基礎づけなしに「実践」は実効的になされるということと、第二に、そのようになされる「実践」は、基礎づけ的な意味とは異なる仕方で、それに内在する「条件」を含意しているという考え方である。これらの考え方は、これまで何度か言及してきたように、カヴァイエスの「概念の哲学」における「内容」の優先性という基礎的な考え方とほぼ同根のものとして理解することができる。

しかし、この「内容」の優先性を、素朴な実在とみなされた世界が先在し、それが実践を介して徐々に主体にたいしてあらわれるという仕方で単純に理解してはならない。「内容」の優先性とは、これまでの議論の文脈で解釈するならば、つぎのように理解される必要があるように思われる。すなわち前節でみたような意味での、記述（信念、欲求、判断を含む認識はここでは記述の一形態に還元されている）における「不定性」「任意のもの」としての「特異性」は、「非の潜勢力」、すなわち意味作用に非明示的に内在する「不定性」の側面を巻き込んでいるのだが、これが通常の意味での意味作用（これは主－客の安定性のあとで形成される）にたいして基底的であるということである。「内容」の優先性が、記述される意味（あるいは認識）だけでなく、その意味（＝認識）の記述にもあてはまるということは、そのような記述の考察抜きに、直接的、客観的にそのような意味の過程を記述することは不可能だということでもある。

したがって、記述の「プトレマイオス的転回」はたんに認識論の方向性を変更するというだけではなく、認識を記述するということに自覚的になることで、それ自身が「〔記述という実践〕」の記述という実践」という仕方で、二重化されることを要求することになる。そして、そこにおける「不定性」の側面を露呈させるある「やり方」を求めて、筆者はこれまで「問題‐主体」という過程の記述から、「懐疑の脈」へ、さらには「一つの生」と接しながらそれから離れている（あるいはそこにおいて無際限に反復される）「無魂の自然」における「文脈の不定性」にまでたどりついたのだった。そのような「やり方」とは、それが、ある種の脱主体化、「他者‐構造」の喪失、これとは別様の目的への、無目的、無文脈を介した移行であるという意味で、倫理であると同時に方法でもあるようなものである。それは実践を条件づけることはないが、それの傍らに、実践が「非の潜勢力」として保持する別様の意味をおき示すようなものではあることが求められている。

思弁的実在論という整理枠組み

以上の議論をある程度類型化し、肝心の部分を鮮明化させるために、ここでは千葉雅也が紹介している「思弁的実在論（唯物論）」の枠組みを使用してみたい。わたしは、「思弁的実在論」と呼ばれる論者の議論をフォローしているわけではないので、ここではもっぱら千葉の議論に依拠して以下の論を展開していく。*3

ここでみる図式は、千葉が紹介しているグレアム・ハーマンによって描かれた「(クァンタン・)メイヤスーのスペクトル」と呼ばれるつぎのような五段階図式である(千葉 2012, p.13)。

・独断的/素朴な実在論
・弱い相関主義
・強い相関主義
・とても強い相関主義
・絶対的観念論

いまは議論の前提や、この立場の歴史的説明は省略するとして、このスペクトルが、だいたいなにを意味しているのかということを必要な範囲でまとめなおしておこう。

まず「独断的/素朴な実在論」は、おそらくは、つぎのような哲学的な考察以前の素朴な世界観をあらわしていると考えてよいだろう。すなわち、認識主体の認識過程から独立に、あるがままの対象が実在しているし、わたしたちがなにかを知るということは、すなわちそのあるがままの対象を知ることができるということを意味するものである。

つぎに「弱い相関主義」は、おおよそカントの超越論的観念論の立場に代表させられる。その定義条項は、「物自体はunknowable、しかしthinkable」（千葉2012, p.9）というものであると言われる。つまり、「物自体」は現象としてあらわれるかぎりでのみ「知られうる」が、それ自体として「知られえず」、しかし「知られうる」現象を統制する「理念」としては「思考しうる」ということである。

　これにたいして「強い相関主義」は、言語論的転回をしるしづけるハイデガーとヴィトゲンシュタイン（後者はおそらくは『論理哲学論考』とかかわる初期のみではないかと推察されるが）[4]によって代表させられる。そこでは、「思考しうる」ということが文法的－言語的に「言いうる」ということと重ねられることで、「言いえないもの」として、つまり「物自体」は「思考することもできない」（もちろん知ることもできない）ものとして規定される。そして、この「強い相関主義」においては、絶対的に「思考しえない」ものが思考の（あるいは存在論の）「他者」として、[5]まさに倫理的かつ宗教的次元として、存在論の外部に、それを言外に統制する理念のような仕方で位置づけられることになる。このような特権的外部を存在論的次元の「他者」として想定する立場が、千葉によっては「否定神学」と呼ばれ、とくに一神教的な「否定神学」が、「強い相関主義」を特徴づけるものとされる。ここでの「否定神学」の規定は、東浩紀の議論からその規定が引用されている。「「否定神学」とは、肯定的《ポジティヴ》＝実証的な言語表現では決して捉えられない、裏返せば否定的《ネガティヴ》な表現を介してのみ捉えることができる何らかの存在がある、少なくともその存在を想定することが世界認識に不可欠であるとする、神秘的思考一般を広く指している」（千葉2012, p.10）。[6]

　「とても強い相関主義」を規定することは、このスペクトルを設定した目的でもあるのでいったん飛ばして、「絶対的観念論」についてさきにみておく。これはヘーゲルの「絶対的観念論」の立場に代表させられるものだと言われる。その理由は、おそらくは弁証法を介して「絶対知」に到達した精神によっては、まさにあるがままの実在と観念（理念）とが一致すると解釈されることによるのだろう。したがって、この立場の場合、「理念」ないし「観念」を介するかぎりにおいて、相関主義とのあいだに連続性をもつ観念論ではあるが、それが特定の精神の水準においては（つまり学的認識においては）実在と無媒介的に一致し、一性に収束すると考えられるかぎりにおいて、観念論のもつ二重性、つまり主体と客体の二重性を揚棄している。この意味で絶対的な観念論と言われるのである。つまり、これは素朴実在論を離れた相関主義スペクトルのもうひとつの極限の位置におかれることになる。この「絶対的観念論」と「強い相関主義」とのあいだには、一神教的な「否定神学」が想定する、知りえないし思考しえないものの、すなわち「物自体」の一性という連続性がおき入れられる。

　これにたいして「とても強い相関主義」を特徴づけるためには、その内部に、「否定神学」の「一性」の否定と、さらには根本的な神学性の否定という二段階をみる必要があるようだ。重要なのは後者のほうなのでその規定だけをみることにする。メイヤスーの「とても強い相関主義」においては、「思考不可能な物自体」すなわち「リアル」を「虚の概念」としてさえも残さないようにするために、「すべてを思考可能にしてしまえばいい」（千葉 2012, p.12：傍点ママ）ということになる。しかし、そこで言われる「思考可能なもの」とは、素朴に措定されたあるがままの世界（リアル）ではなく、「私たちにとってではない思考と完全に一致する存在のみから成る世界であり、それが、私たち「にとって」である限りでの思考可能性から絶縁されているのだ」（千葉 2012, p.12：傍点ママ）と説明される。したがって、「とても強い相関主義」を肯定するためには、この他なるものの思考になること、不可能な思考を思考可能にする世界（主体－客体相関）に移ること（あるいは完全に移行しないまま共立させること）の具体的な方策が問題になるだろう。

この「思考不可能性」から「思考可能性」への移行、あるいは同なるものでの思考不可能／他なるものにおいての思考可能という対関係は、すでにドゥルーズが『差異と反復』において、「ひび割れたコギト」あるいは「第三の時間」として示したものであったことを想起しておくことは必要なことだろう。さらに言えば、このような同なるものでの思考不可能性とは、すなわち「他者－構造」の機能する世界において思考不可能なものが、「他者－構造」の喪失によって浮かびあがる「他者なき世界」によって、あるいはかつての他者とは別の他者をともなう世界によって思考可能になるということとして理解することができる。これはすなわち、「文脈の不定性」を介した、「目的の逸脱」である。

現実的な不可能性、「反実現」と「内的必然性」

そうすると、これまでの筆者の議論と、ここで提示された「メイヤスーのスペクトル」において「とても強い相関主義」に類されるメイヤスーの「思弁的実在論（唯物論）」の議論とでは、なにが違うことになるのか。その違いは実際のところかなり微妙であるように思われるし、千葉の議論をみただけでは、ほとんど明確な違いをみつけることは難しいようにさえ思われる。違いがあるとすれば、唯一、別様の対象の構成にかんする現実的な不可能性、あるいはその別様の構成が可能になるさいに生じるはずの不可思議さ、ありえなさにたいする見積もりの違いにあるように思われる。

実際、このような思考不可能性を思考する他者になることのもっとも強力な「見本」が数学に求められるという点においても（すくなくとも千葉の紹介する）メイヤスーの議論は、ここでの筆者の議論と近似している。

> 抽象的な現代数学のことを考えてほしい。私たちにとっての日常的な算術と密接な自然数も含めてのことだが、一定の（人為的な）公理系のもとで構成できる数学的「構造」一般を指しているのである。メイヤスーが数学と呼ぶのは、一定の公理系のもとで、厳密に、さまざまな構造を構成し、それらの法則を考えることである。こうした広義の数学においては、現状のこの世界を説明するのに役立たない構造も構成可能だろう。そして、数学の観点において、そうした「非現実的」な構造と、この世界において重要な構造は、存在論的に対等である。だから、この世界は、異なった構造をもつ物理・論理法則によって支配された別の世界に比べ、優位ではない（千葉 2012, p.13：傍点ママ）。
>
> ゆえにメイヤスーは、この宇宙における私たちの世界の相関は、一切の超越的な理由なしで、絶対「偶然的 contingent」であるという主張に至るのである。このレベルでの存在論的な偶然性のみが、必然的なのである――偶然性の必然性（千葉 2012, p.14）。

非常に微妙な違いだ。しかし、たとえば「現状のこの世界を説明するのに役立たない構造も構成可能」だと言われるとき、具体的にどういう場面が考えられているのだろうか。フッサールのように、物理学へ応用されうる数学だけが、この世界に相関するかぎりで、真に意味をもつという類の反論を述べたいのではない。数学は考えようによっては徹頭徹尾、「非現実的」だが（可算無限個の要素との対応づけを可能にする自然数という構造も、生活様式や文化的なありようによっては、すでにして「非現実的」である）、にもかかわらずそのような徹頭徹尾「非現実的」である数学的構造が、物理学だけでなくさまざまな学問を介して現実的な実在と呼ばれる対象と相関し、実効的に「役にたってしまう」ということが現に起こっている。集合論であれ、計算論であれ、非ユークリッド幾何学であれ、数学の歴史が示していることは、真に空虚な、役にたたない数学などというものをア・プリオリに措定することにはほとんど意味がないということである。一時的に空虚ないし役にたたないと評価されるような純粋に抽象的な構造も、なんらかの仕方で（既存の数学理論の抽象化や、その構造をもとにした現実の抽象化を介して、間接的にであれ、直接的にであれ）、あるいはそれなりの準備期間のあとで、現実を形式化するのに「役にたつ」ようになることを、あらかじめ否定することはほとんど不可能である。

そのかぎりで、「そうした「非現実的」な構造と、この世界において重要な構造は、存在論的に対等である」という命題は、他なる世界の想像可能性、思考可能性を肯定するという意図された解釈とはまったく別様の解釈を許すがゆえに、トリビアルに真であることになってしまう。つまり、まさに、現にそれらは対等でありえているし、いままさにそれらのあいだにずれがあったにしても、いずれそれは埋められるであろうものでしかないという意味で、つまり「数学は役にたつ」という命題と意図せずにそれがまったく同値のものと解釈可能であるがゆえに、問題の命題がトリビアルに真だと解釈されてしまうということである。そして、真に問題なのは、ここでのメイヤスーの説明だけでは、このトリビアルに真となる命題との関係ぬきに、さきの命題を理解することがかなり難しいと考えられることにあると思われる。

問題なのは、役にたつのであれ役にたたないのであれ、現にあたらしい構造を構成してみせるということが乗り越えられるべきものとして前提する不可能性を、メイヤスーの議論は少々甘く見積もっているのではないかということだ。この現実的な不可能性は、原理的な不可能性にたいして、哲学においてはとくに、様相として軽視されがちだが、「否定神学」を批判する立場にたつかぎり、真剣に考える必要があるように思われる。なぜなら、「否定神学」の仕掛けが、原理的な不可能性を根拠とすることで、言うことの可能性の外部の侵入を祈るものであるからには、それを批判するということは、原理的な不可能性を措定することの可能性の否定、すなわち、ありうる不可能性は、現実的な不可能性だけであるという立場にたつということであるように思われるからである。

原理的な不可能性というのは無条件的な不可能性であり、いかようにもしようのない不可能性であり、なにかをなすこと全体の外部を指し示すものである。数学にまさにそのようなものがあると考えられるかもしれないが、実際には事情は複雑である。五次以上の方程式の解を求めることのできる代数的な公式の不在や、算術を展開するのに充分な能力をもつ形式体系の有限的な手段による無矛盾性の証明の不可能性が、その代表例として、すぐ思いつくのではないか。しかしこれらの不可能性は哲学者が安易に考えるほど無条件的でもなければ原理的でもない。前者であれば「代数的な公式」という点にこだわらなければ解を手にする方法が存在するし、そもそも解が不在なのではなく公式が不在なだけだということに注意するべきだろう。また後者の場合は「有限的な手段」という点にこだわらなければ、ゲルハルト・ゲンツェンによる最初のεまでの超限帰納法をもちいることで、帰納法を含む算術の形式体系についての無矛盾性の証明を構成することができると知られている。もちろんこのことは、さきの二つの命題の肯定も否定もありうるということを意味するのではない（このような表現は哲学に固有の空疎な抽象である）。それらがいったん証明されている以上は、完全に同じ条件にしたがうかぎり同じ結果になる。しかし、似たようなことを、異なる点から眺めることはつねに可能だということ、そしてそのときには、異なる点にたつこと自体が、すでにして証明の全体が含む意味（あるいはなにが重要なのか、なにが問題なのか）を異なるものにする可能性を含意しているということを、その結果にみてとる必要があるだろう。

そしておそらくは、ある特定の条件のもとで厳密に証明されたこのような不可能性こそが、ありうる不可能性の極限であって、そのほかの不可能性は、せいぜいのところそれよりもだいぶいい加減なものにすぎない。否、それ以上の不可能性があるというのは、証明不可能な信仰でしかありえないのであって、まさにそのような原理的な不可能性を可能なものとして肯定することが一神教的な「否定神学」の起源なのではないか。そして、この現実的な不可能性が描くグラデーションのなかには、できる場合もできない場合もあるが、たまたま邪魔が入ってできないというものから、できることを想像することはできるがやってみると実際にはできないことや、できないということを意識したこともないのでやったこともないがゆえにできないことなど、さまざまな度合いのものがあるだろう。これらはやってみることの条件を明示化し、その条件下においては不可避的にその遂行が不可能であるということが妥当で形式的な手順にしたがって証明されているわけではない。ただなんとなく不可能なのである。つまり有限の試行、しかもおおくの場合無闇な試行における失敗、あるいはそのような試行がそもそも不在（未在）

であることを意味する。「来たるべき共同体」の不在を含めて、ほとんどすべてのことはこのような現実的な不可能性に属するのであって、いかなる厳密な証明もなしに、その不可能性を原理上のものにすりかえることを、それとして認めることができない。

なぜ、このような現実的な不可能性にこだわるのか。それは、原理的な不可能性に基づく「否定神学」を批判する立場（「とても強い相関主義」）の場合、「否定神学」にたいする批判からただちに可能性の安易な全肯定、あらゆる不可能性の原理的な消滅の可能性の肯定が導かれることが危惧されるからだ。つまり、「なにをやっても同じ」というニヒリスティックな相対主義から出発して、それを批判することで「なんでもできる」というオプティミスティックな相対主義への横滑りがそこに生じる危険、より正確にはそのようなものととり違えられる危険があるということだ。

たとえば、数学の抽象的な公理系は、役にたつものであれ役にたたないものであれ、なんであれ好きに構成できると考えられるかもしれない。たしかに、形式体系にはそういう側面がないわけではない。使われずに消えていった（使い手を失った）形式体系（たとえば四元数《しげんすう》）もあるし、形式論理や最近のプログラミング言語のなかにはとくにそういう現実的な消滅という出来事が起こることが知られている。そこでむしろ重要なのは、たんに表面的にあたらしそうな形式体系を作ることではなく、それを使ってなにができるのかということを示すことであり、またそれを使うことで実際にできなかったことができるようになることを示すことであり、それらをとおしてその形式体系を使い続けることだろう。その過程においては、エピジェネティクスの場合と類似した、たんなる確率的な偶然性以上のもの（しかし神の設計のような法外な必然性以下のもの）が入り込むように思われる。*7 これを筆者は、カヴァイエスの述べた

「歴史的偶然性の背後に隠れる必然的連鎖［内的必然性］」（Cavaillès 1939, p.594）という語において理解しようとしたのだった。

　数学の構成過程が「否定神学」批判として重要なのは、たとえばカントールの例でみたように、現実的な不可能性が「懐疑の脈」によって縁どられており、この「懐疑の脈」を介することでこの現実的な不可能性がどのような条件のもとで現実的な可能性（実効可能性（effectivité））に転じるのかということを垣間みせてくれるからである。現実的な不可能性は、まさにスピノザの言うような認識の「蝕」（あるいはバシュラールの言う「認識論的障碍」）のようなものであって、「懐疑の脈」はまさにこの現実的な不可能性を縁どりつつ、その外部へと誘うのである。「思考不可能なもの」を思考する別のものになるために重要なのは、そのつど浮上する「問題」を着実に解決していく、あるいは解決可能なものへと移しかえていくことではなく、むしろ解決しようとすること自体がその背後に覆い隠してしまうような「懐疑の脈」をそれら「問題」の背後に見出し、これに誘われるままに別の文脈へと転じることではないのか。つまり、「問題」の出現が隠蔽しながら前提する「文脈の不定性」が保持する脱文脈化の力、すなわち「非の潜勢力」こそが、同なるものと他なるもののあいだの移行を可能にするのである。

　「見本」の例で示したように、この「非の潜勢力」が「任意のもの」と「特異性」のあいだの齟齬あるいは中間地帯に保持されることで、「現実的な不可能性」がそれとして可能になる。つまり、「現実的な不可能性」がもつ両義性、両価性、曖昧さ、越境性はこの「非の潜勢力」が消去不可能なものとして保持され続けていることを示しているということである。

問うこととは想像不可能なものを想像することである

カール・シュミットは著書『陸と海と――世界史的一考察』のなかで、大地をその本質とする人間にとっての外部である想像力の源泉、つまりここで言う「懐疑の脈」の現勢態として、「海」（あるいは「大洋」）という自然哲学的エレメントを論じている。

メルヴィルの小説では、こうした水夫の一人がオーストラリアの発見者であるクック船長の本を読んだときに次のように言っている。「このクックという奴は捕鯨者なら航海日誌に書きもしないようなことについて本を書いていているんだな」と。人間に大洋を教示したのはだれか、とミシュレは問うている。だれが大洋の海域と航路を発見したのか？　要するに、地球を発見したのはだれであるか？　それは鯨と捕鯨者たちなのだ！　そしてこれらの発見すべてはコロンブスや名高い黄金探検家たちとは無関係である。これらの人々が大騒ぎして見つけ出したものは、北方の、ブルターニュの、そしてバスクの水夫たちも同じく発見していたものにすぎないのだ。ミシュレはこのように述べたあと、さらに次のように続ける。この捕鯨者たちこそ人間の勇気のもっとも崇高な表現である。鯨というものが存在しなかったなら、漁夫たちはいつまでも海岸にしがみついていたであろう。鯨がかれらを大洋へと誘い出し海岸から解放したのだ。鯨によって海流が発見され、北方への通路が見つかることになった。鯨がわれわれを導いてくれたのである。［中略］かれらこそは新しいエレメントたる海に生きた人間の第一のものであり、最初の新しい、本当の「海の子」

なのである（シュミット 2006, pp.38–9）。

シュミットが言うような一六世紀の漁夫たちが最初の「海の子」であるという主張は、たとえば環太平洋の諸島の政治についてのマーシャル・サーリンズの著作を読んだあとも維持できるかどうか定かではないが、[*8] シュミットの言っている肝心なことは、大洋と海流からなる海という自然哲学的エレメント（シュミットは実際、これをソクラテス以前の自然哲学者たちが論じた四元素と比較している。（シュミット 2006, pp.8–9））による想像力が、近代国家の歴史的形成のうちには、隠蔽されつつも前提されているということにある。さらには、既存のものとは異なる制度化を巻き込む別様の想像力もまたそこにおいて可能だということにある。[*9] しかもこのエレメントはひとつであるとはかぎらない。引用中のメルヴィルが言わせているように、海洋の想像力にとって大陸などたいした問題ではない。そのような「海の子」にとって、領土（所有）概念を基礎とするような近代国家など、おそらく思考することすらできない（もちろん原理的にではなく、現実的にである）。そして、大地のエレメントに生きる人間にとっては、逆に領土のない政治など現実に考えることができないのである。だからこそ、シュミットは、「純粋に大地的なものとして規定された人間の存在とはまた別の存在というものも可能ではないだろうかという問いは、われわれが考えているよりはるかに理にかなったものなのだ」（シュミット 2006, p.9）と書きつけることができたのだ。

「問う」ことは役にたたないことを思考することであり、そのかぎりで純粋に自己享楽的であり、したがって現実的には自己破壊的であり、増大の快楽（エロス的快楽）よりもむしろ、離脱的快楽（タナトス的快楽）をもたらす。それは既存のものを破壊するという意味ではなく、既存のものから離れるということ、既存の文脈からおりるということ、別様の文脈（メルヴィルの例で言えば、山に埋伏された黄金ではなく大洋を巡航する鯨）へ向かって逸脱するということである。無用なものも含めて包摂的に排除しようとする生権力的な想像力にたいして考えることのできる唯一の逃げ道は、おそらくこの離脱的快楽を活用することではないか。

それにしてもなぜ自然なのか。なぜ古代、ソクラテス以前の哲学者たちは、無魂の自然のエレメント（土、水、火、空気）を世界の根源的元素として位置づけたのか。[*10] この答えようのない問いにたいして決定的な答えなどもとより見出すことなどできないが、これまでの議論をもとにつぎのように想像してみることはできる。つまり、無魂の自然は、それ自身、いかなる文脈もあらかじめ指定しないがゆえに、いかなる特定の文脈化にたいしても脱文脈化という「非の潜勢力」をつねにかわらず保持し続ける。文脈のなかに再来した無魂の自然は、そのたびごとに生命の起源を回帰させる。生物が適応によってその形態を変形させるとき、その生物体の運動がその脱文脈化と文脈化の流れを駆動しているということはすでにみたが（第11章）、そこでも問われてはならないのは生きるという諸目的の目的であり、それが問われないかぎりで（否、むしろそれを問いにさらしながらも）、生物はその形態が適応していた既存の文脈を離れ、別の文脈のなかでみずからの機能形態を再分節化していく。生の力は、基本的には、その文脈の拡充にある。したがって、脱文脈化の力は、生それ自体のなかにではなく、生が非生と接するその境界において、生が生としてあるかぎりその内部に密かに回帰させる非生、すなわち無魂の自然のなかに見出さざるをえない。したがって、さきほどのシュミットの鯨と捕鯨者という縁組（カップル）の例は、捕鯨者が鯨によって脱文脈化されるのではなく、鯨と捕鯨者が、同じ大洋という夢に憑りつかれるかぎりにおいて結ばれ、同じひとつの脱文脈化の線を生きるのだと理解しなおさなければならないだろう。

数学は、それがある意味で人間的なものに束縛されない極限的な記号的営みであるがゆえに、この脱文脈化の思考のために、不可能な思考へと向かう思考のために、特権的な「見本」となりうる。第一にそれは記号系を不可欠なものとするがゆえに、それが前提する「不定性」の介入を不可避なものとする。それはもちろん理想としては排除されるべきものとされるにもかかわらず、数学の問題を駆動する「懐疑の脈」においては、まさにその源泉として入り込むのであり、これが数学の歴史の多様性と豊かさを可能にしている。たとえばそれが関数という語であり、次元という語であり、数えるという語であるだろう。第二に、数学の営みは、厳密さという点を除けば、ほとんど自明な文脈をア・プリオリに指定しない。もちろん歴史的にそういった文脈が形成されるわけだが、その文脈も時に激しく揺さぶられ、疑われ、分岐し、多様化する。しかもその歴史的速度が、生物の進化現象などと比べて相対的に速いわりには、観察しやすい（文化現象はもっと速いものもあるだろうが、観察はしにくい）。第二の点にかかわるが、最後に、数学それ自体は、生の関心と直接のかかわりをもたない（もたないと言い切れないにしても、極限的にすくない）。それゆえ生という文脈を不可欠なものとして前提する必要がない（たとえ応用するさきとしてそれがあったとしても、である）。それゆえ、「否定神学」批判を経たあとの、ある種の構成主義的な実在論の立場にとって、数学は重要な「見本」を提示してくれると考えることができるのである。

自然を記述する

　したがって記述の「プトレマイオス的転回」とは、記述における自然を記述することである。言いかえれば、記述が内包する脱文脈化の力を記述することで、その別様の可能性、「非の潜勢力」を提示することであり、また別様の記述へと移行するその条件を、記述それ自体のなかで示すことである。このようなことは、すでに現代の人類学者によるエスノグラフィの実践のなかで試行されてきたとも言えるかもしれない。[*11] しかし哲学として肝心なのは、それをたんに記述するというだけでなく、そのような記述をとおして、さらにその記述の条件について記述することであるだろう。それはたんに素朴に自然を礼賛するのでもなく、自然をありのままに記述するのでもなく、自然を科学的に記述するのでもなく、記述を介して自然を他（であり多）なる自然としてあらしめることである。大陸的な記述の蓄積ではなく、記述の多島的生成。おそらくは、これこそが、生権力的な世界とは異なる世界を思考可能にするために求められることなのではないだろうか。

結語　過程としての真理

もはや、現時点でこれよりさきに進むことはできない。原理的にではないが、現実的にそうである。ところで、これまでの考察はいったいなんだったのか。このことについて最後にすこし考えておきたい。この一連の考察の主題は、真理の生成であった。この主題は同時に、この一連の考察を牽引した問いと密接に結びついている。すなわち、真理という言葉を、生成の相において理解するのであれば、それはいったいどのようなものになりうるのか。あるいはなるべきなのか。

この問題設定は、内在の哲学についてのわたしなりの解釈を前提している。内在の哲学は、さまざまな哲学的立場においてさまざまに論じられてきたが、ここではもっぱら、一切を認識との相関においてとらえるというよりもむしろ、一切の「あること」を「なること」において把握する立場として理解されている。この立場は、言うまでもなく、ベルクソンからドゥルーズ゠ガタリへと至るある哲学的立場をわたしなりに解釈しなおしたものである。

一切の「あること」を「なること」において把握することがかりにうまくいくにしても、それによって「あること」は「なること」に還元されなければならないと言いたいのではない。むしろ「あること」

と共立する仕方で「なること」による把握を位置づけること。さらに、そのあいだの共立可能性そのものを主題化することができれば、なお望ましい。だが現実には、そのずっと手前の段階で、まずは「なること」において把握することそれ自体が充分に成立可能であるということを示さなければならない。しかし、その成立可能性は、かつて試みられ、現にある程度受け入れられているように、ある領域を限定した仕方で、つまりは人文諸学の範囲のなかで、あるいは文化と呼ばれるもののなかで確保されるだけでは不充分である。ベルクソニズムのラディカルな展開をおし進め、ドゥルーズ＝ガタリの試みを、彼らとは異なる仕方で、ある意味でやりなおす道を開くために、この領域限定性を乗り越える必要がある。

その意味ではここでの試みは、フーコーが『言葉と物』で指摘するような、人間を結節点としてその人間自身の生を客体化する科学的思考と、その客体化を担う主体としての人間を反省的に形成する人文学的思考によって二重化され続ける現代の思考のありようを[*1]、もう一度問いにふし、その横断可能性を探る試みのひとつだと言える。結論を言ってしまえば、この可能性は、すべてを「なること」において把握することによって、はじめて開かれるということになろう。しかし、「なること」とは一体どういうことなのか。ここでの議論は、この根本的な問いを含むものでなければならなかった。

本論全体の見取り図

本書は、第Ⅰ部では「概念」が、第Ⅱ部では「主体」が、第Ⅲ部では「自然」が、それぞれの部の議論の「地」の諸概念をなしている。これらの「地」の諸概念にたいして「図」をなすのは、つねに真理という主題であり、そのいくつかの変奏である。これら三部は、カテゴリーの区別による配置や、ひとつの文脈のなかでの論理的順序ではなく、真理の変奏のための転調、あるいはスタイルの変更のための順序、また「図」としての変奏を可能にするための「地」の配置といったものをなしている。言いかえればこれらの三部による構成は、各部におけるセリーの内部で、それをなす文脈の外部に出ることが要請されるところまで議論を展開することで、その要請によって外部の文脈を引きつけ、みずからの文脈を脱臼させるような自己参照的、自己批判的な順序、配置をなしている。主題となる真理は、それが論じられる議論の「地」の音調との相関において暫定的な安定性がもたらされるいくつかの変奏を「図」として浮かびあがらせる。したがって、真理という主題のもとに展開すべき多様な変奏が充分にもたらされるためには、そのたびごとに「地」の概念の音調を転ずることが不可欠であった。これら三つの音調は、それぞれの変奏がひとつの独立したセリーを展開するかのように、またその独立性ゆえのその限界を明らかにするように配置されたものである。

真理がどのような変奏の経歴をたどることになるのか、ということをみることはこの全体の構成を振り返ることとほぼ同義である。実際にみていこう。

第I部　概念

第I部「概念」において、真理を二重形式と二重内容の四つ組からなる形式－内容の四肢構造に分解することから議論は始められた（第1章）。[*2]

さらにこの四肢構造のなかで、とくに「形式b」と「内容b」のあいだに入り込む過程をとらえるという問題設定にしたがって、真理の内容的形式（内容a－形式b）をなす「概念」が措定されることを動機づける「内容X」なるものが探求された（第2章）。これは、図式的に分類するならば、四肢構造のうちの内容的内容（内容a－内容b）をなすものに類されることになるだろう。しかし四肢構造の表においては、内容的内容はどうしても内容的形式をなす「概念」をあらかじめもつものとして表現されざるをえないがために、過程としての本来のありようを充分に示すことができないということを考慮に入れなければならない。「内容X」はむしろ、この内容的形式と内容的内容とが分化する過程、すなわちそれらを結果的な産物として生み出す過程において働いているものと理解される必要がある。

このような過程としての「内容X」をより具体的にとらえるために、概念が経験との二重構造をなすものとして形成される過程が検討された（第3章）。この過程は、真理がたんなる「解」としてのみではなく、そのような「解」を構成する「問題」としてもとらえられるという理解を導く。むしろ過程としての真理という主題において探求されるべきなのは、「解」としての真理を逃れる残りの部分、すなわち「問題」としての真理なのではないか。この理解は同時に、「解」としてとらえられた真理の不充分さを批判する可能性を開く。たんに「真である」という述語として理解された真理は、この「解」としての真理に属することになるだろう。「解」としての真理が、「ある」ものではなく、過程をとおして「なる」ものであるならば、そして真理の「なる」の過程全体をよりよく理解することが、真理のよりよい理解に結びつくのであるならば、「解」としての真理は、その過程全体のなかの最後のごく一部に場所を保持するにすぎないものとして理解されなければならないのではないか。

それでもやはりこの「概念」という音調においては、「解」に至る真理から思考を開始することしかできない。なぜならそこで変奏される真理は、それが「解」に至るがゆえにこそ、その価値が信じられるものでしかないからである。それゆえこの音調においては、過程としての真理の第一のものとして、「解」に至る真理の過程が議論される。そこにおいて議論されるのが、すなわち「数学的経験」であり、「概念」と「振る舞い」の二重構造であった（第4章）。「経験の縮約」として「概念」が措定され、その「概念」の自由な結合が、その「概念」の意味を本来的に規定していた「振る舞い」から独立に「問題」を形成する。しかし、その「問題」が解かれるようになるためには、その「問題」を表現する「概念」の結合と対応する「振る舞い」の場があらたに形成しなおされることが要求され、それがなされてはじめて、「問題」は「解」をもつように「なる」。つまり通常の意味での、「解」としての真理に「なる」。これが、「概念」という場の音調において変奏された真理という主題において見出された過程としての真理であった。

この「概念」という場の音調の根本的な限界は、過程としての真理の探求が、結局のところ、「解」となった真理の側からしか始められないというところにある。そこでの探求は、どこまでいっても、「解」としての真理のたち位置から離れることができない。その探求は、真理を過程としてみるのではなく、結果としてみるような思考にいまだとらわれたままである。真理の過程全体を真に把握するためには、「解」としての身分をもちえなかったようなものも含む仕方で、その過程を論じるのでなければならない。すくなくとも、「解」から出発することでしか真理を把握できないような音調を離れなければならない。それゆえ、この音調を捨て、これとは別の変奏を可能にする音調が求められなければならない。

真理という主題の変奏のために、そして第I部の変奏において示された限界を無効化するために選択された「地」の概念が「主体」である。第I部の変奏の限界は、「解」としての真理という変奏のための「地」の音調となっていた「概念」が、「一致」への収束を前提することから生じていた。したがって、その限界を無効化するためには、「一致」への収束によって消滅すると通常は想定される「主体」をその「地」として選択しなければならなかった（第5章）。

しかし、そこで「主体」と呼ばれるものは、「このわたし」ということから理解されるなにかではなく、むしろ過程としての「問題」に入り込む「未規定性」をあらわす「概念」として理解されなければならない。ここに、第I部「概念」の変奏が反響する。「主体」もまた「概念」であるかぎり、それを規定する方法によって理解が異なるのであり、むしろ「このわたし」のような無媒介的体験のようなものの位置づけそれ自体もまたこのような規定方法と相関的にのみ規定されるのでなければならない。

ここで、「概念」はつねに「解」の側面と「問題」の側面の二重性をみずからのうちに見出すのでなければならないという第I部の教えにしたがうならば、同様に「主体」概念についてもこの二重性が見出されることになるだろう。

まず、「解」とは、さきほどの議論にしたがうならば、「一致」への希求を前提するステータスであった。しかし、ここで「主体」概念が変奏の地の音調として選ばれたのは、それが本来的に「一致」を求めないものであるからではなかったか。それにもかかわらず、「主体」概念は、それが「概念」であるかぎり、そのようなものとして認識されるさいに、「一致」の思考が入り込んでしまう。というのも、客体との関係においてみられるならば、客体のはらむ齟齬が「一致」によって消滅するとともに、「主体」の役割もまた消滅するものとみなされるのだが、そのような「客体」へと向かう意識が意識それ自体へと向かうことによって生じる「自同性」において、「主体」概念固有の「一致」の可能性が入り込むからである。それは「客体」の側の「一致」の前提として用意され、むしろそれを可能にするものという意味で、より根源的な「一致」として理解される。このような「自同性」の中心としての「主体」が、まさに「解」としての「主体」概念である。

このような「解」としての「主体」、「自同性」に基づく「主体」概念が、無意識のような通常の「主体」概念の外部を暗に不可欠な要素としていると指摘することによって、その「中心性」のもつ限界、虚偽性がしばしば批判されてきたことはよく知られたことだろう。ここでは、「解」としての「主体」を端的に虚偽として退けるのではなく、むしろそれが不可避な誤謬であることを理解しながら、同時にそのようなものを生み出しつつもそれに収まらない過程としての「主体」をとらえるようなやり方が求められる。

ベルクソンが指摘するように、過程として事象を理解するためには、「問題」の次元が非常に重要な意味をもつことになる（第6章）。というのも、結果としての「解」が現実として成立し続ける背後には、「問題」が過程として存立し続けることが不可欠だからである。この「問題」の次元において「主体」概念を理解するためには、「自同性」の中心としての自己意識から出発するべきではない。なぜなら、「問題」は問答、つまり問いかけとその応答の狭間において成立するものだからである。問答において開かれた「主体」は、「解」としての「主体」、すなわち自己意識的な閉じた「主体」がもつさまざまな特徴を反転させたままに保持する。すなわち、「自同性」による充分な規定の反転としての「未規定性」。そして「自同性」による自己との「一致」の反転としての「不一致」あるいは「齟齬」。最後に、「自同性」による自己の中心性の反転としての「不一致」による「偏心性」。すなわち、「未規定性」と「不一致」によって無意識的に駆動される受動性である。これら三つの特徴が、過程としての「問題‐主体」を記述するための理念的なかたをあたえてくれることになる。

そして実際に、この三つの特徴からなる理念的なかたを利用することで、カントールとデーデキントのあいだで交わされた往復書簡にあらわれる「問題‐主体」概念について記述することが試みられた（第7章）。この事例の記述には三重の役割が付与されている。第一に、「問題‐主体」概念の三つの理念的なかたを、具体的な事例のなかで実際に現実化すること。第二に、問題を提起する「主体」のなかに見出される三重の「未規定性」の次元をとおして多様に姿を変容させることで、「解」としての「客体」の次元を巧みに逃れ続け、つながっていく「懐疑の脈」を、まさに「問題‐主体」が「問題‐主体」に「なる」ことを可能にする外部としてそこに見出すこと。第三に、「解」としての「主体」が「客体」の多様を綜合する相関項として安定的に維持されるという不可避的誤謬において利用される（文法的）「カテゴリー」なるものが、むしろこのような「問題‐主体」の過程をとおしてたえず構成され、再構成され続けるものでありうることを確認すること。ここにおいて過程としての「問題‐主体」という変奏は、その限界においてもはや「主体」とさえ呼ぶことのできない外部と隣接する「懐疑の脈」という変奏へとふたたび生まれかわる可能性が示唆される。

この可能性を確保し、同時に「問題‐主体」という変奏の限界を明らかにするために、「解‐問題‐

懐疑の脈」のすべての可能性の質料的条件（形式ａ－内容ｂ：形式的内容）をなしているもの、すなわちグランジェの表現から借りられた「記号的宇宙」なるものが論じられる（第8章）。これによって「解－主体」以前の、すなわち非自己意識的な、あるいは非表象的な「問題－主体」を可能にする質料的条件が確保されることになる。「記号的宇宙」は、「操作」と「対象」という双対的な二項関係からなりたっているのだが、この二項からなる記号系は、それ固有の内容、いわゆる「形式的内容」とグランジェが呼ぶものを、その自律的な生成のただなかにおいて、またそれ自身の歴史的な、つまり過程としての存立において不可避に介入させてしまう。この「形式的内容」は、「記号的宇宙」が不可避に介入させるその宇宙のそとの表現であり、その意味で、「問題－主体」にとっての「懐疑の脈」と同型的な関係におかれることになる。

ところで、この「主体」という場の音調の限界は、過程としての真理を生み出す過程そのものを主題化することができる一方で、その過程そのものを駆動し、あるいはその過程のまとまった流れを切断し、分岐させ、別の過程を生み出すことを可能にする「懐疑の脈」について、その変奏の限界においてしかみることができないというところにある。

「懐疑の脈」は、「問題－主体」を動機づける。「問題－主体」は、「懐疑の脈」に由来する根本的な「未規定性」を解消させるために、「解」を生み出そうとする過程を駆動する。つまり、「懐疑の脈」は、「問題－主体」にとって忘却すべき過去、外傷体験のようなものであり、それを完全に忘却するという目標が、まさに「問題－主体」のエロス的欲望を引き起こしている。そして、それが擬似的に完成するとき、最終的に「問題－主体」さえもが忘却され、「解－主体」のみが、つまり誤謬意識のみが全体を覆い尽くすかのようになる。しかし、実際にはそのような完成は擬似的なものにすぎない。なぜなら、エロス的欲望に駆動された「問題‐主体」という過程の起源が、ある「懐疑の脈」に結びつけられるのは、実のところ「問題‐主体」の側の理解であって、「懐疑の脈」の側の理解からすれば、そのような「問題化」および「解」の形成とは、根本的に無関係であり、「懐疑の脈」はそれに完全に無関心だからである。

「懐疑の脈」は、たしかに「問題‐主体」および「解‐主体」の生成を駆動しはするが、いかなる「問題‐主体」と「解‐主体」のカップリングによっても汲み尽くされえないどころか、むしろ無傷のままに、無垢のままに、無学者となるものによってふたたび反復される。「失礼ですが、ところで、結局のところ……」。あとでみるようにその目的が根本的に逸脱していることを踏まえたうえであえて言えば、その無関係さ、無関心さ、無傷さ、無垢さはあたかも、理想の求婚者と、もろもろの求婚者のあいだのプラトン的関係を想起させずにはおかない。

したがって、「懐疑の脈」という変奏のためには、この「主体」という「地」の音調を捨て、さらに別の音調を求めなければならない。この「懐疑の脈」が走り抜ける此岸と彼岸の両方を浮かびあがらせることのできるあたらしい「地」となる概念が必要である。

第Ⅲ部　自然

それが「自然」であった。ここでの「自然」には、「有魂の自然」すなわち「生命」も「無魂の自然」すなわち「物質過程」も等しく含まれる。「懐疑の脈」を充分に展開するためには、この概念を「地」

とすることで、まったく異なる音調のもとで真理という主題を変奏しなければならない。「懐疑の脈」へと真理を変奏するためには、「問題‐主体」と「解‐主体」がともにエロス的欲望の充足を求めている、つまりその力の増大、蓄積、優越を求めているという前提を疑わなければならないのではないか。わたしたちの知の蓄積は、永遠のものなのか、それとも可滅的なものなのか。結局のところそれは、人間の滅亡とともに、あるいはそれをまたずして跡形もなく消滅するようなものでしかないのではないか。それにもかかわらず、わたしたちが知の永遠性を信じてやまないとすれば、それはみずからの増大、蓄積、優越を求めることを自明の前提とする生命のエロス的な卑しさが、そこにおいてあらわれているからではないかと疑いたくなる。生命の救いのようなものがあるとすれば、それは、そのような卑しさにもかかわらず、その卑しさの起源においてそれがあるまったく別の非生命的欲望、謂わば「無魂の自然」の反復と結びついていることによるのではないか。

「問題‐主体」としての真理にせよ、「解」としての真理にせよ、それが知性の肯定的な像と結びついていることは疑いえない。この知性の肯定的な像は、内在の哲学にとってもっとも重要な概念であるところの「生命」(つまり「有魂の自然」)と密接不可分に絡み合う(第9章)。ここでもっとも重要なのは、この「生命」の内側にあって、「懐疑の脈」と根本的に結びつく「非の潜勢力」である。むしろこれまでにみてきた「概念」や「振る舞い」や「問題」、あるいは「記号的宇宙」は、この「生命」と「非の潜勢力」との結びつきにおいて理解することではじめて、その限界を明示することができるようになる。

そのことを示すために、まずカンギレムの「生命」と「非生命」(「物質過程」、「無魂の自然」)の境界においてあらわれる「情報構造」という概念をとり出し、その「情報構造」と「物質過程」の関係を、さらに記号論的な意味形成における「無意味さ」の介入との関係において理解することを試みた（第10章）。そこで確認されたのは、「生命」の根源的要素として「情報」あるいは「意味」があると解されるとすれば、そのような「意味」が分節化される過程において、あるいはその「意味」を「意味」として分節化することを可能にする文脈が形成される過程において、「無意味さ」を担うなにか、あるいは不定の記号が不可欠な役割を果たしている、ということである。謂わば「生命」としての「情報構造」が「物質過程」のうえに重ね描かれるさいに、その重ね描きを分節化する「意味」のゼロ度が、つまりもっとも薄い半透明の膜が重ね合わせられた「物質過程」（「無魂の自然」）が介入するということである。ただし、そこにおいてその「無意味」は、「非の潜勢力」としてつねに忘却されるものとしてのみ、抑圧され、消去され、消え失せるものとしてのみ介入し、それによって特定の文脈において「意味」の分節化の豊かさが支えられる。

しかし、この「無意味さ」あるいは「非の潜勢力」が入り込むことの意義は、ある特定の文脈において意味を分節化し、蓄積し、豊かにすることにだけあるわけではない。むしろより重要なのは、ある既存の文脈をおりて、異なる文脈をあらたに再構成し始めるさいに果たす、切断的、離接的な役割のほうである（第11章）。「生命」は、エロス的な欲望にしたがうだけであれば、むしろ多様性を消滅させる方向へと不可避的に進んでいく。すべてをそれ自身の文脈において有意味化することこそが、「生命」のエロス的欲望があくまでもみずからに正直に求め続けることではないのか。そうであれば、「生命」の多様性、あるいは文脈のあたらしさは、むしろ「生命」において反復される「非生命」、「無魂の自然」によって保持される「文脈の不定性」によってこそ可能になると考えなければならないだろう。「懐疑の脈」とは、そうだとすれば、あるひとつの文脈による「意味」の分節化を、その根底において、みずからの忘却と引きかえに支え続けるのと同時に、それと別の文脈での分節化のあいだの隙間、そのあいだの移行を橋渡しするもの、その別の文脈の可能性を保持する「非の潜勢力」でもある。「懐疑の脈」あるいは「非の潜勢力」にたいして、それの「外部」としてのステータスを付与しているものこそが、「無魂の自然」における「文脈の不定性」である。多様な文脈において、際限なく反復される無垢にして一なる「不定性」、これが真理の最後の変奏となる（形式a－形式b：形式的形式）。

そうだとすれば、「記述の実践を記述するという実践」として二重化された「概念の哲学」は、それがここで試みられたような過程としての真理が内包する過程そのものを隅々まで肯定し、最大限に促進するものとならなければならないだろう（第12章）。つまり、真理という主題のすべての変奏を巻き込むことで、真理という過程のエロス的欲望の速度を遅らせ、反転逆流させ、その過程を駆動している忘却された「懐疑」を掘り起こしながら、それが「問題－過程」として実現されるとともに覆い隠された「非の潜勢力」を想起させること。それが「解」となることでむしろ深められた「懐疑の脈」を注意深く、「無学者」らしく拾いあげることで、そこに「自然」のエレメントを回帰させること。「非の潜勢力」へと向かうことで、増大、蓄積、優越を最上とする大陸的記述を失調させながら、多島的な記述の展開を用意すること。あらゆる学知のなかに遍在し、あらゆる大陸的な記述において権利上共立しているはずの「マイナーな学知」を励起しながら、みずからも「マイナーな学知」へと「なる」こと。こういった可能性こそが、「概念の哲学」において探求されなければならない。

過程としての真理という主題の主だった変奏として、これまでに「解(く)」、「問題(をたてる)」、「懐疑の脈」(疑う)、「文脈の不定性」といったものを順にみてきた。真理を過程として把握するためには、すくなくともこれだけの変奏を共鳴させることが不可欠であったように思われたからである。それによって示された過程としての真理の像が、真理の生成という最初の問題設定にたいしてどれだけ充分に答えることができたのかということについては、いまは問わないでおきたい。それはおそらく、このあとになにが続けられるのかということによってしか、正しく評価することのできないものであるように思われるからである。

ここでまったく問われることのなかった数おおくの「懐疑の脈」が、この一連の変奏の文脈の傍らで眠っている。そのうえさらに、ここでの一連の変奏の全体構成が転調につぐ転調を前提としているがゆえに、ひとつひとつの変奏の文脈のなかで意味の分節化を微細かつ精密におし進めていくことを求めている空白が、あとに無数に残されてきた。むしろそのような空白を残すことではじめて、このような速度で一連の変奏の全体をめぐることができたのだということもたしかだが、やはり学問的誠実さにしたがうならば、それらをひとつひとつ塗りつぶしていく仕事は宿題として引き受けなければならない。しかし、いまは、この場所でしかおそらく実現しえなかったであろうものを実現することができたのではないかという期待(と言うよりもむしろ、できなかったのではないかというおそれ)とともに、ふたたびしばらくのあいだ思考の暗がりのなかを彷徨い歩くことにしたい。

註

序

＊1　このような観点から子供の言語習得について哲学的な分析をおこなったものはこれまでに多数存在する。ここで念頭においているのはドゥルーズの『意味の論理学』（小泉義之訳、河出文庫、二〇〇七年）であるが、そのほかにもメルロ＝ポンティの議論、ヴィトゲンシュタインの議論など枚挙にいとまがない。もちろん言語学、心理学、精神分析、認知科学などの分野でも頻繁に扱われるテーマでもあるだろう。

＊2　「神なしの」という議論を求めることが、かならずしも実証主義や近代主義を肯定することにはならないということには注意が必要である。あるいは、場合によっては、神についての別様の積極的な考察が可能かもしれないし、むしろ必要とされるかもしれない。むしろ「神なしの」とここで言っているとき、ないと言われているのは、知性の根拠として、世界の原因として常識において想定されるかぎりでの神であって、それだけのことでしかない。これらの特質がかならずしも神という概念に本質的に含まれなければならないかどうかは充分に検討の余地がある。

＊3　ラッセルなどの初期分析哲学が、概念の分析といったときもこれと同じような意図であったと理解している。

＊4　ここでのトゥルニエとロビンソンの関係は、ドゥルーズ（2007a）に所収の「ミシェル・トゥルニエと他者なき世界」による。

＊5　ここでわたしの言う否定なき生成とは、ドゥルーズの『意味の論理学』における否定と差異の関係についての議論と結びつくが、このことの意味はのちの議論において展開されることになるだろう。

＊6　ベルクソンについては『差異について』（平井啓介訳、青土社、二〇〇〇年）および『ベルクソンの哲学』（宇波彰訳、法政大学出版会、一九七四年）が、ニーチェについては『ニーチェと哲学』（江川隆男訳、河出文庫、二〇〇八年）、『ニーチェ』（湯浅博雄訳、筑摩書房、一九九八年）がある。

＊7　このような理解は現在では一般的になりつつあるが、最近ではたとえば、エスポジト（2011）などでも強調されている。

＊8　この詳細な批判については、すでにさまざまな論考があるが、たとえば檜垣（2010）を参照されたい。

＊9　ここでの筆者によるベルクソンの二分法の説明はそれほど正確ではない。たとえば、ベルクソンは空間と言語といったものを類比させるが同一視はしない。たしかに空間は空虚であり、量は形式的かもしれないし、知性といったものもそのような空間に依拠する分離・分類であるかぎりは生き生きとしたものではないかもしれない。ただ、その一方で、たとえば、生物がイマージュのなかで生き生きと感覚－運動の現在のなかで発露させる知性もまたあるのであり、筆者によるような単純な図式化は、実際のところベルクソン哲学の過小評価を導くことになる。わたしの意図はそのようなところにはないが、ただ話を簡易化させるために、このような図式をもちいたと理解していただきたい。

＊10　この概念はたとえば、ジェームズ（2004）に所収の「第二章　純粋経験の世界」で具体的に展開されている。

＊11　この点について強調するようなジェームズの解釈は、Latour（2011）のラトゥールの解釈を参考にしている。

＊12　ジェームズだけでなく、ベルクソンやフッサールなど、二〇世紀初頭のおおくの哲学者が心理学を哲学的方法のなかにとり込もうとしたことはよく知られている。おそらく、当時の心理学の学問的な位置づけが、現在よりも自然科学と精神科学の中間地点に位置していたということがその理由ではないかと思われる。このことは、実のところ、現在の科学技術社会学や科学技術人類学の置かれている位置づけと重なる部分がある。このことについてはまた別の機会に改めて考えなおしてみたい。

＊13　細部についてもう一言だけ述べると、このような人文科学への押し込めにドライブをかけたもののひとつとして、心理学の急激な自然科学化の動きがある。これによって、ベルクソンが依拠していたような心理学が、もはや心理学と呼ばれなくなるということと、彼らが人文科学の側に押し込められることが可能になることが、並行して起こったと言えるだろう。

＊14　このような立場の全体像について、日本語で読めるものとして金森（2008）、金森（2011）および金森（2013）を参照されたい。

＊15　たとえば、ラトゥール（2008, p.162）にそのような記述がみられる。ただ、このようなかたよった解釈をすることの理由としては、バシュラールのテキストの正確な読解というよりも、むしろラトゥールのアクチュアルな立場における実践的な意味のほうがむしろ強かったのではないかと想像される。

＊16　たとえば、バシュラール（1975）やバシュラール（1989）では、このような議論がかなり頻繁に繰り返されており、このことはまた金森（2004）でも指摘されている。
＊17　バシュラール（1989）やバシュラール（2002）などがその典型であるが、バシュラールのほかのおおくの著作の随所にもそのような発破をかける文章を見出すことができる。
＊18　たとえば以下のようなヴィトゲンシュタインのグランジェによる仏語訳がある。*Ludwig Wittgenstein*, présentation, choix de textes [de Ludwig Wittgenstein], bibliographie par Gilles-Gaston Granger, Seghers, 1969.
＊19　このような見方をすると、なぜラトゥールが、タルド、セール、ホワイトヘッド、ジェームズ、スリオなどの著作をみずからのアクターネットワーク理論の先祖として好んでとりあげるのかが、すこしみえやすくなるように思われる。
＊20　この文章のもととなっている『現代思想』の連載を開始した時期には、はっきりとみえておらず、断片的であいまいなイメージしか、わたしにはなかったのだが、連載のあいだにさまざまなひととのやりとりや読んだ文章によって、ここでわたしが述べていた方向性が、たんにラトゥールの方向性というよりも、よりひろくラトゥールやデランダ、ドゥルーズ＝ガタリなどから影響を受けた「思弁的実在論」と呼ばれる立場の現在の一連の動きとどこかで連動していることがはっきりしてきたように思う（cf. Maniglier 2012）。この点については機会を改めて論じなおしてみたい。

第１章

＊1　フェルマーにも決して解けなかったし、初等算術しか馴染んでいない素人には、どんなに簡単そうにみえても絶対に解けないだろうということは、たとえば、足立（2006）などでも知ることができる。
＊2　たとえば、田辺（1925）とCavaillès（1938b）の比較検討が示唆的だろう。
＊3　たとえば、フレーゲ（1999）所収の「意味と意義について」を参照されたい。
＊4　タルスキの真理概念の使用にかんする実質含意条件については、Tarski（1983）とりわけ同書所収の論文、“The concept of truth in formalized languages”を参照。また、山岡（1996）の第一章「タルスキの真理論」。
＊5　以上のようなことを述べているわけではないが、ダメットもまた真理の検証主義的な立場とこのような意味での真理概念の必要性が両立するものであることを明らかにしているようにみえる。たとえば、ダメット（2010）の議論など。
＊6　2×2という構造は、主客の分離を乗り越えるという内在の哲学のプログラムではしばしば登場する。たとえば、廣松渉の「四肢構造」、ガタリ（1998）であらわれる2×2のカテゴリー表などがその代表的なものである。ただ、ここで

の議論はそれらとは基本的に独立の経緯で着想されたものであり、いまだそれらのあいだにどのような理論的関係があるのか、あるいはないのか充分に探求されていない。これについてはまた機会を改めて論じることにしたい。

＊7　たとえば、これが真理概念の使用にかんする実質含意条件だと仮定すると、タルスキが明らかにしているように、これは図式として理解することはできても、概念だと考えることは嘘つきのパラドックスを引き起こすことになる。詳細は、山岡（1996）の第一章を参照。

第2章

＊1　以下、カント（2005a, b）からの引用は、邦訳頁数／原書A、B版の別、頁数と省略して表記した。

＊2　もし関心があれば、近藤（2008）の議論を参照していただきたい。

＊3　自然数集合を直観的なものと認めるもっとも整合的な立場は、H・ワイルのものであり、Weyl（1994）でその詳細が展開されている。

＊4　以上の構成は、デーデキント自身のものによる。デーデキント（1961, p.22）を参照。

＊5　みやすさという観点と歴史的な観点から実数体の公理系を例に選んでいるが、基本的には公理系そのものの問題として、この直観的なものとの距離を考えることができる。であるから、自然数が無条件で直観的であるということにはかならずしもならない。

＊6　解析学と述語論理、そして形式主義の歴史的関係とこの概念のかかわりについては、近藤（2008）ですこし論じたので参照されたい。また、公理系の考え方の進展と形式主義のプログラム、およびそこにおける概念についての考え方のかかわりについては、近藤（2011）の特に第三章および第四章で論じたのでそちらを参照していただきたい。

＊7　このような形式主義的な観点が本当に充分でないのかということについては、たしかに議論しうる問題ではある。これについては近藤（2011）でまとめて論じているので、もし関心があればそちらをみていただきたい。しかしここでは、概念だけで不充分であることを論証するよりも、具体的にどのようなものとして直観的なものを解釈することができるのかということを描出するほうが具体的かつ積極的な意味があるだろうと考え、そのような否定的な議論を割愛することにした。

第3章

＊1　非網羅的定義、理念化、主題化、数学基礎論の歴史、デーデキントの定義概念およびその解釈の関係については、近藤（2011）を参照されたい。

＊2　カントールおよびデーデキントの集合概念における次元の不変性の問題を理解するうえでは、Crilly（1999）の論文

が役にたった。

第４章

＊1　現代数学の場合、このような装置に相当するのは、おそらく公理的体裁によって記述された操作体系である。すなわち、対象とそのうえでの操作を再帰的に構成していくような体系を、いくつかの公理によって記述したもので、そこのうえでの操作は主に記号上の演算として実現されるものである。原始再帰的算術の公理系がこのような操作体系としてもっとも典型的であると思われる。そこで「調律」にあたるのは、操作体系を適切に記述する公理系の設定や、記号の配列であるだろう。その点でみれば、紙と鉛筆のみをもちいる仮想的な計算機もまた、ここでの意味での「装置」の一種ということになる。

＊2　マックレーン（2005, pp.7–15）のメタ圏と圏の定義を参照。

＊3　算盤やコンパスや計算尺を「記号体系」と呼ぶことには抵抗があるかもしれない。しかしそれらは、実現される規則の束の代補であり、それを操作することが、それを操作するということを直示するのではなく、それが部分として包摂される全体としての規則を換喩的に示しているという点で、完全に記号的である。換喩と記号の本質的つながりについては、菅野（2003）を参照されたい。

＊4　代補としての概念から直接個々の経験を折り開くことができるということは、かならずしも概念の性質上求められるものではない。実数の例を考えれば、それがこのような素数の場合とは異なって、縮約される以前と以後のあいだに、還元不可能な距離がおかれていることがわかる。

＊5　カッツ（2006, pp.427–430）、また志賀（2011, pp.130–137）を参照。

＊6　カントもまた、数学の場合には、経験における与件ではなく、ア・プリオリな直観形式がその綜合を可能にすると議論しているので、ここでの筆者の表現はミスリードかもしれない。しかし、あとで述べるように、経験の縮約の過程にあらわれる振る舞いの場は、カントにおける二つのア・プリオリな直観形式を特殊例として含むものであって、その点でここでの議論はカントのものとも異なっている。

＊7　解と問題のとり違えについては、ドゥルーズ（2007b）の第三章の議論を参照。また、近代概念の自己欺瞞性についてはラトゥール（2008）を参照。

＊8　概念の結合を論じるにあたって、カテゴリーの議論をやらないのは明らかに片手落ちであるように思われるかもしれない。ここでの関心からカテゴリーについて論じるならば、カテゴリーとは、カントが言うような特権的な概念（つまり純粋悟性概念として悟性にのみ関与する概念）ではなく、特定のタイプの、謂わば特異な普遍的概念にすぎないものであ

ると述べることになるだろう。カテゴリーとはいえ、ここで論じられているように、それを考えるためには、ある振る舞いの場との重ね合わせを必要とする、ということである。たとえば、ゲーデルの二つの不完全性定理（とくに第一）は、カテゴリーについての問題（算術的判断の構成の全体にかんする様相の問題）にたいする解であり、その解のために原始再帰的算術という振る舞いの場が必要であったことや、あるいは選択公理の無矛盾性（これもカテゴリーについてのひとつの問題である）の証明のために、集合の構成的定義を必要としたことは、そのことを肯定的に示すよい例である。したがって、議論の方向性としては、かつてカテゴリーと呼ばれてきたものが、いかにそのほかの概念と同類であるのかということを示し、それにもかかわらず、カテゴリーと呼ばれるにふさわしいだけの普遍性を維持しているということを示すことであるだろう。この問題については、第II部の第7章で実際に議論することになる。

＊9　議論の流れからは切れるが、この例もまた、さきほどの面積から積分一般への議論と同様、代数方程式の解を代数的計算に帰着させるという結びつきそのものを再主題化することを要請した問題である。よく知られるように、この問題は、ガロワ群や拡大体を、代数的解法の存在概念に対応するものの操作を遂行する場として再構築することを促した。

＊10　無能力としての思考、あるいは問題を措定する能力の一種としての「愚鈍さ」（Bêtise）の議論については、山森（2012）の議論から触発された部分がおおきい。ドゥルーズ（2007b）の第三章も参照のこと。また、ドゥルーズ（2007c）の第四章は、カントの理性にかんする議論が、問題についての重要な考察を含んでいることを示唆している。

＊11　結論はさき送りにしなければならないが、そのように主張することが絶対にできないと言い切るのは早計かもしれない。渡辺（2010）が紹介する学習理論の数学的研究によれば、ここで論じている潜勢態としての規則というのは、学習における「真の情報源」に相当するものと解釈できるかもしれない。筆者の理解に誤りがなければ、渡辺（2010）の紹介する成果である、真の情報源を知らなくても観測とモデルだけから値を求めることのできる「特異ゆらぎB」と「学習誤差T」から、「汎化誤差G」を求めることができるということ、つまり真の情報源を知らなくても、汎化誤差を求めることができるということは、この規則についての存在とまでは言えないが、なんらかのたしからしさを、数学的手法、つまりここでいう感性と悟性の一致によってもたらすことができるということの重要な事例になっていると解釈できるかもしれない。問題は、情報、自然、認識、歴史というタームの結合だが、これについてはまた機会を改めて考察しなおす機会をえたいと思う。

第５章

＊１　「マイナー」という語の使用は、ドゥルーズ＝ガタリ（2010）の「マイナー科学」という語の用法を参照しつつ、より記述的な側面に重点をおいたものとなっている。過程のマイナー記述は、科学史のほかに、おそらく人類学、生態学、教育学、社会学の分野における記述の問題とかかわることになるだろう。過程と記述という対は、これだけで考察するに充分な重みがあるが、ここではこれからの応用の可能性を踏まえたうえで、その原理的な水準でのみ考察を展開することにしたい。

＊２　たとえば、坂部（1976）の「日本語の思考の未来のために——欧米語と日本語の論理と思考」などにある日本語文法における述語中心的なあり方など。

＊３　解かれたあとも問題が明示的に残り続けるのであれば、それは問題もまた明示的に解かれてはいないということである。ただし、このことは、問題が解かれたあとも、解とは別の次元でそれが存立し続けるということとは意味が異なることには注意しなければならなない。この点については、あとで「懐疑の脈」という主題とともに論じることになる。

＊４　エピステモロジーの哲学を現代的観点から展開しているＪ－Ｍ・サランスキと原田雅樹は、それぞれまったく異なる観点から、それぞれハイデガーの解釈学とリクールの解釈学をエピステモロジーの哲学およびその記述の方法論に積極的に接ぎ木している。Salanskis（1998）および原田（2006）、Harada（2006）を参照されたい。なおサランスキの哲学については、中村（2013）が現時点では日本語で読める唯一の紹介をおこなっている。

＊５　ここでの議論に直接かかわらないが、別の方向からバシュラールをたんなる相対主義者とみなさない研究として、バシュラールの科学哲学を認識論的実在論という立場で現代によみがえらせるMartin（2012）を参照されたい。

＊６　たとえば、バシュラール（1975）、および金森（2004）の第二章「分析への認識論的障害」を参照。

＊７　金森（2004）の第三章「物質との対話の想起のために」を参照。

＊８　ここでは相対主義という言葉で、ＡでもあればＢでもありうるというような認識や記述にかんする相対主義や、真理や存在にかんする相対主義のことを指しており、人類学者のクリフォード・ギアツ（ギアツ 1991, p.78）が擁護するような、自身（自文化）との連続性においては想像も理解もできないが、だからといってまったく理解できないというわけではなく、むしろ自身（自文化）と異なることがら（他文化）のうちに入り込むことで、それをとおして（みずから異なるものになることで）理解することができるようになるような相対性（むしろ多様性）としての相対主義ではない。このような意味での相対主義は、むしろある種の一性を前提してい

るとは言えないものの、暗に要請しているようにわたしには思われる。多様性や切断を認めるからといって、そのことが即座に、存在論的な相対主義（これには観念論的な相対主義も含まれる）を含意するとはかぎらないということを、むしろギアツの擁護する相対主義は示しているように思われる。

＊9　真理と狂気のあいだの対の構造の歴史的発生を、もっとも的確に示したのは、フーコー（1975）である。

第6章

＊1　一方で、このような違いはたんに表面的なものにすぎないとみることもできる。ベルクソンが、悟性や言葉ということで批判しているのは、わたしが「解」のもつべき地位を、「問題」からはっきりと区別するように要求することと並行して理解することができる。すなわち、ベルクソンの言う「直観」によって把握されるべきものは、ここで言うところの「問題－主体」に等しいということである。とはいえ、このような比較はベルクソンの言葉そのものの解釈というよりは、ここでの議論の側からの曲解であることは否めない。

＊2　ただし、わたしは、かならずしも「問題」なるものが無から人間の想像力によって作られるとベルクソンが考えているとはみていない。ここでのベルクソンの「発明」と「発見」という対語は、あくまでひとつの文の彩であって、それによって言われていることは、問題の身分が、解のように最初からあたえられるようななにか、それが解かれたときには「発見された」と言われうるようななにかではないということであると理解している。「問題」は、解のように現実的に存在しているわけではないが、それは潜在的に、しかし完全な仕方で実在しているのである。

＊3　この節は、連載時には存在しなかったものをあとから書き加えたものである。この節の議論は、本書のもとになっている連載のあとにおこなわれた第一三五回国際島嶼教育研究センター研究会での研究発表「現代思想における比喩としての《島》――ドゥルーズの「島」概念についての一考察」での発表および議論の一部がもとになっている。また、小倉（2011）の議論も参照されたい。

＊4　このような愛についてはトゥルニエ（2009, p.184）の「わたしのウラニア的愛」を参照。

＊5　ここでの「モデル」、「コピー」、「シミュラークル」、「幻影」という用語の規定は、ドゥルーズ（2007c, pp.253–4）を参照。

＊6　バークリの著作および思想の全体像については、たとえば一ノ瀬（2007）を参照されたい。バークリの哲学そのものとここで展開している議論とのあいだに一定の道筋をつけることは不可能ではないように思われるが、ここでおこなう議論以上のこと、より詳細なバークリ哲学の検討が必要になることは言うまでもない。ここではあくまで、議論の素材を

バークリの著作から借りてきているにすぎない。

＊7　わたしの「抱握」概念の理解は、森元斎のホワイトヘッド解釈から影響を受けている。たとえば森（2010）および森（2011）を参照。

第7章

＊1　このような解釈は、訳者の山本光雄の解釈とも一致するように思われる。「訳者解説」（アリストテレス 1971, p.158）を参照。

＊2　わたしはこの点についてまったく明るくないが、現代の文法学のいくつかには、このような数理論理的な構造の観点から解析するものがみられるようである。

＊3　実際に、数理論理的な文法構造の分析という視点を導入するならば、文の文法的分析は、文法そのものの数理論的な分析によって重ね合わせられる、つまり延長されることができるはずである。そして、そこでは、文の文法的分析からは導出されなかったような普遍的概念が、つまりあらたなカテゴリーが登場するはずである。しかし、こういった可能性そのものが、ここでのやり方ではみえなくされている。

＊4　また、「共有の原理」と呼ばれるものがアリストテレスの議論に登場するが、これについては現在では論理学の同一律、排中律、矛盾律に相当するものが例示されている。

＊5　この数学的領域の存在についての分類が、後年の単位と量のあいだの不一致というアポリアとなることは、以前すでに論じたところである。

＊6　ここで抽象的な基体を「潜在的な」とも形容したのは、Delanda（2002）およびデランダ（2008）におけるドゥルーズの「普遍的な特異性」として現実化する「潜在的多様体」の理解と、ここでの議論が一定の連続性をもつように思われたからである。むしろ重要なことは、数学的な記号系によって記述されることで「普遍的な特異性」として実現される「潜在的多様体」もまた、記号系において実現されているかぎりはひとつの「個体」（すなわち解）であり、ラトゥールが言うように、ネットワークの一部へと編入されることで、多様な技術的な存在者を支える「アクター」になるものとして理解しなければならないということである。逆に言えば、このような「個体」となる以前の数学的実体なるものは、あとでみるような「懐疑の脈」以外の姿では存在せず、いわゆる数学的概念として認められるような「多様体」などの具体的な数学的構造の姿をとるわけではないということである。つまり、「普遍的な特異性」が「ある」と言えるのは、それが現に普遍的な仕方で働いているからであって、宇宙の神秘のような仕方で、この世界に先在していたからではない。「普遍的な特異性」が永遠のかなたにある起源よりずっと働いてきたはずであるかのように、それが現に働いていたとしても、そのことが古代のピタゴラス派が信じたように、数的

なものが世界にさきんじて存在しているということを帰結する必要はない。デランダの記述は、あたかもドゥルーズの存在論が、ある種の数学的プラトニズムを採用している(たしかにドゥルーズの数学論のベースにあるA・ロトマンはそのように考えていたふしがあるが)かのような印象をあたえる点で、ミスリードな部分を含むように思われる。ドゥルーズの数学論の本質は、数学を一方で問題の表現の特権的な場所であると同時に、それが解としては普遍的な特異性を表現する場でもあると理解したその二重性にこそあるようにわたしには思われる。

＊7　この詳細についてはカヴァイエス(近刊)に所収の訳者による解説を参照されたい。

＊8　すくなくとも、カヴァイエスはこの解決の方向に参与しているように思われる。詳細については、カヴァイエス(近刊)を参照されたい。

＊9　この点については、以前すでに論じたが、詳細は近藤(2011)の議論(とくに三章と四章)を参照されたい。

＊10　多様体と訳しているのは、Gebilde と Mannigfaltigkeit である。カントールはこの二つを織り交ぜて使用するが、かならずしも異なる意味ではもちいていない。

＊11　単射とは、集合Aから集合Bへの写像にかんして、集合Aのすべての異なる要素が集合Bの異なる要素に対応づけられているものである。全射とは、同様の写像にかんして集合Bのすべての要素についてもれなく集合Aからの写像による対応づけが存在しているものである。全単射とはしたがってこれら二つの性質を同時に充たすような写像である。

＊12　このような記述にかんして、現時点でもっとも理想的なのは、Cavaillès (1938b) であるように思われる。その点で、この著作は、Cavaillès (1938a) の前史あるいはたんなる数学史的記述以上の価値を有している。しかし、このような観点から、この著作を体系的に解釈した試みはいまだ存在しておらず、今後の課題としたい。

第8章

＊1　ただし、この議論では哲学的概念あるいは哲学固有のカテゴリーの可否については論じていない、ということには注意しなければならない(これは学問的認識との比較によって特定可能になる哲学的認識あるいは哲学的知識の可能性の問題でもある)。これについてはまた別の機会に論じることがあるかもしれない。

＊2　もちろん、身体知(自転車の乗り方や箸の使い方、ドアノブのまわし方など)にかんしてはこのかぎりではない。ここで問題にしているのは、たとえば特定の定義や公理、あるいは概念規定のような知識である。たしかに抽象概念を身体化すること(たとえば、自由に公理的集合論における公理を利用できるようになること)は、通常の身体知と比較可能で

あるようにも思われるが、一方でそれらが身体臓器だけからなりたっていないということもまた明らかであるように思われる。

*3　とはいえ、そもそも「所有権」なるものが、人為的かつ欺瞞的なものであるので、それを自然権によって退けようとしても無意味であるという反論はなりたつし、正しいもののように思われる。つまり、いかなる所有も欺瞞的であり、不当であるがゆえに、人為的な介入（法の制定）を必要とするのであれば、以上のような「知的所有権」の問題も同様であるがゆえに、それが欺瞞的で不当である点を批判しても（そもそもそのことが前提されているのだから）意味がないということである。ただし、不当なものを不当なものとして認めるということと、不当なものを正当なものに反転させて認めるのとでは、ことがらの理解としては違いがあるように思われる。

*4　ここでグランジェの哲学が登場するのには、それなりの必然性がある。本稿の議論で重要な役割を担うカヴァイエスの哲学を、戦後のフランス哲学の文脈のなかで自覚的に継承し、発展させたのが、彼の弟子でもあったこのグランジェである。したがって、彼らの哲学のあいだになめらかなつながりがあるようにみえたとしても、それはまったく偶然ではない。両者のあいだの連続性については、小林（2000）を参照のこと。また同論文は、グランジェの学問論の全体像をコンパクトにまとめた最良のもののひとつである。またグランジェの人物像については、小林（1999）の記述がもっとも詳しい。また、グランジェとカヴァイエスのあいだの違いについては、近藤（2013）を参照されたい。

*5　唯一の例外はCh・S・パースの記号観だろう。グランジェもパースの記号観について議論している箇所がある（Granger 1967, pp.113–4）。また両者の比較については、J. Proust et E. Schwartz（1995）に所収のP. Thibaud の論文およびC. Tiercelin の論文を参照。

*6　まったく文脈は関係ないが、グランジェの形式と内容の「双対性」とそのあいだにかならず入り込む「形式的内容」としての齟齬という見方は、郡司の齟齬をはらむものとしての外延－内包対という見方とかなりの部分で重なっているように思われる（郡司（2006）を参照）。これについては機会をあらためて論じたい。

*7　数学的な例からの説明は、Granger（1994b, pp.54–5）および小林（2000, pp.80–1）を参照。数学的比喩としての問題点は、挙げられている例が、基本的に双対性が完全になりたっている場合が考えられているのにたいし、グランジェの定義上、本来、記号系の形式と内容の双対関係は、命題論理という特殊な場合を除いて（これは「形式的内容」の「ゼロ度」と呼ばれる）完全な一致をみることはなく、「形式的内容」と名づけられるその不一致を基軸にして、記号系の自

律的な産出運動が可能になるとされることにある。つまり、グランジェの「双対性」概念の肝である「形式的内容」は解の次元には属していないために、数学的比喩において充分には表現することができないということが、ここでの数学的比喩としての根本的な問題であるように思われる。

＊8　これまでにすでに論じられた概念と振る舞いの二重性は、この操作‐対象の「双対性」と類似しているが異なっている。グランジェの言う操作‐対象の「双対性」は、ここでもちいられる概念に依拠すれば、「振る舞い」の内部構造の議論に相当する。「概念」は、そのような「振る舞い」に基づいて措定される、あるいは思考されるその大域的な規則性である。グランジェは、これについて「形式」という語で論じる場合があるが、そのときグランジェの「形式」という語の規定は、曖昧になり始めるように思われる。

＊9　この完全さの指標として、命題論理においてなりたつ完全性、無矛盾性、決定可能性というメタ論理的な性質が挙げられている。このような特徴による規定の問題点については、近藤（2013）を参照されたい。

＊10　日常言語と科学言語との違いについて論じる余裕がなかった。これについては小林（2000, pp.78–9）を参照。また、日常言語と日常言語の科学化（つまりそれについての科学的認識が可能な状態を創設すること）との違いについても留意する必要がある。ソシュールなどの言語学に依拠した哲学的議論のいくつかは、この違いをまったく無視している点で不当であるように思われる。

＊11　ただし、以上のような「形式的内容」にかんする記号論的な議論にすべてが帰着されるわけではない、ということを、とくにこれまでの問題‐主体をめぐる具体的な議論のなかでみてきたつもりである。

＊12　グランジェの物理学については小林（2000）を参照されたい。とくに相対性理論における「基準系」のあいだの変換とそこにあらわれる「不変性」にかんする議論、および波動関数において理論的に要請される「潜在的なもの」についての議論など。

＊13　グランジェの実在論、および実験と記号の関係については、近藤（2013）で詳しく論じている。

第９章

＊1　アガンベンによるドゥルーズ（1991, p.176）からの引用。この引用中の［　］は原文によるもの。

＊2　ここでのアリストテレスの比例中項の例が、三段論法における中項の位置の特殊性を示す比喩にも同時になっていることは、小項をa、大項をcにそれぞれたとえ、中項を比例中項のbにたとえるとわかる。$a:b=b:c$は、三段論法の二つの前提に対応し、その変換である$b^2=ac$は、acという結論に対応するものが、三段論法の帰結であり、そのような

推論を巻き込んでいること（☞＝）に対応している。
＊3　この「分身」は、「ミシェル・トゥルニエと他者なき世界」において、目的の逸脱において生じるものとされる。スペランザの、ロビンソンの、フライデーの分身。これらの分身は、「他者－構造」の機能の現前とその喪失とが介在する二元論的世界を生きる双子である。
＊4　このように理解すると、アガンベンの包摂的排除の議論と、ドゥルーズのトゥルニエ論における「大地」的な「深層構造」が四元素を幽閉し、「シミュラークル」を劣った「コピー」として「モデル」に従属させるという議論が同型であることがわかるように思われる。したがって、「根拠の原理」は、そこでの「他者－構造」にたいして機能的に対応し、「内在原理」は、「他者－構造の喪失」あるいは「目的の逸脱」と機能的に対応していることがわかる。したがって、このような対応が正しいとすれば、「剥き出しの生」とは「幻影」にほかならないということになるだろう。そして、このような「幻影」とは、まさに「懐疑の脈」に導かれる問題－主体がみている世界の諸要素ことである。
＊5　「人間はこれを動物と共有している」という言葉と、「理性的な部分は私たちにおいて、はじめから最終的に完成された形で、現勢力という状態で存在しているというのではないため、私たちにおけるその存在はただ潜勢的なものである」という言葉がアヴェロエスの言葉として引用元なしにアガンベンによって紹介されている。
＊6　ダンテ『帝政論』1、3からのアガンベンによる引用。訳語はアガンベン（2009）のままである。
＊7　ダンテ『帝政論』1、3からのアガンベンによる引用。訳語はアガンベン（2009）のままである。
＊8　この引用中の［　］は原文によるもの。出隆訳の『形而上学』（岩波書店、一九六八年刊）では、「無能力」と訳されているが、アガンベンの翻訳の訳語との統一の観点から、「非の潜勢力」のままとし、訳文もアガンベン（2009）のままとした。「非の潜勢力」はadynamiaの訳語であり、語源的には、「無力」（impuissance）と同じであり、ドゥルーズがもちいる「無能力」（unpouvoir）も、これと同じであるだろう（ドゥルーズ 2007c, p.89）。むしろ、「思考の潜勢力」における「非の潜勢力」の議論は、ドゥルーズの「無力」（＝無能力）概念の注解として理解することができるように思われる。
＊9　アリストテレス（1968, p.291：『形而上学』第9巻第1章1046, a29-32）からの引用。訳語はアガンベン（2009）のまま。該当箇所の出訳は以下のようである。「そして、アデュナミア〔無能力〕とかアデュナトン〔無能なもの〕とかは、こうした意味でのデュナミス〔すなわち能力〕に反対のものであり、その欠如であるからして、したがって、こうした能力は、いずれもみな、それぞれに対応する無能力の属す

るものと同じものに属し、その関係するのと同じものに関係している」。

＊10　この「無為」には、アガンベンによって解釈されたバートルビーの「できればしないほうがよいのですが」という言葉の示す「潜勢力」と結びついている（アガンベン 2005)。

＊11　カンギレムの引用にあたって、前後の文脈上の語彙の都合から断りなしに引用者が訳しなおしたところがある。／のうしろの数字は、原書第三版（一九七五年）の頁数をあらわしており、書きなおした引用だけ、邦訳の頁数のうしろに原書の頁数をつけた。

＊12　すこしわかりにくいが、これが無矛盾律の言いかえになっている。論理的には矛盾がひとつでもあれば、その矛盾からいかなる命題も帰結する。したがって、なんらかの意味のある（情報を保持した）推論構造であるためには、その構造の内部で矛盾がひとつも導かれないことが不可欠である。そうでないと、推論構造がもつ情報（内容的な差異）はべた塗りでつぶされてしまう。

＊13　これの考察は、ベルクソンの生体行動理論をアフォーダンスによって拡張解釈するという可能性に道を開くように思われる。逆に、アフォーダンスの理論を、ベルクソン主義の観点から拡張解釈するということも必要になるかとは思う。しかし、いずれにせよそこで問題になるのは、コアモデルとしての情報の理論をどのようなものして構築するかということに帰着するようにも思われる。

第10章

＊1　いわゆる熱力学の第二法則のことを意味しており、これはエントロピー増大の法則と同値でもある。

＊2　ここで言われる「系の状態の継起」とは、熱力学の第二法則にしたがって、初期状態で設定されたエネルギーの不均衡状態、つまり差異（つまり構造）が平衡状態に向けて脱差異化していく過程を意味する。

＊3　この「今日の生化学者」が具体的に誰を指すのかは定かではないが、シュレディンガーが『生命とは何か』のなかで指摘したネゲントロピーの働きのようなものが想定されていたのかもしれない。

＊4　地球科学の分野では日々あらたな知見があり、おおくの進歩がある。ここで使用した「分化」という言葉は、松井・田近・高橋・柳川・阿部（1996）という比較的古い概説書によるが、生命の歴史的エヴォルシオンを通常にならって「進化」とし、地球システムの物質的エヴォルシオンを「分化」としてはっきりと呼び分けている点に、本論とも重要な関連がみられると思われたので、あえてこの概説書の言葉を参照することにした。「初め均質だったものが異質なものに分かれることを分化（differentiation）という。したがって地球史とは分化の過程と時期を明らかにすることが目的とい

うことになる」（同上、p.101）。

*5　誤解を招くおそれがあるので、補足しておく。惑星形成理論の見解にしたがえば、原始惑星時にマントル溶融が起こり、より軽い地殻部分とより重い分子からなるコア部分とに分かれるはずである。そして重力理論の計算上、月のおおきさからその過程を経るのであればとるはずの重力値を、実際の月は実現していないことがわかっている。このことは、月の構成要素の平均密度が惑星形成にかんする理論上ありうるはずの値よりもちいさいということを意味する。月で採集された岩石の密度の測定などから、月が地球上の地殻の構成要素と同じ構成要素によってできており、地球のコアにあたる部分をもたないことがわかった。以上の事実を説明するために導入されたのが、地殻形成後の地球に、火星サイズの原始惑星がある一定の角度で衝突して、地殻の一部が分離、再結合することで月が形成されたというジャイアント・インパクト仮説であり、これによって、惑星形成理論の一般法則からは導かれない月の形成過程が理解可能になった（松井・田近・高橋・柳川・阿部 1996, pp.114–116）。

*6　物質過程の「不定性」の理解について、郡司（2006）の「スケルトン」概念および「マテリアル」概念についての議論が触発的である。

*7　詳しく検討する余力はないが、田中（2010）が提示する記号観は、その形式性という観点において、これまでソシュールやパースの議論を根拠に議論されてきた記号の構成要素のさまざまな分類のなかで、私見においてはもっともすぐれたものだと言える。これによって、ソシュールの二元論とパースの三元論は、可換な対応関係によって相互解釈可能になる。

*8　カヴァイエスの操作と概念の対に、これと同じような対応を求めることは難しい。あえて言えば、操作は、使用の側に、概念は内容の側に関連するが、そのなかでも特に操作はプログラミングの実行過程、概念はおそらくプログラミングにおける定義ないし記述の側面にかかわるのであり、全体としてプログラミングの実用論的側面に特化したかかわりをもっているようにみえる。これとちょうど反対に、グランジェの操作と対象の対は、プログラミングの意味論的側面に、つまりその対象としての側面に強くかかわっているようにもみえる（カヴァイエスとグランジェの対の違いについては、近藤（2013）を参照）。このことは、プログラミングそのものを対象ととらえるか、それとも過程ととらえるかの違いと関連しているようにも思われる。田中（2010）の議論がグランジェの議論とよりマッチングがよいように思われるのは、田中（2010）が前提する汎記号主義の立場が、プログラミングを使用する人間のたち位置を捨象する傾向を促しているようにみえることと無関係ではないだろう。使用も記号の一部であるとされるがゆえに、その記号系全体の使用や文脈設

定をおこなう過程が、逆説的にも記号系の外部に捨象されることになる。カヴァイエスの対、グランジェの対、記号論の三項関係の三者の対応関係については、今後検討する必要のある課題であるように思われるが、いまはこれ以上検討する余力はない。

＊9　この記号的世界の再帰的構成について、パース、メルロ＝ポンティ、グッドマン、カヴァイエス、カスー＝ノゲスらの議論を接続する議論として、菅野・近藤（2008）がある。

＊10　また、ドゥルーズも『意味の論理学』のなかで、この問題にかんして、意味の発生源としての「無意味」（non sense）の議論として、ルイス・キャロルのいくつかの用語を敷衍しつつ展開している。しかし、その議論が含意するここでの主題との連関性は重要ではあるものの、形式的にみえやすい議論にはなりえていない。この議論を有意義に展開するうえでも、田中（2010）の議論は、非常に示唆的であるように思われる。

＊11　田中（2010）では、このあいだの関連がはっきりと明示されていないが、そこでのソシュールにかんする議論を敷衍すれば、そのあいだのつながりは明らかであるように思われる。

＊12　この再帰的定義のもつ級数的特徴を、ライプニッツの記号論との比較において考えることは重要な示唆を含む可能性がある。さきほどのカンギレムの文章で、ベルナールについての引用の直後に突然あらわれるつぎの文言はとくに示唆的である。「さて、先の「諸現象に方向や関係を与える秩序・継起の法則」という、生物学で数学の概念やモデルを用いることに好意をもっているという疑いがあるとはほとんど誰も思わない生物学者［ベルナールのこと］にしてはまったく驚かされる表現に立ち戻ろう。それこそ、ライプニッツにより与えられた個々の基体の定義、Lex seriei suarum operationum、数学的な意味での級数《セリ》の法則、その操作についての級数の法則というのにきわめて近い、ほとんどライプニッツ的な言い方である」（カンギレム 1991, p.422）。

＊13　ここでの唯物論は、たとえばフォスター（2004）の第一章で議論されるような唯物論を考えている。

＊14　ここでの「フレーム」の脱構築と情報構造の自己言及的矛盾という対の表現は、かならずしも正確ではないが、郡司（2004）および、二〇〇〇年代前半の郡司の口頭での研究発表のいくつかのなかでもちいられた図式に由来する。

第11章

＊1　「トークン」の例示機能が記号系の本質的特徴を示していることについては、菅野（2003）を参照されたい。

＊2　ここでの議論の全体にもかかわるが、認識にたいする内容の優位を擁護する立場は、たしかに観念論と比較すれば、明らかに実在論よりの立場となるが、素朴実在論のように対

象それ自体が、認識過程抜きにして認識されるような仕方で存在しているとは考えない。対象が認識されるような仕方で認識されるのは、それを認識する方法やその認識をとりまく布置によるのだが、それにもかかわらずそのようにして認識される対象は、それを認識する過程の側には還元されないある先在性（潜在性）を有する。この未規定ななにかがさきにあるということを示すのが「問題」であり、それによって認識が組織化されるのだから、このなにかは現実的には観念論的だが、潜在的には実在論的だということになるだろう。

＊3　技術にたいして、このようにそれが生きる「文脈」を拡張するものとしての側面だけをみることは公平ではないかもしれない。すくなくとも、技術の「使用」においては、記述の実践と同じように「脱文脈化」の効果が具わっていることを認める必要があるように思われる。ただし、技術の本来の目的に適った「使用」や、技術そのものの設計と開発にかんしては、それを使用し開発するものが「生きる」文脈を拡張することを無条件的に前提化せざるをえない。必要のないところに技術的な発明はないという格言の意味するところはまさにこの点であるだろう。

第12章

＊1　また、「見本」についての考察として、グッドマン／エルギン（2001）を参照されたい。

＊2　Vuillemin（1954）からの引用。

＊3　「思弁的実在論」あるいは「形而上学的転回」にかんする最近の動向は、本書の議論と実際のところ、かなりかかわりがあるように思われる。このことにかんしてわたし自身の責任において議論を展開する必要があるが、いまはまだその準備がない。できることなら、それほど遠くないうちに、この議論を展開する場をもつことができるようにしたい。また、ここでの議論がこれらの文脈と関連するということ自体は、ポスト・ラトゥール・プロジェクトという研究会でおこなわれた研究会メンバーとの議論からおおくの示唆を受けるなかで、徐々に示されたことだった。またこれとは別に、篠原雅武との議論にも負っているところがある。

＊4　『論理哲学論考』のあまりに有名な「沈黙」をめぐる「語られること」と「示されること」の対比の考察の文脈で、こう言われることになるのだとすれば、すくなくとも後期のヴィトゲンシュタインについては別途考える必要がある。奥(2001, p.193 以下)、「(b) 後期ウィトゲンシュタインにとって「倫理」や「美学」は「語られず、示されるだけのこと」に属するわけでもない」を参照のこと。

＊5　ここでの「他者」という語の用法は、本書でこれまで扱ってきたドゥルーズとトゥルニエに由来する「他者」ないし「他者－構造」とはかなり異なっていることに注意されたい。

＊6　東浩紀『存在論的、郵便的――ジャック・デリダについて』（新潮社、一九九八年、pp.94-5）からの引用。
＊7　このように述べると「種は変わるべくして変わる」と主張した今西進化論を想起させるかもしれないが、そういうことではない。進化の方向性があらかじめ決められているというわけではなく、現実的な使用（生物の場合は発生と適応）を介して、遺伝子上のコード化の有意性にたいしてバイアスがかかるということである。
＊8　このシュミットの議論とマーシャル・サーリンズの議論との接続については、里見龍樹からの指摘に負っている。
＊9　狩猟と権力と文化の関係については、大村敬一から直接教わったことがおおい。ここでシュミットの捕鯨の例を挙げたのも、大村が指摘するイヌイトの狩猟生活と社会制度の関連についての考察を知っていたからである。
＊10　このことは、バシュラールの四元素の想像力論の問題でもあり、またそれを応用したトゥルニエの元素論の問題でもあり、それを展開したドゥルーズの「幻影」論の問題でもある。
＊11　ここではメラネシア研究で知られるマリリン・ストラザーンの記述を念頭においている。

結語

＊1　ここでのフーコーの理解は、春日直樹の二〇一二年一〇月の「AA研共同研究プロジェクト　思考様式および実践としての現代科学とローカルな諸社会との節合の在り方」という研究会での発表がベースにある。
＊2　第1章の図表1-1参照。

あとがき

本書『数学的経験の哲学――エピステモロジーの冒険』は、『現代思想』誌上で、二〇一一年一二月号から二〇一二年一二月号にかけて、計一三回にわたって連載された「真理の生成」を、単行本としてまとめなおしたものである。書籍化するにあたっては、読み返してあらたに気がついた点や、語の不統一、文字数の関係上、連載時に割愛した内容などを書きあらためた。さらに、連載後にまったくあらたに書き加えられたものとして、連載後の二〇一三年一月におこなわれた鹿児島大学国際島嶼教育研究センター主催の第一三五回島嶼研研究会「現代思想における比喩としての《島》――ドゥルーズの「島」概念についての一考察」での議論の一部を挙げることができる。

この連載のきっかけとなったのは、同誌の二〇一〇年九月号「特集＝現代数学の思考法――数学はいかにして世界を変えるか」に掲載された拙論「「数学的経験」における「問い」と「問題」――カヴァイエスの「数学的経験」概念のために」だったと、連載の編集担当者であり、この論文の編集担当でもあった栗原一樹さんから聞いた。そのあと実際に連載が始まると、当初から単行本化することを前提とした企画だったこともあり、その直後から書籍編集担当の渡辺和貴さんと書籍化後のイメージや方向性について一緒に相談させていただいた。

正直、連載の依頼を受けたときは、かなり躊躇した。もちろん依頼していただいたこと自体はありがたいことだった。しかし、いまの自分の力量でなんとかやれるという自信など微塵もなかった。連載の依頼があってから、実際にそれが始まるまで一年以上の時間があったのだが、そのあいだにかたまった構想と言えば、「数学的経験」の話をするということ、全体を三部構成にするということ、「真理の生成」を統一テーマにするということ、エピステモロジーと現代思想を橋渡しするということぐらいだった。この状況は連載開始時までかわらず、ほとんど白紙の状態から連載の一回目を書くことになった。

自分でまとめて読み返してみると、それほどの未決定な状態で書かれているようにもみえないのが不思議なところだが、つねにいま書いている原稿のつぎの回で自分がなにを書くことになるのかさっぱりわからない状態で書き続けていた。別にいい加減だったからではない。そうする以外の仕方では書くことが不可能だったのだ。だから、うまく書ききれなかったところもすくなくないが、反対にそのような限界状況だったからこそ、自己検閲をすり抜けて書けたこともかなりあったように思う。だから、この本で書いたことは、自分のこれまで書いてきたことの集大成などではなく、むしろこれから自分が書くべきことの未来地図であるように思う。

そのようなものに「哲学」と銘打ってよいものなのかとわたし自身思うところがあるのは否めない。しかし、古今東西の歴史のなかで、さまざまに書かれてきた哲学の本のなかには、現代の意味でのいわゆる「研究書」としての哲学の本ではないようなものもたくさんあったのだから、そういったものが絶対に許されないということもないのだろう。

このようなことを言うと、すぐにつぎのようなドゥルーズの有名な一節が思い浮かぶ。

この書物は、別の意味でもまた、やはり弱点の目につくサイエンス・フィクションである。自分が知らないこと、あるいは適切には知っていないことについて書くのではないとしたら、いったいどのようにして書けばよいのだろうか。まさに知らないことにおいてこそ、かならずや言うべきことがあると思える。ひとは、おのれの知の尖端でしか書かない、すなわち、わたしたちの知とわたしたちの無知とを分かちながら、しかもその知とその無知をたがいに交わらせるような極限的な尖端でしか書かないのだ。そのような仕方ではじめて、ひとは決然として書こうとするのである。無知を埋め合わせてしまえば、それは書くこと《エクリチュール》を明日に延ばすことになる。いやむしろ、それは書くことを不可能にすることだ。おそらく、そこには、書くことが死とのあいだに、沈黙とのあいだに維持していると言われている関係よりも、はるかに威嚇的な関係がある。だからわたしたちは、あいにく、このサイエンス〔知〕はサイエンス的〔学問的、科学的〕ではないということをしみじみ感じているがままに、サイエンスと言ったのである（ドゥルーズ 2007b, pp.17–8）。

ここでドゥルーズが言っているような書き方が唯一の哲学の本の書き方であるなどとは思わない。だがしかし、これがそのひとつの書き方であることもまたたしかだろう。それがなんであれ、たしかにそのようにしてしか書けないものがあるということもまた事実なのではないか。自分の本をドゥルーズのものと比較したいというわけではない。ただ、書き続けている最中、この一節がなんどもわたしの思念に去来し、書くことをあとおししてくれた。それにたいする感謝もこめて、ここに記したのである。

「数学的経験の哲学」という題名について

もうすこし本書の題名についての話をしておこう。「数学的経験の哲学」という題名から、数学基礎論に代表されるような数学の哲学を想起された読者の方もおられたかもしれない。しかしながら、本書の目次をみるとすぐにわかるように、あいにくこの本はそのような方向性の研究書に類するものではない。もちろん、過去や現在の数学基礎論の研究と完全に無関係なわけではないが、直接的、第一義的には、別の類に属すると考えるべきだろうし、わたし自身もそれについてなにか直接に関連性のある議論をしているつもりもない。本書で描かれたような「過程の記述」によって、数学基礎論の歴史を、とくにカヴァイエスが書いた一九三八年までの歴史とは別の、あるいはそのあとの歴史を記述することには強い関心があるものの、それは本書とはまた別の話である。

それでは、「数学的経験」とはなんなのか。本論の繰り返しは避けるが、これは第一には、本文で何度か言及し、また引用もしたように、カヴァイエスが遺した言葉である。この言葉の明示的な規定は、第3章で引用した箇所以上のものはなく、それ自体としては依然として曖昧なままである。それでもこの言葉がカヴァイエスの哲学全体にとって根本的であったことは、本文で引用したフランス哲学会での発表での発言のほかに、彼の博士論文の口頭試問において「数学的経験」をスピノザに依拠することで擁護したことを伝える父への手紙と、『数学的経験』と題された幻の著作（この著作は、カヴァイエスの死によって書かれることなく永遠に失われた）の計画を伝えるブランシュヴィックへの手紙によって、うかがい知ることができる（Gabrielle Ferrières, *Jean Cavaillès. Un phi-*

losophe dans la guerre 1903–1944, Éditions du Félin, 2003, p.141 et p.182)。

本書が、カヴァイエスの『数学的経験』の代替となるものであるとか、そのあるべき姿を示そうとするものであるとか言いたいのではない。しかし、カヴァイエスがこの「数学的経験」という語においてみていたかもしれないことは、非常に重要な哲学的問題を含んでいることはたしかであり、したがって、本書ではその問題を彼とは独立に、しかし彼の思索をそのステップボードとすることで展開しようと試みたのである。その内実については、不充分かもしれないが、本論のなかで議論したつもりなのでここでは繰り返さない。

「エピステモロジーの冒険」という副題について

つぎに副題の「エピステモロジーの冒険」についてだが、この副題が、本書で何度も言及されたエピステモロジーと呼ばれるフランス科学認識論の系譜との紐帯を示すものであることは明らかである。しかし、注意すべきは、それの「冒険」であるという点だ。つまり、ここで試みられたことは、エピステモロジーの系統的な解説や、その学説史的な研究ではなく、それを踏まえたうえでのある種の逸脱行為だということである。

エピステモロジーと一言で述べても、ひとつひとつの研究の色合いは、それに属するとみなされる研究者のあいだでも、その個人的な関心や傾向によってさまざまであり、ひとつのまとまった学統を形成しているとは言い難いところがある。あえて全体の見取り図を示せば、エピステモロジーは、ひとつの極を実証的な科学思想史にもち、他方の極を分析的な科学哲学にもつその連続体の中間領域にゆるやかにひろがっている、ということになるだろう。そしてそのひろがりの偏りは、どちらかと言えば、実証的な科学思想史のほうにある。それでもそれが、通常の意味での科学思想史ではないのは（そしてもちろん哲学史でもないのは）、その歴史記述をとおして、なんらかの哲学的問題と格闘し、それをある種の方法で考え抜くからである。謂わば、エピステモロジーとは、哲学史とも、現象学とも、論理主義とも異なる、ひとつの哲学の方法であり、みずからが立つ哲学的立場の再帰的な展開である。

しかしながら、本書でおこなった議論は、エピステモロジーと言うには、その模範的議論に比べてあまりに抽象的であるようにも思う。しかし、その抽象さは、エピステモロジーの経験から、つまりここでの関心で言えば「数学的経験」から完全に切り離されたものではないとわたしは信じている。すくなくとも、エピステモロジーの経験が提起可能にする問いの連鎖にしたがって進められた抽象化ではあるはずだ。

このような事情が、ここで「エピステモロジーの冒険」という副題を選ばせたのである。つまり、ここでの試みは、エピステモロジーの限界そのものを浮かびあがらせ、それを乗り越えようとするものでもある、ということだ。おそらくそのような限界を乗り越えることは、エピステモロジーが現代の哲学としてあらたに再生するために、避けてとおることのできない試練であるだろう。本書でそれが充分に達成されたとは思えない。しかし、すくなくともその最初の一石を投じることはできたのではないかとは思う。

ドゥルーズとのかかわり

本書のもうひとつの重要なモチーフは、ドゥルーズの「内在の哲学」をエピステモロジー、とくにカヴァイエスの「数学的経験」と接続するということだった。しかし、これをオーソドックスにドゥルーズの側から始めるのではなく、エピステモロジーの側から、あるいは「数学的経験」の側から始めることに意味があるように思われた。

このモチーフは、『現代思想』の二〇一一年四月号「特集＝ガロアの思考――若き数学者の革命」に寄稿した「問い・身体・真理――カヴァイエスとドゥルーズの問題論」ですでに示されたものであった。ここではむしろドゥルーズの「問題論」を出発点として、カヴァイエスの「問題」概念を考えるということを試みたが、どうしてもドゥルーズの記述に引きずられて経験的ではない、天下り的な議論になってしまった感が否めない。

もっと、エピステモロジーらしく、問題の経験に即した記述から、ドゥルーズが言わんとしていたことと同等のことが言えないものか。そう思って、今回はあえてドゥルーズの概念装置に頼らず、それとの整合性をあらかじめ調整することなしに、議論を展開した。その結果、生み出された「問題－主体」という概念や「懐疑の脈」という概念は、はからずもドゥルーズ的な解釈を許すものであることがわかってきた。このことは、本論でもみたとおりである。

ここでは、本論では一度も触れなかったが、ドゥルーズの経験論をあらわす一節を引いて、ここでの「数学的経験」の試みと、ドゥルーズの経験論の近さを間接的に示しておく。そうすることで、ここでの試みの意義をドゥルーズの観点からふたたび確認しておこう。

経験論の秘密は、以下のように言えよう。経験論は、けっして概念に対する反動ではないし、たんに体験へすがることでもない。それどころか、経験論とは、未見にして未聞の、このうえなく発狂した概念創造の企てである。経験論、それは、概念の神秘主義であり、概念の数理主義である。しかし、経験論は、概念をまさに、或る出会いの対象として、〈ここ－いま〉として、あるいはむしろエレホン *Erewhon* として取り扱う。エレホンとは、そこから、異様に配分されたつねに新しいもろもろの「ここ」と、もろもろの「いま」が尽きることなく湧き出てくる国である（ドゥルーズ 2007b, pp.15–6）。

あえて最初にドゥルーズの議論を経ることなしに、「数学的経験」の議論からドゥルーズの議論に接続することで、むしろ以上の引用でドゥルーズが言わんとしていたことは、よりはっきり示せたのではないかと思う。

それゆえに、ドゥルーズの哲学の全体像を、経験的に理解された「問題」概念や、「数学的経験」を軸に描きなおすということがおそらく可能であるだろうということが予想される。すくなくとも、『差異と反復』と『意味の論理学』にかんしては、はっきりとした見通しをつけることができるように思う。マヌエル・デランダさんがすでに、この方向での解釈に先鞭をつけているが（Delanda 2002）、そこでの議論の検討も含めて、今後の課題としたい（その一環として郡司ペギオ幸夫さんが『現代思想』二〇一三年一月号で提示した、ドゥルーズの「準原因作用子」についてのデランダ解釈とポスト複雑系とのかかわりについて、二〇一三年三月の第七回内部観測研究会で議論をおこなった）。

また、ドゥルーズとエピステモロジー全体の関連については、関西学院大学の米虫正巳さんの論文（金森（2013）に所収「交錯するエピステモロジー――ドゥルーズという一つの事例から」）があるので、そちらもぜひお読みになっていただきたい。より哲学史的にはっきりとした文脈のなかで、そのあいだの交わりを目にすることができると思う。

スピノザについて

連載中や単行本化の作業のなかで受けた重要な示唆は、おおむね本文ないしその註のなかで示すことができたと考えているが、本書を書き終えてなお、ひとつだけうまく織り込めず心残りとなった点がある。それは、大阪大学の上野修さんから受けたスピノザとエピステモロジーにかんする教示である。スピノザとエピステモロジーというテーマは、現代フランス哲学を理解するうえで非常に重要なテーマであるだけでなく、カヴァイエスの哲学を理解するうえでも欠くことのできないものである（カヴァイエスが「数学的経験」をスピノザに依拠して擁護したと手紙に書いていたことはさきにみたとおりである）。そして、実のところ、本書の第Ⅲ部は、それを書き始める直前に、日本哲学会のあとで交わされた上野さんとのお話（とりわけ石像と死と物と絶対性と『エチカ』について）によってかなり方向があたえられたという個人的な印象をもっている。しかし、それはまったく直接的な形では本文のなかにあらわせなかったし、そこで語られた実際の内容というよりも、そこでの会話によって触発された問いが、第Ⅲ部を書かしめたと言ったほうが、より正しいようなものである。だから、第Ⅲ部の本文中でそこでの会話の内容に言及することも、スピノザの哲学に言及することもできなかった。おそらく当のご本人にそのことを聞いても、関係ないじゃないですかとおっしゃるであろうことは間違いない。しかしそのことは承知のうえで、あえてここで言及させていただいた。というのも、やはりどう考えても、あそこでの会話がなければ、第Ⅲ部はまったく違ったものになっていたのだから。

＊

最後に繰り返しになるが、本書は、青土社の『現代思想』編集者である栗原一樹さんの企画立案があってはじめて実現した雑誌連載の原稿をもとにしたものである。また、書籍化するにあたって、青土社編集部の渡辺和貴さんには、文字や用語の統一、索引の作成だけでなく、わかりにくい言い回しの修正、引用の不備の訂正、本の装幀の依頼、帯など、本書が書籍としての体裁をとるのに必要なあらゆることのために尽力していただいた。ここであらためて感謝の念を捧げたいと思う。また、本書は彼ら編集の方々だけでなく、研究会や学会のおりに議論してくれた多くの先生方や友人(そのおおくは、ここでも本文でも言及できなかったが)、また最後の校正でタイトなスケジュールのなか頑張って手伝ってくれた鹿児島大学の学生諸君、そして我が楽しき家族に至るまで、非常にたくさんの方々とのかかわりのなかで世に出されたものである。ここで、この本に直接、間接にかかわっていただいたすべての方々にたいする感謝の念を記させていただきたい。

みなさん、本当にありがとうございました。

二〇一三年二月末日

近藤和敬

索引

は行

ま行

ら行

引用・参照文献

足立恒雄（2006）『フェルマーの大定理——整数論の源流』、ちくま学芸文庫。

アガンベン、G.（2005）、『バートルビー——偶然性について　［附］ハーマン・メルヴィル『バートルビー』』（高桑和巳訳）、月曜社。

アガンベン、G.（2009）『思考の潜勢力——論文と講演』（高桑和巳訳）、月曜社。

アガンベン、G.（2012）『到来する共同体』（上村忠男訳）、月曜社。

アルチュセール、L.（1978）『自己批判——マルクス主義と階級闘争』（西川長夫訳）、福村出版。

アルチュセール、L.（2005）『再生産について——イデオロギーと国家のイデオロギー諸装置』（西川長夫、伊吹浩一、大中一彌、今野晃、山家歩訳）、平凡社。

アリストテレス（1968）『アリストテレス全集 6　霊魂論、自然学小論集、気息について』（山本光雄・副島民雄訳）、岩波書店（引用は第三版：1988 年を使用）。

アリストテレス（1971）「カテゴリー論」、『アリストテレス全集 1　カテゴリー論、命題論、分析論前書、分析論後書』（山本光雄訳）、岩波書店。

バシュラール、G.（1975）『科学的精神の形成——客観的認識の精神分析のために』（及川馥、小井戸光彦訳）、国文社。

バシュラール、G.（1989）『適応合理主義』（金森修訳）、国文社。

バシュラール、G.（1998）『否定の哲学』（中村雄二郎、遠山博雄訳）、白水社。

バシュラール、G.（2002）『新しい科学的精神』（関根克彦訳）、ちくま学芸文庫。

ベルクソン、H.（1998a）「緒論（第 1 部）」、『思想と動くもの』（河野与一訳）、岩波文庫、pp.9–40.

ベルクソン、H.（1998b）「緒論（第 2 部）」、『思想と動くもの』（河野与一訳）、岩波文庫、pp.43–134.

Berkley, G.（1803）*Alchiphron, or the Minute Philosopher. In Seven Dialogues,* From Sidney's Press for Increase Cooke & co.（初版は 1732 年）。

Bolzano（2005a）“Contributions to a better-grounded presentation”, trans. by S. Russ, in W. Ewald, *From Kant to Hilbert,* volume I, Oxford University Press, pp.172–225.

Bolzano（2005b）“From paradoxes of the infinite”, trans. by W. Ewald, in W. Ewald, *From Kant to Hilbert,* volume I, Oxford University Press, pp.249–292.

Brunschvicg, L.（1912）*Les étapes de la philosophie mathématique,* Alcan.

Canguilhem, G.（1975）«Le concept et la vie», *Études d'hisotoire et de philosophie des sciences,* 3e éditions, Paris : Librairie Philosophique J. Vrin.

カンギレム、G.（1991）『科学史・科学哲学研究』（金森修監訳）、法政大学出版会。

Cavaillès, J.（1938a）*Méthode axiomatique et formalisme. Essai sur le problème du fonde-*

ment des mathématiques, Série "Actualités Scientifiques et Industrielles", n. 608–610, Hermann, Paris, reéd. sous le même titre avec préface de H. Cartan et une introduction de J.-T. Desanti dans Cavaillès 1994, pp.13–202.

Cavaillès, J.（1938b）*Remarques sur la formation de la théorie abstraite des ensembles*, Série «Actualités Scientifiques et Industrielles», n. 606 et 607, Hermann; reéd dans *Philosophie mathématique*, Hermann, Paris, pp.27–176 ; et 2e édition reprise dans Cavaillès 1994, pp.223–374.

Cavaillès J.（1939）«La pensée mathématique (Conférence donnée avec A. Lautman à la Société française de Philosophie en 4 février 1939)», *Bulletin de la Société française de Philosophie*, 1946, t. 40, n. 1, pp.1–39, reprise dans Cavaillès 1994, pp.593–630.（引用頁数は Cavaillès（1994）より）

Cavaillès, J.（1947）*Sur la logique et la théorie de la science* (G. Canguilhem, Ch. Ehresmann éds. avec un avertissement des éditeurs), Presses Universitaires de France, Paris; 2e éditiion avec une préface de G. Bachelard, Presses Universitaires de France, Paris, 1960 ; 3e et 4e éditions, Vrin, Paris, 1976 et 1987 ; 5e éditon avec une postface et une bibliographie de J. Sebestik, Vrin, Paris, 1997 ; 4e édition reprise dans Cavaillès 1994, pp.475–560.（カヴァイエス、J.『構造と生成II　論理学と学知の理論について』（近藤和敬訳）、月曜社、近刊）。

Cavaillès, J.（1994）*Œuvres complètes de philosohie des sciences*, Hermann.

Cavaillès J. und Noether E. (Herausgegeben von)（1937）*Briefwechsel Cantor-Dedekind*, Hermann, Paris; trad. en français et reéd. dans *Philosophie mathématique*, Hermann & Cie, Éditeurs, 1937; repris. dans Cavaillès 1994.

千葉雅也（2012）「とても強い相関主義と「否定神学」批判」、『現代思想』10月号、pp.8–15.

Crilly, T.（1999）"The Emergence of Topological Dimension Theory", in *History of Topology* (edited by I. M. James), Elsevier, pp.1–24.

ダンテ・アリギエーリ（1995）『ダンテ全集8　帝政論・書翰集（復刻版）』（中山昌樹訳）、日本図書センター。

デーデキント、R.（1961）『数について——連続性と数の本質』（河野伊三郎訳）、岩波文庫。

Delanda, M.（2002）*Intensive Science and Virtual Philosophy*, Continuum.

デランダ、M.（2008）「ドゥルーズの存在論——ひとつのスケッチ」（近藤和敬、小倉拓也訳）、『現代思想』12月号、青土社、pp.126–149.

ドゥルーズ、G.（1991）『スピノザと表現の問題』（工藤喜作、小柴康子、小谷晴勇訳）、法政大学出版局。

ドゥルーズ、G.（2004）「内在：一つの生……」、『狂人の二つの体制　1983–1995』（小沢秋広訳）、河出書房新社。

ドゥルーズ、G.（2007a）「ミシェル・トゥルニエと他者なき世界」、『意味の論理学 下』（小泉義之訳）、河出文庫、pp.225–259。

ドゥルーズ、G.（2007b）『差異と反復　上』（財津理訳）、河出文庫。

ドゥルーズ、G.（2007c）『差異と反復　下』（財津理訳）、河出文庫。

ドゥルーズ、G.＋ガタリ、F.（2010）『千のプラトー——資本主義と分裂症　上・中・下』（宇野邦一、小沢秋広、田中敏彦、豊崎光一、宮林寛、守中高明訳）、河出文庫。

ダメット、M.（2010）『思想と実在』（金子洋之訳）、春秋社。

エスポジト、R.（2011）『三人称の哲学——生の政治と非人称の思想』（岡田温司監訳、佐藤真理恵、長友文史、武田宙也訳）、講談社選書メチエ。

ユークリッド（1996）『ユークリッド原論　縮刷版』（中村幸四郎、寺阪英孝、伊東俊太郎、池田美恵訳・解説）、共立出版。

Ferreirs, J.（1999）*Labyrinth of Thought. A history of set theory and its role in modern mathematics,* Birkhäusser.

フォスター、J. B.（2004）『マルクスのエコロジー』（渡辺景子訳）、こぶし書房。

フーコー、M.（1974）『言葉と物——人文科学の考古学』（渡辺一民、佐々木明訳）、新潮社。

フーコー、M.（1975）『狂気の歴史——古典主義時代における』（田村俶訳）、新潮社。

フレーゲ、F. W. G.（1999）『フレーゲ著作集 4　哲学論集』（黒田亘、野本和幸編）、勁草書房。

ギアツ、C.（1991）『ローカル・ノレッジ——解釈人類学論集』（梶原景昭、小泉潤二、山下晋司、山下淑美訳）、岩波書店。

ジロ、P.（2011）「科学とイデオロギーのあいだ——ルイ・アルチュセールと主体の問い」（近藤和敬訳）、金森修（2011）、pp.142–171.

グッドマン、N.、エルギン、C. Z.（2001）『記号主義——哲学の新たな構想』（菅野盾樹訳）、みすず書房。

Granger, G.-G.（1967）*Pensée formelle et sciences de l'homme,* Édition Aubier-Montaigne.（初版は 1960 年）

Granger, G.-G.（1968）*Essai d'une hilosophie du style,* Librairie Armand Colin.

Granger, G.-G.（1994a）«La notion de contenu formel», dans *Formes opérations objets,* pp.33–52, Librairie Philosophique J. Vrin（初出は Information et signification, *Brest* nov. 1980, pp.137–163.）

Granger, G.-G.（1994b）«Contenus formels et dualité», dans *Formes opérations objets,* pp.53–69, Librairie Philosophique J. Vrin（初出は Manuscrito, São Paulo, 1987, pp.194–210.）

ガタリ、F.（1998）『分裂分析的地図作成法』（宇波彰、吉沢順訳）、紀伊國屋書店。

郡司ペギオ－幸夫（2004）『原生計算と存在論的観測——生命と時間、そして原生』、東京大学出版会。

郡司ペギオ－幸夫（2006）『生きていることの科学——生命・意識のマテリアル』、講談社現代新書。

ハッキング、I.（1986）『表現と介入——ボルヘス的幻想と新ベーコン主義』（渡辺博訳）、産業図書。

Harada, M. (2006) *La physique au carrefour de l'intuitif et du symbolique : Une étude épistémologique des concepts quantiques à la lumière de la phénoménologie herméneutique,* Institut Épistémologique Lyon.
原田雅樹（2006）「「概念」の哲学から「テキスト」としての数学・物理学へ――グランジェとリクールを手がかりに」、『フランス哲学思想研究』（日仏哲学会編）、第 11 号、pp.175–183.
檜垣立哉（2010）『瞬間と永遠――ジル・ドゥルーズの時間論』、岩波書店。
Husserl, E. (1929) *Fromale und transzendentale Logik, Jahrbuch für Philosophie und phänomenologische Forshung,* X, Niemeyer, Halle.
一ノ瀬正樹（2007）「バークリ」、『哲学の歴史　第 6 巻　知識・経験・啓蒙』、中央公論新社、pp.171–208.
ジェームズ、W.（2004）『純粋経験の哲学』（伊藤邦武編訳）、岩波文庫。
梶智就（2012）「形態にとって新しさとは何か」、『現代思想』8 月号。
金森修（2004）『科学的思考の考古学』、人文書院。
金森修編著（2008）『エピステモロジーの現在』、慶應義塾大学出版会。
金森修編著（2013）『エピステモロジー―― 20 世紀のフランス科学思想史』、慶應義塾大学出版会。
金森修、近藤和敬、森元斎責任編集（2011）『VOL 05　特集＝エピステモロジー――知の未来のために』、以文社。
カント、I.（2003）『プロレゴメナ』（篠田英雄訳）、岩波文庫。
カント、I.（2005a）『純粋理性批判　上』（原佑訳）、平凡社ライブラリー。
カント、I.（2005b）『純粋理性批判　中』（原佑訳）、平凡社ライブラリー。
カント、I.（2005c）『純粋理性批判　下』（原佑訳）、平凡社ライブラリー。
カッツ、V. J.（2005）、『数学の歴史』（上野健爾、三浦伸夫監訳、中根美知代、髙橋秀裕、林知宏、大谷卓史、佐藤賢一、東慎一郎、中澤聡訳）、共立出版。
小林道夫（1999）項目「グランジェ、ジル・ガストン」、『フランス哲学・思想事典』、弘文堂、pp.490–492.
小林道夫（2000）「現代フランスの認識論の哲学―― G. G. グランジェの哲学を中心に」、『哲学研究』、第 569 号、pp.71–104.
近藤和敬（2008）「カヴァイエスと数学史の哲学――《時間の外にある真理の歴史性》というパラドックス」、金森（2008）、pp.93–150.
近藤和敬（2011）『構造と生成 I　カヴァイエス研究』、月曜社。
近藤和敬（2013）「グランジェの科学認識論　―「操作－対象の双対性」、「形式的内容」、「記号的宇宙」」、金森（2013）、pp.37–105。
ラカトシュ、I.（1986）『方法の擁護――科学的研究プログラムの方法論』（村上陽一郎、井山弘幸、小林傳司、横山輝雄訳）、新曜社。
ラトゥール、B.（2007）『科学論の実在――パンドラの希望』（川崎勝、平川秀幸訳）、産業図書。
ラトゥール、B.（2008）『虚構の「近代」――科学人類学は警告する』（川村久美子訳）、

新評論。
Latour, B. (2011) "Reflections on Etienne Souriau's Les differents modes d'existence" (trans. by S. Muecke), *The Speculativ Turn. Continental Materialism and Realism,* re. press, pp.304–333.
マックレーン、S.（2005）『圏論の基礎』（三好博之、高木理訳）、シュプリンガー・フェアラーク東京。
Maniglier, P. (2012) «Un tournant métaphysique? Bruno Latour, Enquête sur les modes d'existence», *Critique,* Novembre 2012, tom LXVIII – N° 786, pp.916–932.
Martin, M.-E. (2012) *Les realism épistémologique de Gaston Bachelard,* Éditions Universitaires de Dijon.
松井孝典、田近英一、高橋栄一、柳川弘志、阿部豊（1996）『地球惑星科学入門』、岩波書店。
森元斎（2010）「経験と主体――ドゥルーズ哲学とホワイトヘッド哲学の差異について」、『プロセス思想』、日本ホワイトヘッドプロセス学会、14 号、pp.171–184.
森元斎（2011）「自然の形而上学から否定と知の倫理へ――ホワイトヘッドにおける概念の自由で野性的な創造」、『現代思想』10 月号、pp.235–245.
中村大介（2013）「数学のエピステモロジーと現象学――カヴァイエス以降の一系譜」、金森（2013）、pp.183–240.
中村桂子（1993）『自己創出する生命――普遍と個の物語』、哲学書房。
中島聡（2007）『論理学』、ふくろう出版。
ネグリ、A.、ハート、M.（2003）『〈帝国〉――グローバル化の世界秩序とマルチチュードの可能性』（水嶋一憲、酒井隆史、浜邦彦、吉田俊実訳）、以文社。
小倉拓也（2011）「ドゥルーズ哲学における「他者」の問題」、『フランス哲学・思想研究』（日仏哲学会編）、第 16 号、pp.71–79.
岡田温司（2011）『アガンベン読解』、平凡社。
奥雅博（2001）『ウィトゲンシュタインと奥雅博の三十五年』、勁草書房。
Proust, J. Et Schwartz, E. (1995) (textes réunis par), *La connaissance philosophique. Essai sur l'œuvre de Gilles-Gaston Granger,* Presses Universitaires de France.
リクール、P.（1995）『聖書解釈学』（久米博、佐々木啓訳）、ヨルダン社。
坂部恵（1976）『仮面の解釈学』、東京大学出版会。
Salanskis, J.-M. (1998) *L'herméneutique formelle. L'infini, Le Continu, L'Espace* CNRS Éditions.
シュミット、C.（2006）『陸と海と――世界史的一考察』（生松敬三、前野光弘訳）、慈学社。
志賀浩二（2011）『数学という学問 I ――概念を探る』、ちくま学芸文庫。
菅野盾樹（2003）『新修辞学――反〈哲学的〉考察』、世織書房。
菅野盾樹、近藤和敬（2007）「言語音の機能的生成、あるいは言葉が裂開するとき」、『大阪大学人間科学研究科紀要』（大阪大学人間科学研究科）、第 33 巻、pp.39–77.
田辺元（1925）『数理哲学研究』、岩波書店。

田辺元（2010）『哲学の根本問題・数理の歴史主義的展開——田辺元哲学選Ⅲ』（藤田正勝編）、岩波文庫。

田中久美子（2010）『記号と再帰——記号論の形式・プログラムの必然』、東京大学出版会。

Tarski, A.（1983）*Logic, Semantics, Metamathematics,* (trans. By J. H. Woodger, second edition ed. and Intro. by J. Corcoran), Hackett Publishing Company.

トゥルニエ、M.（2009）『フライデーあるいは太平洋の冥界』（榊原晃三訳）、世界文学全集 II-09、河出書房新社。

Vuillmin, J.（1954）*L'héritage kantien et la révolution copernicienne. Fichte–Cohen–Heidegger,* Paris, PUF.

渡辺澄夫（2010）「学習理論に現れる数学」、『現代思想』9 月号。

Weyl, H.（1994）*The Continuum: A Critical Examination of the Foundation of Analysis,* Dover Publications.

ホワイトヘッド、A. N.（1981a）『自然認識の諸原理』（藤川吉美訳）、松籟社。

ホワイトヘッド、A. N.（1981b）『科学と近代世界』（上田泰治、村上至孝訳）、松籟社。

山岡謁郎（1996）『現代真理論の系譜——ゲーデル、タルスキからクリプキへ』、海鳴社。

山森裕毅（2012）『ドゥルーズの習得論——超越論的経験論の生成と構造』、大阪大学大学院人間科学研究科、博士論文。

近藤和敬（こんどう・かずのり）
1979年生まれ。大阪大学大学院人間科学研究科博士後期課程単位取得退学。大阪大学博士（人間科学）。現在、鹿児島大学法文学部人文学科准教授。専門はフランス現代哲学、ジャン・カヴァイエス研究。おもな著書に『構造と生成Ⅰ　カヴァイエス研究』（月曜社）など。また、おもな共著に『ドゥルーズ／ガタリの現在』（平凡社）、『生権力論の現在――フーコーから現代を読む』（勁草書房）、『エピステモロジーの現在』、『エピステモロジー――20世紀のフランス科学思想史』（以上、慶應義塾大学出版会）、『VOL 05　特集＝エピステモロジー――知の未来のために』（共編著、以文社）など。

数学的経験の哲学　エピステモロジーの冒険

2013年4月 5 日　第1刷印刷
2013年4月12日　第1刷発行

著者　　近藤和敬

発行者　清水一人
発行所　青土社
　　　　東京都千代田区神田神保町1-29　市瀬ビル　〒101-0051
　　　　電話　03-3291-9831（編集）　03-3294-7829（営業）
　　　　振替　00190-7-192955

印刷所　双文社印刷（本文）
　　　　方英社（カバー・表紙・扉）
製本所　小泉製本

装幀　　戸田ツトム

ISBN978-4-7917-6692-5